古代纪历文献丛刊②

象吉通书

［清］魏明远　撰

闵兆才　编校

（第二册）

华龄出版社

第二册目录

新镌历法便览象吉备要通书卷之十一

新镌历法便览象吉备要通书卷之十一

潭阳后学　魏　鉴　汇述

六十年二十四山吉凶神定局

今纂集六十化甲诸家吉凶神煞,逐年注于二十四山之下。又选六十年自正月至十二月吉凶神煞,以便观览。

一集开山、立向吉星,一集开山、立向、修方所忌凶星,集于二十四山之下。诸家吉者:通天窍、走马六壬、行衙帝星、盖山黄道、玉皇銮驾、紫微帝星銮驾、到山年龙、月兔、日虎、时牛、帝星、北辰帝星、都天宝照、星马贵人、五龙、捉煞帝星、四利三元、周望仙罗星、要紧吉星并月家方位吉神,亦选在卷内。

开山凶者:年克山家、正阴府、傍阴府、太岁、天官符、地官符、罗天大退、皇天灸退、独火、山家困龙、三煞、坐煞、九天朱雀、入山空、头白空、六十年空亡、支神退、坐山官符、山家火血、刀砧。

立向忌者:向煞、浮天空亡、巡山罗睺、翎毛禁向。

修方凶者:金神七煞、天命煞、升玄燥火、升玄血刃、破败、五鬼、大耗、小耗、九良星占、九良煞占,并月家方位凶星,各有所忌,宜详察而避之。

甲子年,通天窍云水之位,煞在南方巳午未,忌丙、壬、丁、癸四向,名坐煞、向煞。四大利宜下乾、坤、艮、巽四向,大吉。修造利申子辰亥未生命,大吉。午卯生人不可用罗天大退,在子方忌造、葬,主退财损丁。九良星占厨、灶;煞在中庭及神庙。

411

论诸星发用召吉法

用太阳召吉制煞法

用历数太阳：乃人君之象，为极吉之首，能制三煞、官符、太岁、将军、金神、灸退、浮天、流财、天贼、朱雀、罗睺，一切凶杀并不须忌。能旺人财、发官禄、万事吉。

用太阴、乌兔太阳召吉法

用太阴：乃后妃之象也，佐理太阳，百事用之吉。不问诸凶神煞，皆可制伏，号斗母太阴也。

用乌兔太阳：旺人财、发官贵、百事皆吉。

用雷霆太阳、天心都纂太阳、龙德太阳召吉法

用雷霆太阳：可以旺财官，可以制凶报犯也。

用天心都纂太阳：又名天机三奇，有甲乙丙丁为上吉。合天宝、宝盖，主拾宝自来财物，乃进财之星也。

用龙德太阳：又名转天关，用之极有力，修山向、修方最吉。

用尊帝二星召吉法

用尊帝二星：为福最大，极紧要之星，用之至有力，修山向方隅最吉，大能压制凶杀解犯。

用斗口帝星召吉法

用斗口帝星:又名中宫帝星,又名曲脚帝星。此星发财官、旺牛田丁口、制凶煞,百事用之吉,即显、曲、传也。

用五龙、五库、捉煞帝星

用五龙、五库、捉煞帝星:主催官禄、旺人财,大能压制凶煞召吉,最为紧要,乃年月之玄秘也。

用八节三奇

用八节三奇者:三奇者乃天上乙、丙、丁,贵人余福之气,萃于一宫,能压制地下凶神恶煞,发现吉祥。中宫向坐得之,葬、造、移居、上官、娶妇、入宅并吉。

又论修造三奇到山为盖,前方向为照,如奇星到处能压小可凶煞。惟年月家紧切凶神不可压制,最忌犯之,犯者见灾。此奇所到乙奇,止得十五日,丙奇得三十日,丁奇得四十五日,惟用丁奇得日久。

用通天窍、走马六壬

用通气窍、走马六壬:此两家年月乃杨救贫秘传真诀。其法取用三合年月日时,如造葬用山头吉星取克应;如修方以方道吉星取克应,主有十二年田蚕、血财大旺。未尽诀法详见《造葬总览》。

用年月日时三白

用年月日时白法：一行禅师及桑道茂《定宅经》，论凡人起造择为第一，必先得三白九紫，在其得当有气年月用之。

〇按陈希夷三元遁甲择日之诀，乃日白之法，既旺日白，又将日白入中宫飞出入方，求紫白到方，或入中宫，能压地方凶杀。

〇历书云：用千工、万工，当用年白、月白。千百工当用月白、日白兼用时白。凡开山、立向、修方、新立舍宇或修作方道，遇三白、九紫有无生旺年月最吉，惟月白、日白福力重，只有时白为福较轻。

用飞天禄马六壬

用飞天禄马六壬：天罡年月所载，佐玄真人云：夫人五音立宅、迁坟，但课取禄马相对山头方向者，照对山向一任用工，大作十二年无灾，年年进益。

〇又云：五音修方、下向、作动山头，年年发福，一纪昌荣。

〇又云：马到山头人富贵，禄到山头贵子生。忽然禄马皆同到，定知富贵出公卿。

用都天转运帝星

用都天转运帝星：所到之宫，或官符、流财、血刃，一任修作，大吉。遇凶则凶，遇吉即吉，此老诚者试之有验。

用紫微銮驾、阳龙阴兔帝星

用紫微銮驾、阳龙阴兔帝星：若年月日时诸吉星到，开山、立向、修方之处，能压制年月家锁碎诸神煞。较之诸家帝星，此一家帝星，众术俱用之。

用紫微銮驾日帝星入中宫，修葺中宫，人多用之。如某月有紧煞在中宫，则不能压制。如无紧杀，修造作无妨。如修在厅堂，值日大杀白虎、雷霆白虎，若到中宫，亦不能压制。

用紫微銮驾帝星年月

用紫微銮驾帝星年月：此一家年月取天台、天魁、天帝、天福到方向，修作吉。

用紫銮驾年帝星入中宫、月帝星入中宫。诀云：帝星入中宫，宜倒堂、破宅、修造并合得阴年阳月、阳年阴月，又合通天窍、走马六壬。已上诸吉日月，用之修作、安葬，决主进益。若其月中宫无大紧杀，帝星入中宫，宜修营中宫。

用紫微銮驾、年龙、月兔、日虎、时牛

用紫微銮驾、年龙、月兔、日虎、时牛：帝星周望仙罗星，年龙、月兔、帝星与紫微銮驾帝星同位，又名夹罗帝星，修作大吉。

用玉皇銮驾帝星年月

用玉皇銮驾帝星年月：如修造、葬埋吉。凡所到之处，任意施为。

用压煞帝星年月

用压煞帝星年月：人家作用如何排，棍随五行报休咎。金星但用火星擒，木用金星真个好。火星用水压灾殃，土用木星为吉兆。若还遇得此玄微，变凶作吉为祥曜。帝星捉煞，此星属水方向，遇之能压火星。司徒压煞，此星属木方向，遇之能压太岁。帝星崇班，此星属水方向，遇之能压火星凶煞。

以上诸家帝星开山立向、修方，如不值年月紧煞，但得一家帝星吉神盖照，竖造、安葬、修方并吉，但是平稳而已。

用盖山黄道、黄罗

用盖山黄道、黄罗：年月内若得吉神到山头，立向修方之处，造、葬、修作大利。

用阴阳月贵人

用阴阳月贵人：冬至后用阳贵人；夏至后用阴贵人。如时家贵人，子时至巳时用阳贵人，午时至亥时用阴贵人。如贵人到家山头方向，能制地下煞。

用三元蚕白

用三元蚕白：修方、开门、放水，大宜养蚕。如人家久不熟蚕，宜修造年月家三白九紫方道，即见应验，仍回避本年蚕宫、蚕室、蚕方道。如值春三月，切忌修作。

用一行禅师四利三元年月

用一行禅师四利三元年月:惟太阳、龙德、太阴、福德四星,如中宫山头大向若到,修营、造葬,百事大吉。

用李淳风四利三元年月日时

用李淳风四利三元年月日时:此名压杀三元,惟四吉加临之处,并宜修作。

用本命禄马贵人、太岁禄马贵人

用本命禄马贵人、太岁禄马贵人:开山、立向、修方至吉。用三合拱照,财自外至,应速。正照山向应禄马与贵人,同此例推,能旺财、生贵子也。

用差方禄马贵人

用差方禄马贵人:生旺人丁,财谷匹帛产业亦主旺,官贵,坐山向至吉,修方次之。

用行年月将四吉星

用行年加太岁月将、加太岁四吉星:主旺人财,诀曰:传送功曹敌国富,胜光神后永陈陈。用此四吉星也。

417

用升玄魁罡、月财、金匮

用升玄魁罡：主催财，用之主大旺财也。

用月财：生旺财禄也。

用金匮方：主修造旺人丁。

用催官、极富、三德

用催官年月：主催科甲、发官禄。其法用官星、印星、催官鬼使、官国星、科甲、黄甲方验也，更合诸贵格局神妙。

用极富星：又名谷将星，有三例，加临山方，主大旺财谷。

用三德：岁德、天德、月德是也。能压官符、解官讼、制凶神，百事用之吉。宜还官力重，吊客次之。

用解神、天赦、火星

用解神、天赦（喝散、皇恩、大赦、天恩）：能解官讼、诸凶神煞，修山向、修方用之至吉，百事皆利。

用火星：凡造葬、修方用一二位，火星发福至快，宜用法以制之，忌用丙丁日，星、翼、觜、奎四火宿值日，丙丁极丙丁奇。

用岁月天道、太阳四大吉时

用岁月天道：若合到山宜修造、安葬、出行、嫁娶、行兵、出位，并不忌一百二十位神煞，万事并吉。

用太阳正殿四大吉时：凡遇加临山向方隅、六神藏四煞没，每日一时居垣入局，用之极吉，余三时亦吉，万事并吉。不忌旬中空、截路空、孤辰、寡宿、大败等时。

用阴阳贵人登天门时

用阴阳贵人登天门时：凡修造、安葬、上官、入宅、出行、嫁娶择定此时，乃贵人登天门，无不吉也。并不忌旬中空、截路空、大败等时。

用斗临、唐符、国印时

用斗临时：合三吉入中宫，为圣人登殿，百事用之吉。如丁未中宫，看在何方修营，往来亦吉。

用唐符、国印时：合五符、唐符、国印三星到方，并不忌一百二十位神煞，行兵、捕盗、出行、见贵，万事所为吉利。

用天罡、奇门遁甲时

用天罡时：凡遇天罡到方，并不忌一百二十位山神等煞，行兵、破贼必胜，取气治病必愈，必所用事并吉。

用奇门遁甲：全在超接正闰分明，用之验也。若超接正闰不明，如盲人揣物，暂得而用，不常用之，无益。能明超神接气置闰之法，为克择之神妙，不问出行、嫁娶、上官、入宅，日家同断，修造、埋葬万事举动，无往而不吉也。

统论诸吉星到山修向方造葬吉

诸吉星到山及到向：吉星到山为盖，到方为照，若吉星到山到向，并照中宫，竖造、安葬大利。如修方对宫方上得吉星，名曰吉星照方，修作大利。

诸吉可用，如天德及天德合，月德及月德合，干德合、支德合、天道、行天道、行天道吉方、黄道、鸣吠、四大吉向、奏书、博士、金星、房星、人道、利道、天仓、地仓、人仓、官禄星、生气、华盖之类，亦宜参互用之，但不可专于此，亦不可求全责备也。先以造命为主，然后合而用之，可也。

开山立向修方吉神注并诗例

详注起例诗诀

甲年在甲乙年庚，丙逢丙位丁壬运。戊德在戊己德甲，

庚同庚位辛年丙。壬德寻壬癸寻戊，岁德临方百福骈。

如壬午年甲辰月作壬山，天德、月德、岁德到壬方，修作大吉。

岁天德、岁位合、岁位德

岁天德：《集总》云：此天地极福之神，阴阳感动之位。凡修作、动土、移徙、嫁娶、出入，百事向之及用此日大吉也。

岁位合：《集总》云：此五行相合之辰，而相扶助者也。动土、修造、嫁娶，百事向之大吉。又其日动作，有冥福助之。

岁位德：《集总》云：五行同类异位之德，阴阳交会之辰，修造、安葬、嫁娶、出入，百事向之大吉。

支德合、岁支德、岁位德、天月德合

支德合:《集总》云:此阴阳恩义相逊之德,五行相和之辰,举动百事,主百福助之,总共修造动土俱吉。

岁支德、岁位德:此方向造葬、修营百事吉。

天德合、月德合:其方位修造、葬埋百事吉。

天德、岁德、岁合、岁支合

天德:此方修作,百事大吉。

岁德:《集总》云:此方向之,百事大吉,只忌深掘池溏。

岁合:《集总》云:修作,百事大吉。

岁支合:起造动土,百事用之大吉。

天道、人道、四大利道

天道:此方修作,百事大吉。

人道:修造大吉,《集总》云:百事大吉。

利道:《集总》云:修作主进人口、田宅、资财、牛马、六畜,吉。

四大利道:其法常在太岁之前十字,取四位,每位占支与下二位,一年支干共八位,大吉。

岁天道、天道月临方、左辅、右弼

岁天道:此阴阳开通之地,修造、嫁娶、移徙主大吉。诗例:

正巳二申三月亥,四酉五子六寅是。

七丑八卯九月午,十辰仲未十二戌。

天道月临之方:寅戌子月南骏马,正、九、十一月天道者南,卯巳丑月还自西,二、四、十二月天道行西,辰午申月于北地,三、五、七月天道行北。未酉亥东为定期,六月、八月、十月天道东行,天道方吉。

左辅:不入中宫,但行八方,修造大吉。

右弼:《集总》云:右弼与左辅同说。

武曲、贪狼、青龙

武曲:修作大吉,主进横财、田宅、牛马、奴婢等事。

贪狼:此方修作,加官禄、益人口、田蚕、六畜、资财,百事吉。

青龙:《集总》云:修造、嫁娶、有喜事。《百忌》云:其方禁五十步,恐与太阴吊客同其位也。

华盖、生气、牛星、房星

华盖:《百忌》云:造作、埋葬误犯皇帝八座日并方者,主杀宅长、师人,可与华盖下避其祸凶。

华盖生气方诗例:

子年戌上丑年亥, 寅年子位卯岁丑。辰逢寅位巳年卯,

午年辰方未年巳。申岁午位酉年未, 戌年申位亥年酉,

生气华盖并同位, 百事用之日日新。

生气:其方宜嫁娶、起造、出入,百事俱大吉。

牛星:《集总》云:修作有非常之庆,此即库楼内天牛星。

房星:《集总》云:百事向之吉,即库楼内房顾星也。

金匮、驿马、人仓

金匮:《集总》云:大宜修作,进益人口。

驿马:《集总》云:其方造行,百事大吉。

驿马方:

> 寅午戌马在申,亥卯未马在巳,
>
> 巳酉丑马在亥,申子辰马在寅。

人仓:《集总》云:宜修作仓库、住宅,吉。

开山立向修方凶神注并诗例

年克山家

年克山家,凡新立宅舍、修造、动土、停丧、逾月安葬并论,竖宅浮尽拆去旧屋,倒堂竖造依原见存居址,不动土基地,则并不论。诗例:

> 山运原是坐山起,堪舆要约一同议。年克山家丧宅长,
>
> 月克山家宅母亡。日克山家新妇夭,时克山家子孙危。

如年克山家,无家长不忌。月克山家,无宅母不忌。日克山家,无新妇不忌。时克山家,无子孙不忌。

《地理全书》云:年克奴婢小口,月克次家长,日克正家长,时克子孙。木、土山受克,主重病破财。金水火山受克,伤人必矣。墓克岁兮福禄至,岁克墓兮祸患侵。相生相旺家富贵,相克相刑损家门。若四柱纳音中有制,则亦无咎。金用火制,木用金制,火用水制。当今不能制,要制神生旺克神休囚,制伏则亦吉。前贤屡制用。

正傍阴府、天禁朱雀

正阴府太岁：如年月犯者要安葬，主六十日、百二十日内主杀人、牢狱、官灾。竖造犯之在三五年内，其祸方至。若日犯者，造葬主六十日、百二十日内杀人、病患、官事。如时犯者有制损六畜。

此杀惟忌山头，若坐山头，若坐家，或先造堂屋后造厅廊，作向系是修方向论，则亦不忌。如安葬切不可犯，见祸尤速。又曰：正阴府若在生旺，半字不可犯，决主杀人、官灾、横祸。若值休囚，四柱得枭杀透露，制化得宜，方主吉福。如单犯一字者，虽生旺，屡损血财、小口。诗例见傍阴府下。

傍阴府太岁：年月日时并忌作山头，如修造不动土，有吉星到可压。正傍阴府并不忌，凡生旺屡试不吉。埋葬、修造、动土，切宜忌之。诗例：

  阴府杀人不用刀，克我生旺命难逃。阴府杀人不可压，

  我克休囚发福强。年值八卦正阴府，天干地支名为傍。

天禁朱雀：一名山家官符，一名横天朱雀。若造葬犯之，连年小口官非。若合太阳、三奇帝星、天月二德，倒不妨，若与天官符同位，见官事。诗同下。

山家困龙、坐山官符

山家困龙：一名巡山大耗，造葬犯之，只损六畜。纵是阳宅、阴地虽吉，难更发福。若合得通天窍、走马六壬，作之不妨。诗同下。

坐山官符：一名穿山大罗睺，造葬犯之，常招疾病、是非。若合太阳、三奇、天月二德到，作之不妨。

坐山官符、山家困龙、天禁朱雀，名曰三连杀，诗例俱同此。诗例：

  甲己戌乾亥不祥，乙庚申庚酉难当。丙辛午丁未是杀，

  丁壬辰岁巳为殃。戊癸之年何处犯，寅申卯上打官防。

山家血刃、值山血刃

山家血刃：一名阴府太岁，主损血财。得合太阳、三奇、解神贵人临位，则不妨。诗例：

> 甲己犯乾兑，乙庚坎巽寅。丙辛坤艮上，
> 下壬下震宫。戊癸南离位，血财尽成空。

值山血刃：主损六畜。

> 甲己申酉乙庚壬，丙辛壬子值血刃。
> 丁壬亥酉不堪立，戊癸巳畜不无成。

四大金星、浮天空亡

四大金星：一名寒鹊暗曜，犯主损目。开山、修方并忌其杀，得丙、丁奇，年月日家九紫到，有气作之，亦不妨。

浮天空亡：按金精廖氏云：一年止占一字，忌立向，犯之主招官讼。遁得真贵人、太阳、三音、尊帝、解神到向，用朱砂书九星、三奇，当方符报再选冲刑年月为吉。诗例：

> 壬年占甲申年壬，十二年中祸患侵。癸年忌乙乙年癸，
> 十六年中讼病嗔。庚不向丁丁不庚，十八年中讼病生。
> 辛不丙兮丙不辛，十年财谷化为尘。戊癸巳乾若下向，
> 二十年间官病临。

入山空亡、头白空亡

入山空亡：与浮天空亡同位，造葬山向并忌，拆屋改坟凶，安门立向亦忌。古历云：对冲一位，即是按祝氏云一年只占一字。

头白空亡:山头或向犯之,主官灾、横事、疾病、退败。一云:即浮天空亡异名,只忌立向,以坐山向二位论者非是。诗例:

> 甲己离山向丙壬,十二年中灾祸临。乙年坎山丁癸向,
> 十八之年祸莫禁。丙岁巽山辛乙向,十六年中退不停。
> 丁年坎山庚甲向,二十年空蒙不宁。戊岁忌扞丁癸向,
> 二十四载祸呻吟。辛年艮山壬丙向,二十年中失却人。
> 壬岁乾山丁癸向,三十年空不可侵。癸山震山辛乙丙,
> 十一之年大祸侵。

升玄顺逆血刃

升玄顺逆血刃:主血财损耗,若作栏棚,最忌山向修方并忌。占干为逆,占支为顺,年月释论。

今术者便作六甲年血刃避忌。但逢甲年避己与甲,而不知寻太岁所在。卯用子年,又犯癸卯是也。逆血刃之祸速紧于顺血刃。或谓年月日时同用此例,并不曾有骑虎寻月建之说,皆后人强自推演,未可以为准。诗例:

> 甲己顺蛇逆甲求,乙庚顺子逆辛由。丙辛顺申逆在丙,
> 丁壬顺亥逆庚游。戊癸顺从寅上起,逆从壬上起星头。

孙钟仙顺逆血刃

孙钟仙顺逆血刃:主损人口六畜,忌作山头方向,及修方。如得八节、三奇、月家、日家、九紫,先从吉方起手,相次作之,或有兼用斩牲以魇禳,占干为逆,占支为顺。逆血刃祸速于顺血刃。

修方凶神注并诗例

甲己顺申逆丙游，正六十一月同求。二七腊顺亥庚逆，
三八顺寅逆壬筹。四九顺巳逆甲位，五十顺子逆辛头。
乙庚腊顺逆壬飞，正六十一月同期。二七腊顺巳逆甲，
三八顺子逆辛头。四九顺申逆在丙，五十顺亥逆庚栖。
丙辛顺子逆辛金，正六十一月同轮。二七腊顺申逆丙，
三八顺亥逆庚寻。四九顺寅逆壬走，五十顺巳逆甲林。
丁壬顺亥逆庚方，正六十一月同看。二七腊顺子午逆，
三八顺巳逆甲当。四九顺子逆辛去，五十顺甲逆丙壬。
戊癸顺子逆甲真，正六十一月同寻。二七腊顺子辛逆，
三八顺申逆丙擒。四九顺亥逆庚上，五十顺寅逆居壬。

破败五鬼、隐伏血刃、千斤血刃

破败五鬼:《百忌》云:修造大凶。诗例:

  甲壬二载居巽方，乙癸须知艮户藏。
  丁震丙坤戊离位，己坎辛乾庚兑防。

隐伏血刃:修作动土损血财。诗例:

  甲己乾穿巽，乙庚子未场。丙辛壬合戌，
  丁壬乾亥乡。戊癸子遥巳，隐伏血刃方。

千斤血刃:损六畜。诗例:

  甲己怕猴言，乙庚畏虎凶。丙辛寻老鼠，
  丁壬猪莫逢。戊癸居何处？犬蛇路不通。

升玄燥火、金神

升玄燥火：犯主火灾。诗例：

> 甲己犯牛丁，乙庚占山猴。丙辛龙辛上，
> 丁壬羊癸求。戊癸寻乙狗，此方不可修。

金神：一名金神七煞，其杀大忌。修造、动土求得三奇，或月日家九紫到方，有气作之无害。一云：主日患。诗例：

> 五虎正月遁金神，每月干支并纳音。
> 天金即是天金轮，地支纳音金方真。

九良星、九良煞

九良星 忌修整，主见灾殃。

> 丙寅庚午辛未年，辛巳乙酉丙戌运。辛卯壬辰丙申岁，
> 辛丑癸卯乙巳全。丙午壬子并乙卯，俱在天官按本言。
> 乙亥庚辰丁酉共，己亥辛亥壬戌同。六年九良占何处，
> 寺观不许乱修营。甲子社庙乙丑厨，丁卯后门寅艮居。
> 占及神庙与道观，戊辰庚辰寺观楼。己巳申方并寺观，
> 壬申在厅不须疑。癸酉寅艮卯午方，又占后门莫修为。
> 甲戌庙州并占县，丙子中庭不可期。丁丑厨井与寅方，
> 戊寅东北须当记。己卯后门僧尼寺，又观壬午在神庙。
> 癸未水步并井乡，甲申中庭及正厅。丁亥火门及己方，
> 又兼僧寺莫修干。戊子厨灶休相犯，己丑寅方厨舍防。
> 庚寅一年占午宫，癸巳大门僧寺凶。甲午戊亥方休作，
> 乙未水步并亥同。戊戌州县及僧堂，城隍社庙不须看。
> 庚子中庭占厅上，壬庚东北丑午方。又兼厨井桥门路，
> 甲辰僧堂社庙防。城隍切莫去修装，戊申中庭正厅忌。

己酉寺观社庙藏,癸丑僧寺观社庙。甲寅丑方君休造,
丙辰壬辰方要防。丁巳前门九良到,戊午戊亥并厨灶。
己未在井庚申桥,社庙门路井相干。辛酉午方休问作,
癸亥占船及巳方。九良把着祸恓惶,若得太阴来下照。
三奇打报始无干。

九良杀 忌修作。

子申二载占中庭,丑岁排来到厨寅。丑土寅年为何吉,
如春后堂动无灵。罢见寅辰皆不利,巳门西南亦非宜。
马立戊亥方难拆,羊从水路不易行。堂庙岂于戊年整,
寺观的在亥岁灵。此杀修营君宜避,却是京本九良神。

山家火血、山家刀砧、支神退

山家火血:当年犯之损血财。诗例:

寅午戌怕丙壬方,申子辰上甲寅当。
巳酉丑忌乙辛位,亥卯未中丁癸殃。

山家刀砧:《百忌》云:修造,主损六畜。诗例:

子酉二年乙辛山,丑辰寅午甲庚场。
卯未巳亥丁癸上,申酉二载丙壬乡。
山家若犯刀砧杀,岁岁常见血财伤。

支神退:犯并冷退。诗例:

午未乾山退,丑子巽兑凶。
申酉坤艮位,戌亥离不通。
寅卯辰巳岁,君休下坎宫。

皇天灸退、三煞

皇天灸退：一名山家灸退，又名马前灸退，一名曲直神枢杀、六害阳脚杀。如申子辰年属水，马居寅即三合死位，水长生于申，死于卯，故又云：致死。一本云：马前六害，惟甲庚丙壬切忌立向。天皇灸退占子午卯酉，忌作山并修方。口诀云：其年惟忌修作，本年所坐山并修方主冷退。又云：宁可向之，不可坐之。诗例：

> 天皇灸退猛如当，犯着家财化作灰。任尔闭门深处坐，
> 祸从天上入家来。天皇灸退不堪亲，三合死位教君轮。
> 假如水局原于卯，金局火木例皆明。

三煞：劫煞、灾煞、岁煞，名曰三煞。此煞犯之，立见杀人。法以月建入中宫，飞得所犯正杀纳音五行所属，泊在何宫，如逢生旺之宫，或一周一月，立见杀小口、横凶。若修方值之亦然。故曰：三煞可向不可坐。诗例：

> 火局北方亥子丑，水局南方巳午未。
> 金局东方寅卯辰，木局西方申酉戌。

坐煞、向煞、阴中太岁

坐煞、向煞：犯主损失人财，退败，凶。入山刀砧同位。诗例：

> 阳年丙壬丁癸向，阴年甲乙庚辛上。
> 入山刀砧一同论，本年三合月为殃。

阴中太岁：一名四中杀，又名游山官符，埋葬主凶。诗例：见白虎杀下。

白虎杀、坐山罗睺

白虎杀：一名阴府，又名阴中官符，犯之主阴私公事。此杀即是四利三元十二年内白虎。诗例：

> 白虎杀例子年中，顺行十二看其停。
>
> 阴中太岁加未逆，二杀遁行不差移。

坐山罗睺：招官灾、白蚁。

巡山罗睺、坐杀、向杀

巡山罗睺：一名无头火星。此杀一年止占一字。《百忌》云：宅墓并忌下此向。犯主三、五、六年内，时见官灾、横事，虽有吉星，不能压制，宜一白水局年月。诗例：

> 子年乙向君休作，辰岁须知巽向凶。辛向申年尤切忌，
>
> 寅年艮向莫相逢。丁向午年须莫犯，戊年癸向不堪容。
>
> 丙向巳年皆要避，酉年乾向祸相攻。壬向丑年灾祸起，
>
> 亥年庚向祸重重。卯年甲向还须忌，未岁尤嫌坤向中。

坐杀、向杀：主损失人财。详见前开山，坐煞、向煞，同。

马前六害、翎毛禁向

马前六害：最忌立向，犯主退散、灾患。详见前开山，天皇灸退下。诗例：

> 太岁须寻病死闲，假如水局甲干详。
>
> 金土火局从庚位，木局原从丙火看。

翎毛禁向：《百忌》云：损血财。

子忌甲庚丙壬向，丑畏甲庚乙辛当。寅卯亥嫌丙壬向，
辰岁甲庚丁癸藏。巳中忌丙壬丁癸，午年甲庚丙壬场。
未岁甲庚酉壬庚，戌忌逢辛庚向安。

二十八宿值日吉凶星歌

角木蛟吉

邓 禹

角星造作主荣昌，外进田财及女郎。嫁娶婚姻生贵子，
文人及第见君王。惟有葬埋不可用，三年之后主瘟瘟。
起工修筑坟房地，堂前立见主人亡。

亢金龙凶

吴 汉

亢星造作长房当，十日之中主有殃。田地消磨官失职，
投军定是虎狼伤。嫁娶婚姻用此日，儿孙新妇守空房。
埋葬若还逢此日，当时灾祸主重伤。

氐土貉凶

贾 复

氐星造作主灾凶，费尽田园仓库空。埋葬不可用此日，
悬绝吊颈祸重重。若是婚姻离别散，夜招浪子入房中。
行船必定遭沉没，更生聋哑子孙穷。

心月狐凶

寇 恂

心星造作大为凶，更遭刑讼狱囚中。忤逆官非田宅退，
埋葬卒暴死相从。婚姻若是逢此日，子死儿亡泪满胸。
三年之内连遭祸，事事教君没始终。

房日兔吉

耿　弇

房星造作田园进，钱财牛马遍山冈。更招外处田庄宅，
荣华富贵福寿康。埋葬若然用此日，高官进职拜君王。
嫁娶嫦娥至月殿，三年抱子至朝堂。

尾火虎吉

岑　彭

尾星造作主天恩，富贵荣华福禄宁。招财进宝与田宅，
和合婚姻贵子孙。埋葬若能依此日，男清女正子孙兴。
开门放水招田地，代代公侯远播名。

箕水豹吉

冯　异

箕星造作主高强，岁岁年年大吉昌。埋葬修坟大吉利，
田蚕牛马遍山冈。开门放水主田宅，箧满金银谷满仓。
福荫高官加禄位，六亲丰足乐安康。

斗木獬吉

朱　祐

斗星造作主招财，文武官员位鼎台。田宅家财千万进，
坟茔修筑富贵来。开门放水招牛马，旺蚕男女主和谐。
遇此吉星来照护，时受福庆永无灾。

牛金牛凶

祭　遵

牛星造作主灾危，九横三灾不可推。家宅不安人口退，
田蚕不利主人衰。嫁娶婚姻皆自损，金银财谷渐无之。
若是开门并放水，牛猪羊马亦伤悲。

433

女土蝠凶

景　丹

女星造作损婆娘，兄弟相嫌似虎狼。埋葬生灾逢鬼怪，
颠邪疾病更瘟瘟。为事遭官财失散，泻痢流连不可当。
开门放水逢此日，全家财散主离乡。

虚日鼠凶

盖　延

虚星造作主灾殃，男女孤眠不一双。内乱风声无礼节，
儿孙媳妇伴人床。开门放水招灾祸，虎咬蛇伤又卒亡。
三三五五连病疾，家破人亡不可当。

危月燕凶

坚　镡

危星不可造高楼，自遭刑吊见血光。三岁孩儿遭水厄，
后生出外不还乡。埋葬若还逢此日，周年百外卧高床。
三年五载一悲伤，开门放水到官堂。

室火猪吉

耿　纯

室星造作进田牛，儿孙代代近皇侯。富贵荣华天上至，
寿如彭祖八百秋。开门放水招财帛，和合婚姻生贵儿。
埋葬若能依此日，门庭兴旺福无休。

壁水㺄吉

臧　宫

壁星造作主增财，丝蚕大熟福滔天。奴婢自来人口进，
开门放水出英贤。埋葬招财官品进，家中诸事乐滔然。
婚姻吉利生贵子，早播名声着祖鞭。

奎木狼凶

马 武

奎星造作得祯祥，家内荣华大吉昌。若是葬埋阴卒死，
当年定主两三伤。看看军令刑伤到，重重官事主瘟瘴。
开门放水招灾祸，三年两次损儿郎。

娄金狗吉

刘 隆

娄星竖柱起门庭，财旺家和事事兴。外进钱财百日进，
一家兄弟播高名。婚姻进益生贵子，玉帛金银箱满盈。
放水开门皆吉利，男荣女贵寿康宁。

胃土雉吉

乌 成

胃星造作事如何，富贵荣华喜气多。埋葬贵临官禄位，
夫妇齐眉永保康。婚姻遇此家富贵，三灾九祸不逢他。
从此门庭多吉庆，儿孙代代拜金坡。

昴日鸡凶

王 良

昴星造作进田牛，埋葬官灾不得休。重丧二日三人死，
尽卖田园不记增。开门放水招灾祸，三岁孩儿白了头。
婚姻不可逢此日，死别生离是可愁。

毕月乌吉

陈 俊

毕星造作主光前，买得田园有粟钱。埋葬此日添官职，
田蚕大熟永丰年。开门放水多吉庆，合家人口得安然。
婚姻若得逢此日，坐得孩儿福寿全。

觜火猴凶

傅 俊

觜星造作有徒刑，三年必定主伶仃。埋葬卒死多因此，
取定寅年便杀人。三丧不止皆由此，一人药毒二人身；
家门田地皆退败，仓库金银化作尘。

参水猿凶

杜 茂

参星造作旺人家，文星照耀大光华。只因造作田财旺，
埋葬招疾哭黄沙。开门放水加官职，房房子孙见田加。
婚姻许定遭刑克，男女朝开暮落花。

井木犴吉

姚 期

井星造作旺蚕田，金榜题名第一先。埋葬须防惊卒死，
狂癫疯疾入黄泉。开门放水招财帛，牛马猪羊旺莫言。
寡妇田塘来入宅，儿孙兴旺有余钱。

鬼金羊凶

王 霸

鬼星起造卒人亡，堂前不见主人郎。埋葬此日官禄至，
儿孙代代见君王。开门放水须伤死，嫁娶夫妻不久长。
修土筑墙伤产女，手扶双女泪汪汪。

柳土獐凶

任 光

柳星造作主遭官，昼夜偷闲不暂安。埋葬瘟瘴多病死，
田园退尽守冬寒。开门放水招血眼，腰驼背曲似弓弯。
更有棒刑宜谨慎，妇人随客走盘恒。

星日马凶

李　忠

星宿日好造新房，进职加官近帝王。不可埋葬并放水，
凶星临位女人亡。生离死别无心恋，自要归休别嫁郎。
孔子九曲殊难度，放水开门天命伤。

张月鹿吉

万　修

张星日好造龙轩，年年并见进田庄。代代为官近帝前。
埋葬不久升官职，代代为官近帝前。开门放水招财帛，
婚期和合福绵绵。田蚕大利仓库满，百般利意自安然。

翼火蛇凶

邳　仝

翼星不利架高堂，三年二载见瘟瘟。埋葬若还逢此日，
子孙必定在他乡。婚姻此日不宜利，归家定是不相当。
开门放水家须破，少女恋花贪外郎。

轸水蚓吉

刘　直

轸星临水造龙宫，代代为官受敕封。富贵荣华增寿禄，
库满仓盈自昌隆。埋葬文星来照助，宅舍安宁不见凶。
更有为官沾帝宠，婚姻龙子出龙宫。

二十八宿值日占风雨阴晴歌诀

春季：

虚危毕室多风雨，若遇奎星天色晴。娄危乌风天冷冻，

437

昴毕温和天又明。觜参井鬼见天日，柳星张翼阴还晴。
轸角二星天少雨，或起风雨侮岭行。亢宿大风起沙石，
氐房心尾雨风声。箕斗濛濛天少雨，女牛微微作雨声。

夏季：

虚危毕室天半阴，奎娄胃宿雨淋淋。昴毕二星天有雨，
觜参二星天又阴。井鬼二星晴或雨，张星翼轸又明阴。
角亢二星太阳见，氐房二星大雨风。心尾依然宿作雨，
箕斗牛女遇天晴。

秋季：

虚危室壁震雷鸣，奎娄胃昴雨淋庭。毕觜参井晴又雨，
鬼柳震开客行便。星张翼轸天无雨，亢角二星风雨声。
氐房心尾必有雨，箕斗牛女雨濛濛。

冬季：

虚室危毕多风雨，若逢奎星天色晴。娄胃雨声天冷冻，
昴毕之期天又晴。觜奎室宿坐时晴，井鬼二星天色黄。
莫道柳星云雾起，天寒风雨有严霜。张翼风雨又见日，
轸角夜雨日还晴。亢宿大风起沙石，氐房心尾雨风声。
箕斗二星天又雨，牛女阴凝天又晴。占卜阴阳真妙诀，
仙贤秘密不虚名。掌上论星天上应，定就乾坤阴与晴。

开山立向修方凶神注并诗例

天官符、地官符、九天朱雀

天官符：其名有五，曰天太岁、州官符、州牢杀、宅长杀。口诀云：
一年正占一字，山向有犯，立见公讼，吉不能制。凡修方犯亦大凶。宜用
三奇、通天窍年月得年命贵人，吉星到方，先从吉方上起手，连及不利之
方，得白星有气方更吉。假如子年官符在亥，从戌乾方或从壬子方，连及

亥方归吉，方住手。诗例：

> 天官符杀在临官，水局须知亥地看。
>
> 火局巳宫木寅位，金局申宫一切防。

地官符：其名有五：曰死气官符、县官符、符县牢杀、畜官符。又口诀云：一年止占一字，凡修造、安葬、开山、立向，犯之主官灾、口舌。如遁得泊宫受制，任君兴作。其次合得走马六壬年月，有吉星到山方向主进绝户、寡母田产横财。兼用三奇并年月日，一白水星以制为吉。修方如合三奇诸吉星到方并月日，一白到从吉方起手，修作大吉。如合得走马六壬吉星到，单修其方，先进绝户、田产横财，后进六畜。无吉星，主损血财。地官符属火，若得月日一白水星以制，吉。诗例：

> 岁君起建须寻定，定字原来是此神。
>
> 泊宫生旺紧回避，山向方犯官事临。

九天朱雀：与天官同位极凶。口诀云：开山、立向、修方犯之，周年内主官讼口舌。诗例：

> 九天朱雀势浮空，阴收阳平原是踪。
>
> 岁君刑位休囚位，巡抚来拿叫上穷。

丘公五子打劫血刃

> 捉鱼捕猎应多吉，起造迎婚切莫闲。修方立向君须忌，
> 牛马猪羊化作尘。周年二载妇人死，更遭公事入牢门。
> 时师不信但将试，远年修造细推源。

开山立向修方求三奇禄马转入帝星到位，帝旺到方，但得一吉到，则不忌。诗例：

> 子酉午卯岁居坤，丑未二年在艮宫。
>
> 虎猴乾上犬龙牛，巳亥两年入巽门。

入山刀砧

入山刀砧：犯之损人口、六畜。若单修，其方最忌。诗例：
　　　　子午寅申辰戌年，丙壬丁癸祸来缠。丑未卯酉巳亥岁，
　　　　甲庚乙辛灾祸连。开山修方犯此忌，更有月犯与同年。

铁扫帚

铁扫帚：犯主人财耗散。诗例：
　　　　　子午二年丁癸方，寅申巳亥丙壬当。
　　　　　卯酉二年曰庚位，辰戌丑未乙辛当。

李广将军箭

李广将军箭：鬼道同位。此杀即羊刃飞刀是也。古云：李广将军箭似枪，有人犯着祸难当。一箭一人死，二箭二人当，三箭并四箭，父子尽皆亡。年月日时夕，同山向修方并忌。诗例：
　　　　甲庚卯酉年为祸，乙辛辰戌杀人多。丁癸牛羊休踏迹，
　　　　丙壬子午动干戈。乾巽猪蛇为大祸，坤艮猴虎不堪过。
　　　　天干有箭支无箭，犯着灾临不奈何。

岁杀

岁杀：一名的杀。开山、立向、修方主官灾、疾病、失财。《百忌》云：杀子孙。《集总》云：此阴毒之神，皆在岁之死地，大禁固位。诗例：

岁杀原与天禁同,胎养之间大祸宫。

三合长生寻岁杀,假如水局养羊宫。

地轴、帝舍、帝车、帝辂

地轴:宅母杀同位。火向修方得吉星到,作之不忌。诗例:

太岁寻危地轴星,子年未上莫修营。

犯之宅母身难保,余岁须知此例亲。

帝舍:长男杀、伤门土瘟同位。若得吉星,作之不妨。诗例:

帝舍星名杀长男,丧门土瘟共处详。

岁君寻满为真诀,子岁寅方不等闲。

帝车:新妇杀人阳同位。有吉星制则不妨。己丑地轴、帝舍、帝车与宅母杀、长男杀、新妇杀同位,故不重载。诗例:

四利三元遁太阳,太岁二位法消详。

但逢除位君休作,犯丰新妇入泉乡。

帝辂:病符同位。山向修方得吉星到,作之不忌。诗例:

帝辂须从闭上寻,子年亥上计真情。

太岁十二病符位,却与帝辂一同论。

修方凶神注

年支例附四利三元十二年例吉凶神位注。

太岁堆黄、太阴、将军

太岁堆黄:即本年太岁。《集总》云:木星之精,岁之君也,所在之处不可修造、动土、安葬、移居,百事凶。犯之杀宅长,行军布阵不可向之。《百忌》

云:禁百二十步,犯之破家,凶。里语人君之象,后一干名李广箭跟驾也,前一干象君关门也。故曰:一百二十年空亡此也,俱不可犯也。诗例:

> 太岁建位号堆黄,又名宅长杀同看。
>
> 泊宫受制方无咎,泊宫旺地切须防。

太阴:《集总》云:土星之精,太岁之后妃,常居岁后一辰。凡兴工、动土、移徙抵犯,并向损女人小口,招阴私之厄。《百忌》云:女人病只宜学道,吉。诗例:

> 太阴子上从戌起,十二顺行逢酉止。
>
> 兴工动土有阴私,伤损人丁并妇女。

将军:《集总》云:金神之精,方伯之神,百事不可抵,犯之周年,亡者八九,惟宜修饰吉,动土凶。《集总》云:或与大明大杀、岁压、岁刑、恶神,会于一方,名群丑。《经》云:天大凶殃必在群丑,若触犯之,法当灭。口诀云:禁一百步,犯之三年死。

岁厌见后卷。北方亥子丑,水地败寻酉。东方寅卯辰,败子不须轮。南方巳午未,大败卯宫是。西方申酉戌,金败午位实。

岁刑、岁破

《集总》云:此五行生旺之气,恃强相刑,其方不可兴工,主争斗,血光。《百忌》云:防子孙公事,不可出兵及博戏。诗例:

> 子刑卯上卯刑子,寅刑巳上巳刑申。申刑寅上戌刑未,
>
> 丑刑戌上定其真。酉刑酉兮午刑午,亥刑亥兮辰刑辰。

岁破:一名大耗。《集总》云:太岁所冲天上之天罡也,其地不可兴工、动土、移徙、嫁娶、远行、安葬,犯之杀宅长。凡岁破之日,亦不可修造、动土。

其杀止忌修方,更忌立仓库,置庄厢,犯之损六畜。若人修作,得三奇、太阳到,兼年月日星,同到其方,从吉方起手,连及大耗。不利之方却又从吉方上住手。假如子年大耗在午,从丙丁方起手用土运及午方,又从丙丁方住手。大耗同岁破,故不重载。诗例:

大耗须知问破乡，又为岁破一同群。

假如子年午是破，年支冲处教君量。

小耗、大杀、劫杀、灾杀

小耗：一名死气，一名净栏杀。死符事部同杀，止忌修方。《集总》云：其方不可造仓库。《百忌》云：犯之损六畜。是吉方起手，而后连及小耗，不利之方却又从吉上住手。如子午卯酉年与三煞方同位，切忌单修此方，犯之六畜损耗、衰败、不旺。曾见人偷修日在小耗方上修整栏橱，三年后其灾亦应。诗例：

小耗年年论执方，死符亭邮一顺看。

净栏神杀原同论，修之财畜不收藏。

大杀：一名霹雳火，犯之主官刑，衰败人口，凶。《百忌》云：主灭门。诗例：

大杀原居帝旺乡，申子辰年子裁详。

举此一隅俱可识，犯主官非人口殃。

劫杀：一名害气，一名杀气，犯之主招盗贼、损人口。诗例：

水局年应绝处寻，金寅火亥木申真。

兴作立主伤人口，盗贼频招失却银。

灾杀：犯之人财衰耗，灾生不测。口诀云：合通天窍吉星，三奇到方先从吉方起手，如子年兑从巽山起手，连至丙上住手。或从丙上起手，连及巽位上，盖巽丙丁坤，但其方有吉星盖照，连及巳午未，亦可修。止忌单修巳午未方。诗例：

三合年寻胎是踪，水原午地金卯真。

木酉火子君须记，犯之人财衰耗凶。

岁杀、年流杀、田官符

岁杀：一名的杀，一名人口杀、月杀固，已上劫杀灾，即三杀也。说见前开

山三杀下。诗例:

的杀原从何处穷,申子辰年未是踪。

水局长生申上起,数倒养处例雷同。

年流杀:其杀止占方道,如小可修葺,犯之便损血财。若大修作,遁得三奇转运帝星。月家阳龙阴兔、帝星到方,宜大修作,吉星能压。《经》云:捉着流财财便发。诗例:

龙虎兔猴居子丑,马羊蛇鼠戌乾方。

鸡犬猪牛未戌乾,便是流财杀作殃。

田官符:犯之退田产。诗例:

子丑巳午年,乾上不堪言。寅卯辰申岁,

亥子丑方忌。未酉戌亥首,莫下未申酉。

大祸、崩腾、独火

大祸:诸历云:犯之有灾咎。大祸有二,曰伏兵、大祸也。有次大祸与驿马同位,不为深害,其方若有凶杀,即大凶。诗例:

大祸原来胎养间,水局年来丁火乡。

金局乙方火局癸,木局年来辛位详。

崩腾:犯之主杀宅长,以致灭门,三年内应。一云:千年崩腾,犯之主杀长子及忌行丧。诗例:

子地丑天寅三年,卯乙丙辰巳居壬。

午庚未申甲年癸,酉丁戌巳亥鸡鸣。

独火:一名飞祸,即是盖山黄道年月内,朱雀、五鬼、独火星在舍位,一年止占一字,惟忌修营。盖动土主见火灾、破财,惟葬不忌。且如午子年用离卦。五鬼在艮是独火。又如丑寅年用坤卦,五鬼在震是独火,用此相冲年一卦,犯之大凶。

上杀将月建入中宫顺飞,钓的丙丁二字,到本年独火方上修作、动土,犯之其火即发,吉不能制。或其年独火,主得月家一白水星向到。本年独火方上有气,作之吉,无气不利。或得壬癸水加独火方上作之,即地下五星中独火,《百忌》云:大凶,禁步杀,主破败,百事凶。主失火、血光、官事,如丁未年独火在离,二月遁起癸卯入中宫,顺飞到离上见丁未。近见一家动土修造,误犯离方,则其火随手烧屋,盖飞得丁字到离故也。诗例:

> 子年山土丑寅雷,卯坎艮巳怕风摧。
>
> 午兑未申离酉地,戌亥福从天上来。

黄幡、豹尾

黄幡:《集总》云:此太岁之墓也。五行之墓并在四季属土,其色黄,封树如旌幡,以黄为其封,故名黄幡。忌开门、取土及嫁娶、纳财、收畜,主损失。《百忌》云:孤寡凶。诗例:

> 水局寻辰墓,火局在戌乡。
>
> 木墓原在未,金墓居丑场。

豹尾:与黄幡对位。《总集》云:黄幡所指,随而变之,动静疾速如豹尾,主忌嫁娶及作百事,损人丁、六畜,禁五十步。诗例:

> 申子辰太岁,冠带是其方。金局逢未地,
>
> 火局烧龙场。木局年何处,金牛豹尾乡。

入座、千斤杀、飞廉

入座:即星帝入座。《总圣》云:其方并日,大忌于造葬及造作凶,主杀宅长、师人。诗例:

> 入座寻收此诀真,子午酉位遇收神。
>
> 开山立向居其位,煞师须知早避身。

千斤杀:损六畜,忌单收。诗例:

> 鼠狗蛇怕寅,马牛猪怕辰。兔猴忌亥上,
>
> 羊虎相牛经。龙鸡占何处,长蛇当道侵。

飞廉:一名飞廉大杀,岁岁之明神。《百忌》云:起造、动土、移徙、嫁娶,百

事凶,主公事、疾病。诗例:

> 子午寅申丑未年,遁寻戌位是飞廉。
>
> 卯酉巳亥辰戌岁,但逢满位掌中传。

暗刀煞、五鬼、力士

暗刀煞:犯之损人,忌单修。诗例:

> 鼠马岁嫌龙,牛羊绝兔踪。虎猴猪莫犯,
>
> 鸡鼠忌猴逢。龙犬嫌牛走,猪蛇羊最凶。

五鬼:《集总》云:主虚耗、失财、病患。如值岁月合日祭祀,收福助之吉。诗例:

> 子年午位逆加辰,丑岁须知逆卯真。寅见寅兮卯见丑,
>
> 辰逢子地巳猪征。午寻戌地未寻酉,甲遇申兮鸡未鸣。
>
> 戌向午宫亥向巳,五鬼方上莫修营。

力士:犯之主瘟疫,防手足。诗例:

> 亥子丑,衰病夹处求;寅卯辰,巽宫不用擒。
>
> 巳午未,坤地何须记;申酉戌,乾宫力士寅。

土皇游、天命杀、伏兵

土皇游:《集总》云:犯之一年内,主瘟疫非灾。《百忌》云:凡在一方及游对冲一方,一方各占三位,其形如狮子,部从甚众,公馆私家切忌动作,犯之人家破败、口舌、怪梦。

陈希夷云:犯之令人血光,仍分阴阳轻重断之。秋分后五日得风地观卦,用事无碍。诗例:

> 子丑辰巳年,乾巽主忧煎。寅卯戌亥岁,
>
> 坤艮灾殃起。午申酉三载,子年方上裁。
>
> 惟有未太岁,卯酉惟不和。

天命杀：一名年游，一名赤毒。起造、动土大凶，公馆犯之，大有所防。庶人犯之，大杀十人。诗例：

> 子午年居酉，丑未卯宫藏。寅申年在亥，
>
> 卯酉拜蛇王。辰戌随牛走，蛇猪值未方。
>
> 此名天命杀，犯着泪汪汪。

伏兵：《集总》云：犯之主有暗伤灾咎。诗例：

> 胎绝相夹号伏兵，巳午之间丙是真。
>
> 申子辰年水局例，举此一端教君论。

蚕官、蚕室、蚕命

蚕官、蚕室：大忌春间修作。《集总》云：蚕室在将军后三辰前，将军之后，犯之年年损蚕，每遇岁夜以香茶米粿于其方，烧钱祭之，令年年得蚕。诗例：

> 官支室卦细推分，亥子丑年居未坤。寅卯辰年戌乾上，
>
> 巳午未岁丑艮门。申酉戌年辰巽位，作犯之时必见连。
>
> 假如亥子丑太岁，支未坤卦与君论。

蚕命：《百忌》云：犯之损蚕。诗例：

> 子羊丑马羊猪位，卯犬辰蛇巳怕牛。
>
> 午虎未猴申占兔，酉龙戌鼠亥鸡稠。

白虎杀、病符

白虎杀：说见前白虎杀下，与中男杀同位。

病符：犯之主疾病、损人。《集总》云：主瘟疫。口诀云：有吉神照，作之不妨。诗例：

> 太岁之前是病符，岁前二位吊客居。
>
> 丧门岁后隔一位，位上修造人预克。

447

丧门、吊客、天地太岁

丧门:《集总》云:造作百事凶,及不宜出丧。诗例同上。

　　　　太岁之前是病符,岁前二位吊客居。

　　　　丧门岁后隔一位,位上修造人预克。

吊客:犯之主招哭泣、疾病。诗例同前天官符。

天太岁:《集总》云:犯之损宅长。诗例同前天官符。

地太岁:《集总》云:犯之损宅母及小口。诗例:

　　　　子周一年去寻羊,丑酉两载畏蛇伤。寅戌骑龙卯亥虎,

　　　　辰牛巳猪午犬乡。又有未年猴作戏,犯之人口受灾殃。

禄存、文曲、巨门

禄存:犯之大凶,主损产妇及招贼盗。

　　　　子年兑上逆行踪,数到坎宫复转坤。

　　　　申震酉戌巽中论,亥年逢之是禄存。

文曲:犯之主退财、招瘟、损人口孕妇。

　　　　子年加艮逆兑宫,数至坤宫复震东。

　　　　申巽酉中戌乾上,亥年遇兑损财凶。

巨门:犯之为灾不至猛烈,先损血财,后主退死。

　　　　巨乾廉离破值坤,一年一位逆行遵。

　　　　数至人年逆顺转,十二支神九宫分。

廉贞、破军、奏书

廉贞:犯之大凶,主公事、失火、退人口。诗例同上。

破军:犯主大凶。诗例同上。

奏书:《集总》云:此岁之吉神,天之书记其方,不可穿井、修营,候岁月天道、天德星到位,可以修饰。注云:喜神也,向之吉,与博士同论。说见后天德注下。诗例:

> 亥子丑乾纲,寅卯辰艮乡。巳午未年巽,
> 申酉戌坤方。此为奏书煞,博士对宫装。

牛飞廉、二金

牛飞廉:其方犯之,主牛畜凶。诗例:

> 子丑煞在辰,寅卯居午真。辰巳怕申上,
> 午未怕戌真。卯酉寻子路,戌亥好避寅。

二金:《百忌》云:大凶,禁无远近,官历云:犯之主兵刃,则禁之。诗例:

> 子乾丑寅葬鼠迹,卯兔辰巳向马踪。
> 午坤未申巽上立,酉鸡戌亥天市东。

二土、二木、畜官

二土:犯之主土压,凶。诗例:

> 子午居坎丑寅乾,卯辰艮巳居坤垣。
> 未申占酉酉年巽,戌亥二年在卯边。

二木:犯之主木打,凶。诗例:

> 子年午上午年子,丑寅二年共坤处。卯年酉上酉年卯,
> 辰巳在乾皆一路。未申居艮不须论,戌亥二年居巽户。

畜官:一名县官符。俗云:不可兴工、动土、造作,百事及祀神祇,主防小口、六畜。诗例同前地官符。

天皇灸退方、碎金煞

天皇灸退方:诗例见前开山,天皇灸退下。

碎金煞:一名碎金三煞,犯之主私情、公讼、破财。诗例:

四孟年鸡四仲蛇,辰戌丑未问牛家。

时人若犯碎金煞,破财官事更淫邪。

附:四利三元十二年例吉凶神同位

一太岁,堆黄同。二太阳,帝车同。三丧门,帝舍与堆黄煞同忌堆木植。四太阴,损阴人小口、疾病、招阴私。五官符,地官符岁位合房星。六死符,岁支德、小耗同。七岁破,大耗同。八龙德,地轴同。九阴符,白虎同。十福德,皇帝入座同。十一吊客,飞天独火、华盖、太阴、青龙、生气、牛星同位。十二疾符,帝辂同。

月开山立向修方凶神注

山家朱雀、飞宫天官符、飞宫地官符

山家朱雀:忌开山,主口舌。若与天官符、地官符同位,尤凶。诗例:

正离二八坎坤宫,三九巽户两雷同。四十月乾休要作,

五十一月艮兑中。惟有七月居离震,六十二月悉为空。

飞宫天官符:有四名,说见前开山立向注内。犯之吉不能制,主杀宅长及非横官灾,若有禄马向到其官,见祸尤速。诗例:

常将月建入中宫,顺寻年禁向何逢。

假如水局亥为禁，正建入中亥占中。

飞宫地官符：凡三名，注前占舍位，五十步尚不可犯，而飞宫又不可犯。若犯山头官灾自内发，若立向及修方，官灾自外来，又名畜官，动土兴工修作防小口、损六畜。二官符起遁所属，见前注。诗例：

　　　　每寻定字为年禁，建顺中飞遁禁神。

　　　　子岁定辰为禁字，建中寻禁在何停。

打头火

打头火：占山向最忌修方，整换随手火发与别火星不同，惟葬不忌。

打头火寅午戌属火旺在午，亥卯未属木旺在卯，申子辰属水旺在子，巳酉丑属金旺在酉，盖子午卯酉各在本宫旺乡。又见飞宫故犯之，其火即发，如飞天独火，申子辰属水死于卯，巳酉丑属金死于子，寅午戌属火死于酉，亥卯未属木死于午，盖子午卯酉火星皆在本宫死地。虽是飞宫，故其火无应，若与打头火飞宫同位，及年独火飞得丙丁字同到方道，则此火即发。诗例：

　　　　三合之年寻旺宫，水局子上定其踪。

　　　　火局午未木局卯，金局酉地火飞红。

月修方凶神注

小儿杀、飞天独火

小儿杀：一名小月建，一名顺小儿杀，一名阴阳月建方，起造、动土犯之主损小口。然阳宅滴水檐外尤紧，禁无步数，犯之即见凶祸。

假如申子辰寅午戌阳年，正月在中宫，二月乾，三月兑，四月艮，五月离之类，每一卦占三宫。其余仿此。诗例：

　　　　阳起中宫阴起离，阴阳二年并顺推。

九宫数至遇何月,到此一宫杀小儿。

飞天独火:若遇月家火、打头火同位,火即发。

假如子年,正月以寅入中宫顺行到乾,见卯字即是。若与打头火同位,其火即发。余仿此。诗例:

> 不合年飞死位寻,假如水局卯宫真。
>
> 巳酉丑岁死居子,金火二局例堪轮。

月游火

月游火:占舍位止忌一字,与打头火同位,其火即发。诗例:

> 子丑年居艮, 寅年震上装。卯辰居巽位,
>
> 巳年在离乡。午未游坤地, 申年兑上葳。
>
> 酉戌寻乾去, 亥年占坎方。此为正月例,
>
> 次第顺推详。

巡山火星、丙丁独火

巡山火星:犯之主火殃。诗例:

> 正月十二火星乾, 二坤三四坎宫眠。
>
> 五入中宫六七卯, 八酉九十艮忧煎。

丙丁独火:说见前修方注此煞,将月建入中宫,得丙丁二字,本年独火方上,盖丙丁属火,则其火即发。如丁未年独火在离,二月用事将月建癸卯入中宫,顺行到离上见丁未。近见一家动土、修造,误犯离方,其火即发,盖飞得丁字到离,凶。诗例:

> 正月十一巽十空, 二腊卯巽九乾烘。三月卯坤四月子,
>
> 五月子午炎飞红。六月艮午七酉艮, 八月乾酉火相逢。

大月建、隐伏血刃、升玄血刃

大月建：一名暗建煞，一名逆小儿煞。古历并云：一行禅师以此为阴中太阴，凡将军、大杀、官符及诸凶神，犯者尚可禳，惟此不可犯，主先杀宅长，次杀子孙，立见衰败。《百忌》又云：按三白九紫之方造作，不避太岁禁杀，并宅长凶年，只忌犯此月建所破，非三白之无功也。

假如庚戌年，正月起艮上逆行，二月兑，三月艮，四月中宫，五月巽之类也。诗例：

> 甲癸丁坤起艮乡，乙辛戌岁起中央。
> 丙壬丁向坤宫发，逆走三元定建方。

隐伏血刃：修造、动土，主损血财。诗例：

> 甲己正月兑顺隐，离上逆隐遍九宫。乙庚孟春巽伏顺，
> 逆干乾上是行踪。丙辛顺坎逆震位，丁壬震顺逆走中。
> 戊癸顺离坤不顺，一卦排定占三宫。

升玄血刃：犯之主血财耗损。邱公暗刀杀：其杀忌修整，若修厅杀宅长，修堂杀宅母，修门杀次长，修厨杀新妇。值栖牢楼、仓库，犯之立见祸患。若鼎新修作则不避。诗例：

> 遁甲还从甲上起，正月时师仔细推。甲己之年甲戌起，
> 乙庚之岁甲申游。丙戌之年甲午山，丁壬之岁甲辰求。
> 戊癸但从甲寅起，顺行十二与周流。

饥渴血刃

饥渴血刃：饥则食肉，渴则饮血。不论方道，惟忌修作中宫。若修作中宫，并动土主损血财。若合得三奇、一德贵人、太阳、解神、生气临中宫，有吉。

又按先贤口诀，以月建入中宫，属木能克中宫之土。或日月家九紫得之吉，到中宫修作无防。诗例：

甲己蛇戌子当中，乙庚龙鸡未月建。丙辛兔猴亥当避，
丁壬羊虎酉无踪。戊癸马猪申月犯，饥食渴饮血财空。

原五行

吴景鸾进呈表

某年某月某日某等，诚惶诚恐，稽首顿首，谨以五行书进呈者。先天后天泄神功于莫测，龙运山运昭体用于无穷。原于以知帝德之殚，敷本于坤元之厚载，臣工快睹，夷夏具瞻。臣某等诚惶诚恐，稽首顿首。

窃惟阴阳五行，源流实远，河图洛书，羲禹阐其旨。紫嬴嘱管、郭中郎，泄其真机，曰正气五行，曰洪范五行，曰八卦五行。门类固有不同，或正其方位，或论其向局，或正其山运，取用岂容无别？选择之良，莫如造命，体用之妙，可夺神功。本此五行之秘，岂非万世之珍乎？兹盖伏遇祥辉，遥瞻瑞气。仰观乎天文，俯察乎地理。

尧封荡荡，尽属版图；禹甸茫茫，悉归统驭。宅中图治，居重驭轻。诚大有为之君，直不世出之主。窃念臣等寻行数墨、颇读儒书，溯流穷源，粗知克择，蒐集天机，纂定二运。伏愿继天立极，保社稷于灵长；出震向离，抚皇图之巩固。五行显用，喜动天颜，遐陬僻壤，处处颁行，桂海水天，人人传授，臣等无任，瞻天仰圣，激切屏营之至，谨以五行书上进以闻，按《天机秘书》所论，五行有六：

一曰正五行，取遁龙运。二曰洪范五行，取遁山运。三曰八卦五行，取遁向局。四曰玄空五行，取遁水运。五曰双山五行，取论三合。六曰浑天五行，取合例卦。

六家五行各有取法，合当兼着体用，并行不悖，夺神功、改天命，造福响应，先师用之，验于前矣。时俗不究各五行，而专用一定板正五行，焉能造福于世哉？

正五行

取遁龙运，不论横邪正受，但将入首一节，来脉阳顺阴逆，以月建入中宫，冬至顺，夏至逆，寻泊处，看其生克旺泄以断其吉凶。此只论泊宫，不论纳音相克。

洪范五行

取遁山运，纳音所属，其运克年月日时，吉；不可使年月日时克山运，凶。年月日时生运，吉；运生年月日时，凶。比和吉。如克山有制，或有化，皆可用也。

八卦五行

取遁向运，纳音所属，忌年月日时冲克。然山向不能两合，然而补山不宜补向，若补向谓之助鬼杀，反克山矣！时俗以一半补山，一半补向，亦不可。

玄空五行

取遁水运，纳音所属，忌年月日时冲克，此不是纳音克，如乙丑金运忌辛未年月日时。余仿此。

双山五行

取论三合，不在遁运，如艮寅丙午辛戌六山，宜用寅午戌年月日时补。坤申壬子乙辰六山，宜用申子辰年月日时补。巽巳庚酉癸丑六山，宜巳酉丑年月日时补。乾亥甲卯丁未六山，宜亥卯未年月日时补。俗师壬子癸山庚酉辛山，用财局误，甲卯乙山、丙午丁山，用印局，误。

浑天五行

取论卦例,不在遁运,如乾戌亥庚酉辛金山,宜用金年月日时补。甲卯乙辰巽巳六山,宜用木年月日时补。壬子癸水山,宜用水年月日时补。丙午丁火山,宜用火年月日时补。未坤申丑艮寅土山,宜用土年月日时补,最吉。

正五行诗诀

如申庚、酉辛、乾来龙皆属金遁运,看泊宫。壬水、子水、癸水、丑土、艮土、寅木、甲木、卯木、乙木、辰木、巽木、巳火、丙火、午火、丁火、未土、坤土、申金、庚金、酉金、辛金、戌土、乾金、亥水。

亥壬子癸大江水,寅甲卯乙巽木宫。巳丙午丁皆属火,
申庚酉辛乾金逢。辰戌丑未坤艮土,此是五行老祖宗。

洪范五行诗诀

取山运有准。壬火、子水、癸土、丑土、艮木、寅木、甲木、卯木、乙火、辰水、巽水、巳木、丙火、午火、丁金、未土、坤土、申水、庚土、酉金、辛水、戌水、乾金、亥金。

甲寅辰巽大江水,戌坎辛申水一同。艮震巳山原属木,
离壬丙乙火为宗。兑丁乾亥金山处,五癸坤庚未土中。

八卦五行诗诀

假如金向入首忌寅卯,乙巽入首为犯鬼煞。云:壬火、子水、癸水、丑土、艮

456

土、寅火、申金、卯木、乙木、辰木、巽木、巳金、丙土、午火、丁金、未木、坤土、申水、庚木、酉金、辛木、戌火、乾金、亥木。

兑丁巳丑乾甲金，巽辛震庚木宫寻。亥卯未向俱是木，
艮丙坤乙土为岑。坎癸申辰洪水发，离壬寅戌火烧林。

玄空五行诗诀

论放水。壬水、子水、癸木、丑土、艮木、寅水、甲木、卯金、乙火、辰水、巽水、巳水、丙火、午金、丁火、未土、坤金、申水、庚土、酉火、辛水、戌土、乾金、亥木。

丙丁乙酉原属火，乾坤卯午金同坐。亥癸甲艮是木星，
戌庚壬未土同轮。子寅辰巽辛兼巳，申与壬方是水中。

双山五行诗诀

此论三合。壬水、子水、癸金、丑金、艮火、寅火、甲木、卯木、乙水、辰水、巽金、巳金、丙火、午火、丁木、未木、坤水、申水、庚金、酉金、辛火、戌火、乾木、亥木。

壬子乙辰坤申水，癸丑巽巳酉庚金。
艮寅丙午辛戌火，甲卯丁未乾亥木。

浑天五行诗诀

乾、兑、离、震、巽、坎、艮、坤，每一位管三山。壬水、子水、癸水、丑土、艮土、寅土、甲木、卯木、乙木、辰木、巽木、巳木、丙火、午火、丁火、未土、坤土、申土、庚金、酉金、辛金、戌金、乾金、亥金。

离火北坎水，乾金与兑班。坤艮俱属土，
震巽俱木山。八方随卦例，一卦管三山。

龙运泊宫诗诀

法以月建入中宫,冬至顺飞,夏至逆飞,寻龙运泊处,看其吉凶俱泊中宫。酉木有寄离、寄艮、寄坤互异,愚见泊中属土,即以土论其生克,用之乃是。诗例:

月建中宫寻龙运,冬至顺飞夏逆飞。惟有临官横财发,
决定田地四方来。长生贵人并禄马,催官及第状元归。

纳音金木水火土运

纳音金运

长生巽巳　沐浴离　冠带未坤　临官坤申　帝旺兑　衰戌　乾病　乾亥　死坎　库　丑艮　绝　艮寅　胎震　养　辰巽　印　坤艮　比　乾兑　财　震巽　杀　离　泄　坎。

纳音木运

长生乾亥　沐浴坎　冠带丑艮　临官艮寅　帝旺震　衰辰　巽病　巽巳　死离　库　未坤　绝　坤申胎　兑养　戌乾印　坎　比震巽　财　坤艮　杀　乾兑泄　离。

纳音水运

长生坤申　沐浴兑　冠带戌乾　临官乾亥　帝旺坎　衰丑　艮病　艮寅　死震　库　辰巽　绝　巽巳胎　离　养木坤　印　乾兑　比　坎　财　离　杀　坤艮泄　震巽。

纳音火运

长生艮寅　沐浴震　冠带辰巽　临官巽巳　帝旺离　衰　未坤病　坤

申 死 兑 库 戌乾 绝 乾亥胎 坎 养 丑艮印 震巽 比 离
财 乾兑 杀 坎 泄 坤艮。

纳音土运

长生坤申 沐浴兑 冠带戌乾 临官坎 帝旺坎 衰 丑 艮病 艮
寅 死 震 库 辰巽 绝巽巳胎 离 养 未坤印 离 比 坤艮
财 坎 杀 震巽泄 乾兑。

论龙运干、禄、贵人、刃、空亡

龙运干

禄	甲乙丙丁戊
	艮震巽离巽
贵人	艮坎乾乾艮
	坤坤兑兑坤
刃	震巽离坤离
	兑乾坎艮坎
禄	己庚辛壬癸
	离坤兑乾坎
贵人	坎艮离巽巽
	坤坤艮震震
刃	坤震巽离坤
	艮兑乾坎艮

空亡

乙戊年	运甲子旬乾
辛丑辰未	
甲丁庚癸	运甲戌旬坤兑
戊丑辰未	
丙己壬	运甲申旬离坤
戊丑辰	
乙戊辛	运甲午旬巽
未戊丑	
甲丁庚	运甲辰旬艮寅
辰未戊	
丙己壬	运甲寅旬庚艮
辰未戊	

二十四位龙运泊宫吉凶定局

坤丑未三龙阴土生酉丁巳,二龙阴火生酉乾庚申,三龙阴金生巳,八龙同墓在丑。

咸池在离,劫杀在艮。官符刑坤,灾杀在震。马在乾宫,岁杀在巽。

坤壬未丁巳乾六龙运

十一月:先年冬至后乾,十二月、六月:泊中,正月:泊坎,二月、十月:泊离,三月、九月:泊艮,四月、八月:泊兑,五月、七月:夏至前乾,五月夏至后巽,十一月:今年冬至前坎。

甲己年乙丑金运

十一月:刃和凶衰病,十二月、六月:土生金印,正月:贵泄绝,十二月:煞败,三月、九月:印墓绝,四月、八月:和旺,五月、七月:衰病和空刃,十一月:死泄贵。

乙庚年丁丑水运

十一月:贵印冠临,十二月、六月:土克水煞,正月:和旺,二月、十月:禄财胎,三月、九月:刃杀病衰,四月、八月:贵卯败空,五月、七月:冠临印贵。五月墓绝泄,十一月:和旺。

丙辛年丑火运

十一月:财墓绝,十二月、六月:火星土泄,正月:贵胎煞,二月、十月:禄和旺空,三月、九月:生刃泄养,四月、八月:财死,五月、七月:财墓绝,五月:冠印临,十一月:杀临贵。

丁壬年辛丑土运

十一月:刃泄冠临,十二月、六月:土土比和,正月:财旺,二月、十月:贵印胎,三月、九月:贵和病衰,四月、八月:禄泄败,五月、七月:冠临泄刃,五月:墓绝杀空刃,十一月:财旺。

戊癸年癸丑木运

十一月：生煞养，十二月、六月：木克土财，正月：禄印败，十二月：泄死，三月、九月：财冠刃空，四月、八月：胎煞，五月、七月：生养煞，五月：衰和病贵，十一月：败印禄。

以上龙运库丑。

庚申酉辛壬子六龙运

酉辛二龙属阴，金生子，壬子二龙属阴，水生申。

四龙同墓在辰。

劫杀刑巽，灾杀在离。岁杀在坤，咸池在兑。官符在乾，马在艮。

龙运

十一月：泊离冬至后，十二月：泊艮，正月：泊兑，十一月、十月：泊乾，三月、九月：泊中，四月、五月：泊坎五月：夏至后同，五月：泊离夏至前，六月：泊坤夏至前，七月：泊震，八月：泊巽，十一月：泊兑冬至前。

甲己年戊辰木运

十一月：死泄刃，十二月：冠临财贵，正月：胎煞，二月、十月：生养煞上，三月、九月：木克土财，四月、五月：败印刃，五月：死泄刃，六月：墓绝财贵，七月：旺和，八月：衰病和禄，十一月：胎煞。

乙庚年庚辰金运

十一月：败煞，十二月：墓绝印贵，正月：旺和空刃，二月、十月：衰病和，三月、九月：土生金印，四月、五月：死泄，五月：败煞，六月：冠临印空贵禄，七月：胎财刃，八月：生养财，十一月：旺和空刃。

丙辛年壬辰水运

十一月：胎财空刃，十二月：衰病杀，正月：败印，二月、十月：冠临印禄，三月、九月：土克水杀，四月、五月：和旺刃，五月：胎财空刃，六月：生养煞空，七月：死泄贵，八月：墓地泄贵，十一月：败印。

丁壬年甲辰火运

十一月：和旺，十二月：泄生养贵空禄，正月：财死刃，二月、十月：财墓绝，三月、九月:火生土泄,四月、五月:胎煞,五月:和旺,六月:泄衰病贵,七月:印败空刃,八月:印冠临,十一月财死刃。

戊癸年丙辰土运

十一月:胎印刃,十二月:衰病和空,正月:败泄贵,二月、十月:冠临泄贵,三月、九月:壬土比和,四月、五月:旺财空刃,五月:胎印刃,六月:生养和,七月:死煞,八月:墓绝杀禄,十一月:败泄贵。

以上龙运库辰。

癸亥寅甲卯乙六龙运

癸亥二龙属阴,水生卯寅申三元龙属阴,水生亥。

四龙同墓在未。

劫杀在坤,灾杀在兑。岁杀刑乾,咸池在坎。官符在艮,马共巽巳。

龙运

十一月:泊震,先年冬至后,十二月、九月:泊坤,正月、八月:泊坎,二月、七月:泊离,三月:泊艮,四月:泊兑,五月:泊乾夏至前,五月:泊巽夏至后,六月:泊中,十月:泊震,十一月:泊巽冬至前。

甲己年辛未土运

十一月:死煞,十二月、九月:生养和,正月、八月:财旺,二月、七月:胎印贵,三月:衰病和贵,四月:败泄禄,五月:至前冠临泄空刃,五月:至后墓绝杀刃,六月:壬土比和,十月:死煞,十一月:墓绝煞刃。

乙庚年癸未木运

十一月:旺和贵,十二月、九月:墓绝财空刃,正月、八月:败印禄,二月、七月:死泄,三月:冠临财刃,四月:胎煞空,五月:生养煞,五月:衰病和贵,六月:木克土财,十月:旺和贵,十一月:衰病和贵。

丙辛年乙未金运

十一月:胎财,十二月、九月:克临印贵,正月、八月:死泄贵,二月、七月:败煞,三月:墓绝印,四月:旺和,五月:衰病和刃,五月:生养财空刃,六月:土生金印,十月:胎财禄,十一月:生养财空刃。

丁壬年丁未水运

十一月：死泄空，十二、九月：生养杀刃，正月、八月：和旺，二月、七月：胎财禄，三月：衰病杀空刃，四月：败印，五月：冠临印贵，五月：墓绝泄，六月：土克水杀，十月：死泄空，十一月：墓绝泄。

戊癸年己未火运

十一月：印败，十二月、九月：泄衰病刃贵，正月、八月：胎杀空贵，二月、七月：和旺禄，三月：泄生养空刃，四月：财死，五月：财绝墓，五月：印冠临，六月：火生土泄，十月：印败，十一月：冠印临。

以上龙运库未。

巽艮辰戌丙午六龙运

卯乙巽三龙阴木生午，艮辰戌三龙阴土生寅，丙午二龙阴火生寅。

八龙同墓在戌。

劫杀在乾，咸池在震。灾杀在坎，官符在巽。岁杀刑艮，马在坤中。

龙运

十一月：泊乾先年冬至后，十二月、九月：泊中先年十二月，正月：泊巽，二月、七月：泊震，三月、六月：泊坤，四月：泊坎，五月、十月：泊离夏至前，五月：泊坎夏至后，八月：泊巽，十一月：泊坎本年冬前。

甲己年甲戌火运

十一月：财墓绝，十二月、九月、火生土泄，正月：印冠临，二月、七月：印败刃，三月、六月：泄衰病空贵，四月：胎煞，五月、十月：和旺，五月：胎煞，八月：印冠临，十一月：胎杀。

乙庚年丙戌土运

十一月：冠临泄贵，十二月、九月：土土比和，正月：墓绝煞禄，二月、七月：死煞，三月、六月：生养和空，四月：旺财刃，五月、十月：胎印空刃，五月：旺财刃，八月：衰病和空禄，十一月：败印刃。

丁壬年庚戌金运

十一月：衰病和，十二月、九月：土生金印，正月：生养财，二月、七月：胎财空刃,三月、六月:冠临印禄贵,四月:死泄,五月、十月:败杀,五月:死泄,八月:生养财,十一月:死泄。

戊癸年壬戌水运

十一月:冠临印禄,十二月、九月:土克水杀,正月:墓绝泄贵,二月、七月:死泄贵,三月、六月:生养杀,四月:和旺空刃,五月:胎财刃,五月:和旺空刃,八月:墓地泄贵,十一月:和旺空刃。

以上龙运库戌。

龙运泊宫克应总歌

泊吉宫歌

泊贵人歌
天乙贵人垣,及第必争先。贵子光天德,安邦名世传。

泊禄宫歌
飞禄禄天来,官贵发钱财。加官增品秩,六畜旺无灾。

泊马宫歌
天马为第一,儿孙迁官职。贵人同会合,仍得横财入。

泊财宫歌
运入财宫昌,儿孙显姓香。爵禄加增级,庶人富非常。

泊生宫歌
龙运长生宫,贵子显门风。贵人谋事遂,进入横财丰。

泊旺宫歌
帝旺星可夸,送官俸禄加。庶人得合此,世代主荣华。

泊冠宫歌
临官冠带宫,贵子振文风。贵人同位照,白屋出三公。

泊中宫歌
中宫不等闲,生旺福天长。为官加品秩,庶人富田庄。

泊生宫歌

相生最可逢,白发寿彭公。有分登科第,儿孙佐圣聪。

泊和宫歌

比和世所钦,造葬福弥深。官显声名播,经商足宝珍。

泊库宫歌

龙运库超群,葬埋获珠珍。周年生贵子,及第耀祖宗。

泊印宫歌

生印福非轻,世代袭簪缨。俊秀文章伯,声名振帝京。

泊临宫歌

临官福自臻,世代载簪缨。笔力夸韩柳,加官佐圣明。

泊凶宫歌

泊死宫歌

龙逢死绝方,必定少年亡。损刑人财散,损刑不可当。

泊空亡歌

空亡不可亲,颠倒事无成。财宝成秋露,儿孙折骨贫。

泊羊刃歌

羊刃实可哀,伤人又破财。所为皆不遂,动闻祸重来。

泊咸池歌

咸池不堪临,游荡若浮萍。女人多淫欲,人亡祸不停。

泊官符歌

官符实可悲,锁架不曾离。横事常时见,落孕又扛尸。

劫杀泊歌

劫杀不可当,奔走利名场。祖业消应散,何如得久长。

泊灾杀歌

灾煞是恶神,恶死坏尸身。吉多方解救,也主有疾人。

泊岁杀歌

岁杀最不祥,财散雪朝阳。造埋值此运,更主死他乡。

泊刑宫歌

刑宫大不祥,红粉泪堪伤。妻子并兄弟,无情寿不长。

泊泄宫歌

耗泄福何期,柔懦定无为。纵得山水吉,财消人熟知。

泊败宫歌

暴败最堪伤,人亡及火映。阴人多病患,灾祸是非乡。

泊杀宫歌

杀运起宫方,尤嫌宅长亡。凶丧常不绝,冷退甚恓惶。

得全吉者为上运,吉多凶少者为中运,凶多吉少者为下运,全无吉者为凶运。

杨、曾造葬日家一览

谨依杨、曾教法,吴公《进呈表》,入首龙运用阳顺阴逆,山运用洪范五行,逢库而变,冬至后并用下年运。

龙运:丁巳二龙阴火生酉旺巳,同库在丑,用正五行。坤丑未三龙阴土生酉旺巳,乾甲庚三龙阳金生巳旺酉。

山运:酉丁乾亥四山,金生巳、旺酉,同库在丑,用洪范五行。

甲己年用先年冬至后,乙丑金运忌火年月日时。

年宜用甲子、甲申、甲午、甲寅、己巳、己卯、己亥、己酉吉。忌用甲辰、乙巳、己丑、己未年克山龙运凶,己卯、乙酉年冬至后用丁丑水运克山。

月宜用戊辰、己巳、庚午、辛未、壬申、癸酉、丙子、丁丑吉。忌用丙寅、丁卯、甲戌、乙亥月克山龙运凶。

日竖造宜用己巳、辛未、戊寅、己卯、甲申、乙酉、庚寅、乙未、己亥、壬寅、癸卯、戊申、己酉、壬子、乙卯、庚申、壬戌。忌用丙寅、丁卯、甲戌、乙亥、戊子、己丑、己未日克山龙运凶。

日安葬宜用庚午、壬申、癸酉、戊寅、壬午、甲申、乙酉、庚寅、壬辰、壬寅、丙午、己酉、甲寅、丙辰、庚申、辛酉吉。忌用丙申、丁酉、甲辰、乙巳、己未日克山龙运凶。

时造葬忌用纳音火时,克山龙运凶。

乙庚年用先年冬至后,丁丑水运忌土年月日时。

年宜用乙丑、乙亥、乙酉、乙卯、乙未、乙巳、庚辰、庚寅、庚戌、庚申吉。忌用庚午、庚子、年克山龙运凶。乙酉、乙卯、年冬至后克龙山。

月宜用庚辰、辛巳、壬午、癸未、甲申、乙酉、戊子、己丑吉。忌用戊寅、己卯、丙戌、丁亥月克山运龙凶。

日竖造宜用丙寅、己巳、甲戌、乙亥、甲申、乙酉、戊子、己丑、庚寅、乙未、己亥、壬寅、癸卯、壬子、乙卯、己未、庚申、壬戌吉。忌用辛未、戊寅、己卯、戊申、己酉、日克山龙运凶。

日安葬宜用壬申、癸酉、壬午、甲申、乙酉、庚寅、壬辰、丙申、丁酉、壬寅、甲辰、甲午、丙午、甲寅、己未、庚申、辛酉吉。忌用庚午、戊寅、己酉、丙辰、日克山龙运凶。

时造葬忌用纳音属土时克山龙运凶。

丙辛年用先年冬至后,己丑火运忌水年月日时。

年宜用丙寅、丙戌、丙申、丙辰、辛未、辛巳、辛卯、辛丑、辛酉吉。忌用丙子、丙午年,克山龙运凶。辛卯、辛酉年冬至后克山。

月宜用庚寅、辛卯、甲午、乙未、丙申、丁酉、戊戌、己亥、庚子、辛丑吉。忌用壬辰、癸巳月,克山龙运凶。

日竖造宜用丙寅、己巳、辛未、甲戌、乙亥、戊寅、己卯、戊子、己丑、庚寅、乙未、己亥、壬寅、癸卯、戊申、己酉、壬子、己未、庚申吉。忌用甲申、乙酉、乙卯、壬戌日,克山龙运凶。

日安葬宜用庚午、壬申、癸酉、戊寅、壬午、庚寅、丙申、丁酉、壬寅、甲辰、癸卯、己酉、丙辰、己未、庚申、辛酉吉。忌用甲申、乙酉、壬辰、丙午、甲寅日,克山龙运凶。

时造葬忌用纳音属水时,克龙运凶。

丁壬年用先年冬至后,辛丑土运忌木年月日时。

年宜用丁卯、丁丑、丁亥、丁酉、丁未、丁巳、壬申、壬辰、壬寅、壬戌吉。忌用壬午、壬子年,克山龙运凶。壬申、壬寅年冬至后克山。

月宜用壬寅、癸卯、甲辰、乙巳、丙午、丁未、戊申、己酉、庚戌、辛亥吉。忌用壬子月,克山龙运凶。如过冬至后运龙不克。

日竖造宜用丙寅、辛未、甲寅、乙亥、戊寅、己卯、甲申、乙酉、戊子、己丑、乙未、壬寅、癸卯、戊申、己酉、乙卯、己未、壬戌吉。忌用己巳、庚寅、己亥、壬子、庚申日，克山龙运凶。

日安葬宜用庚午、壬申、癸酉、戊寅、甲申、乙酉、壬辰、丙申、丁酉、壬寅、甲辰、戊申、丙午、己酉、甲寅、丙辰、己辰吉。忌用壬午、庚寅、庚申、辛酉日，克山龙运凶。

时造葬忌用纳音属木时，克山龙运凶。

戊癸年用先年冬至后癸丑木运忌金年月日时。

年宜用戊辰、戊寅、戊子、戊戌、戊申、戊子、癸未、癸巳、癸丑、癸亥吉。忌用癸酉、癸卯年，克山龙运凶。戊子、戊午年冬至后克山。

月宜用甲寅、乙卯、丙辰、丁巳戊午、己未、庚申、辛酉、壬戌、癸亥吉。忌用甲子月，克山龙运凶，如遇冬至后又不克。

日竖造宜用丙寅、己巳、辛未、甲戌、乙亥、戊寅、己卯、甲申、乙酉、己丑、庚寅、己亥、戊申、己酉、壬子、乙卯、己未、庚申、壬戌吉。忌用乙未、壬寅、癸卯日，克山龙运凶。

日安葬宜用庚午、戊寅、壬午、甲申、乙酉、庚寅、壬辰、丙申、丁酉、甲辰、戊申、丙午、己酉、甲寅、丙辰、己未、庚申、辛酉吉。忌用壬申、癸酉、壬寅日，克山龙运凶。

时造葬忌用纳音属金时，克山龙运凶。

龙运：子壬二龙阳水生申、旺子，酉辛二龙阴金生子、旺申。四龙同库在辰，用正五行。

山运：甲寅辰巽戌子申辛八山属水，丑癸卯庚未五山属土，俱生申库辰，用洪范五行。

甲己年用戊辰木运，忌金年月日时。

年宜用甲戌、甲申、甲辰、甲寅、己卯、己丑、己亥、己酉、己未、己巳吉。忌用甲午、甲子年，克山龙运凶。

月宜用丙寅、丁卯、戊辰、己巳、庚午、辛未、甲戌、乙亥、丙子、丁丑吉。忌用壬申、癸酉月，克山龙运凶。

日竖造宜用丙寅、己巳、辛未、甲戌、乙亥、戊寅、己卯、甲申、乙酉、戊子、己丑、庚寅、己亥、戊申、己酉、壬子、乙卯、己未、庚申、壬戌吉。忌用乙未、壬寅、癸卯日,克山龙运凶。

日安葬宜用庚午、戊寅、壬午、甲申、乙酉、庚寅、壬辰、丙申、丁酉、甲辰、辛未、丙午、己酉、甲寅、丙辰、己未、庚申、辛酉吉。忌用壬申、癸酉、壬寅日、克山龙运凶。

时造葬忌用纳音属金时,克山龙运凶。

乙庚年用庚辰金运,忌火年月日时。

年宜用乙丑、乙酉、乙未、乙卯、庚午、庚辰、庚寅、庚子、庚戌、庚申吉。忌用乙亥、乙巳年,克山龙运凶。

月宜用戊寅、己卯、庚辰、辛巳、壬午、癸未、甲申、乙酉、丙戌、丁亥吉。忌用戊子、己丑月,克山龙运凶。

日竖造宜用己巳、辛未、戊寅、己卯、甲申、乙酉、庚寅、乙未、己亥、壬寅、癸卯、戊申、己酉、壬子、乙卯、庚申、壬戌吉。忌用丙寅、甲戌、乙亥、戊子、己丑、己未日,克山龙运凶。

日安葬宜用庚午、壬申、癸酉、戊寅、壬午、甲申、乙酉、庚寅、壬辰、壬寅、丙午、己酉、甲寅、丙辰、庚申、辛酉吉。忌用丙申、丁酉、甲辰、乙巳己未日,克山龙运凶。

时造葬忌用纳音火时,克山龙运凶。

丙辛年用壬辰水运,忌土年月日时。

年宜用丙寅、丙子、丙申、丙午、辛巳、辛卯、辛亥、辛酉吉。忌用丙戌、丙辰、辛未、辛丑年,克山龙运凶。

月宜用庚寅、辛卯、壬辰、癸巳、甲午、乙未、丙申、丁酉、戊戌、己亥吉。忌用庚子、辛丑月,克山龙运凶。

日竖造宜用丙寅、己巳、辛未、甲戌乙亥、甲申、乙酉、戊子、己丑、庚寅、乙未、己亥、壬寅、癸卯、壬子、乙卯、己未、庚申、壬戌吉。忌用辛未、戊寅、己卯、戊申、己酉日,克山龙运凶。

日安葬宜用壬申、癸酉、壬午、甲申、乙酉、庚寅、壬辰、丙申、丁酉、壬寅、甲辰、乙未、丙午、甲寅、己未、庚申、辛酉吉。忌用庚午、戊寅、己酉、丙辰日,克山龙运凶。

时造葬忌用纳音属土时克山龙运凶。

丁壬年用甲辰火运忌水年月日时。

年宜用丁卯、丁亥、丁酉、丁巳、壬申、壬午、壬寅、壬子吉。忌用丁丑、壬辰、丁未、壬戌年、克山龙运凶。

月宜用壬寅、癸卯、甲辰、乙巳、戊申、己酉、庚戌、辛亥、壬子、癸丑吉。忌用丙午、丁未月，克山龙运凶。

日竖造宜用丙寅、辛未、甲戌、乙亥、戊寅、己卯、戊子、己丑、庚寅、乙未、己亥、壬寅、癸卯、戊申、己酉、壬子、己未、庚申吉。忌用甲申、乙酉、乙卯、壬戌日，克山龙运凶。

日安葬宜用庚午、壬申、癸酉、戊寅、壬午、庚寅、丙申、丁酉、壬寅、甲辰、戊申、丙辰、己未、庚申、辛酉吉。忌用甲申、乙酉、壬辰、丙午、甲寅月，克山龙运凶。

时造葬忌用纳音属水时，克山龙运凶。

戊癸年用丙辰土运，忌木年月日时。

年宜用戊寅、戊子、戊申、戊午、癸酉、癸巳、癸卯、癸亥吉。忌用戊辰、戊戌、癸未、癸丑年，克山龙运凶。

月宜用甲寅、乙卯、丙辰、丁巳、戊午、己未、壬戌、癸亥、甲子、乙丑吉。忌用庚申、辛酉月，克山龙运凶。

日竖造宜用丙寅、辛未、甲戌、乙亥、戊寅、己卯、甲申、乙酉、戊子、己丑、乙未、壬寅、癸卯、戊申、己酉、乙卯、己未、壬戌吉。忌用己巳、庚寅、己亥、壬子、庚申日，克山龙运凶。

日安葬宜用庚午、壬申、癸酉、戊寅、甲申、乙酉、壬辰、丙申、丁酉、壬寅、甲辰、戊申、丙午、己酉、甲寅、丙辰、己未吉。忌用壬午、庚寅、庚申、辛酉日，克山龙运凶。

时造葬忌用纳音木时，克山龙运凶。

龙运：寅甲二龙属阳木生亥旺卯，癸亥二龙属阴水生卯旺亥。同库在未，用正五行。

山运：艮卯巳三山属木，生亥、旺卯，同库在未，用洪范五行。

甲己年用辛未土运，忌木年月日时。

年宜用甲子、甲戌、甲申、甲午、甲辰、甲寅、己卯、己丑、己酉、己未吉。忌用己巳、己亥年,克山龙运凶。

月宜用丙寅、丁卯、庚午、辛未、壬申、癸酉、甲戌、乙亥、丙子、丁丑吉。忌用戊辰、己巳月,克山龙运凶。

日竖造宜用丙寅、辛未、甲戌、乙亥、戊寅、己卯、甲申、乙酉、戊子、己丑、乙未、壬寅、癸卯、戊申、己酉、乙卯、己未、壬戌吉。忌用己巳、庚寅、己亥、壬子、庚申日,克山龙运凶。

日安葬宜用庚午、壬申、癸酉、戊寅、甲申、乙酉、壬辰、丙申、丁酉、壬寅、甲辰、丙午、己酉、甲寅、丙辰、己未吉。忌用壬午、庚寅、庚申、辛酉日克山运凶。

乙庚年用癸未水运,忌金年月日时。

年宜用乙亥、乙酉、乙巳、乙卯、庚午、庚寅、庚子、庚申吉。忌用乙丑、乙未、庚辰、庚戌年,克山龙运凶。

月宜用戊寅、己卯、壬午、癸未、甲申、乙酉、丙戌、丁亥、戊子、己丑吉。忌用庚辰、辛巳月,克山龙运凶。

日竖造宜用丙寅、己巳、辛未、甲戌、乙亥、戊寅、己卯、甲申、乙酉、甲子、乙卯、己未、庚申、壬戌吉。忌用乙未、壬寅、癸卯日,克山龙运凶。

日安葬宜用庚午戊寅、壬午、甲申、乙酉、庚寅、壬辰、丙申、丁酉、甲辰、戊申、丙午、己酉、甲寅、丙辰、己未、庚申、辛酉吉。忌用壬申、癸酉日,克山龙运凶。

时造葬忌用纳音属金时,克山龙运凶。

丙辛年用乙未金运,忌火年月日时。

年宜用丙子、丙戌、丙午、丙辰、辛巳、辛未、辛卯、辛丑、辛亥、辛酉吉。忌用丙寅、丙申年,克山龙运凶。

月宜用庚寅、辛卯、壬辰、癸巳、甲午、乙未、戊戌、己亥、庚子、辛丑吉。忌用丙申、丁酉月,克山龙运凶。

日竖造宜用己巳、辛未、戊寅、己卯、甲申、乙酉、庚寅、乙未、己亥、壬寅、癸卯、戊申、己酉、壬子、乙卯、庚申、壬戌吉。忌用丙寅、甲戌、乙亥、戊子、己丑、己未日,克山龙运凶。

日安葬宜用庚午、壬申、癸酉、戊寅、壬午、甲申、乙酉、庚寅、壬辰、壬寅、丙午、己酉、甲寅、丙辰、辛酉、庚申吉。忌用丙申、丁酉、甲辰、乙巳、己未日,克山龙运凶。

时造葬忌用纳音属火时,克山龙运凶。

丁壬年用丁未水运,忌土年月日时。

年宜用丁卯、丁丑、丁酉、丁未、壬申、壬午、壬辰、壬寅、壬子、壬戌吉。忌用丁亥、丁巳年,克山龙运凶。

月宜用丁卯、丁丑、丁酉、丁未、壬申、壬午、壬辰、壬寅、壬子、壬戌吉。忌用丁亥、丁巳年,克山龙运凶。月宜用壬寅、癸卯、甲辰、乙巳、丙午、丁未、庚戌、辛亥、壬子、癸丑吉。忌用戊申、己酉月,克山龙运凶。

日竖造宜用丙寅、己巳、甲戌、乙亥、甲申、乙酉、戊子、己丑、庚寅、乙未、己亥、壬寅、癸卯、壬子、乙卯、己未、庚申、壬戌吉。忌用辛未、戊寅、己卯、戊申、己酉日,克山龙运凶。

日安葬宜用壬申、癸酉、壬午、甲申、乙酉、庚寅、壬辰、丙申、丁酉、壬寅、甲辰、丙午、甲寅、己未、庚申、辛酉吉。忌用辛未、戊寅、酉丙辰日,克山龙运凶。

时造葬忌用纳音属土时,克山龙运凶。

戊癸年用己未火运,忌水年月日时。

年宜用戊辰、戊寅、戊子、戊戌、戊申、戊午、癸酉、癸未、癸卯、癸丑吉。忌用癸巳、癸亥年,克山龙运凶。

月宜用丙辰、丁巳、戊午、己未、庚申、辛酉、甲子、乙丑吉。忌用甲寅、乙卯、壬戌、癸亥月,克山龙运凶。

日竖造宜用丙寅、己巳辛未、甲戌、乙亥、戊寅、己卯、戊子、己丑、庚寅、乙未、己亥、壬寅、癸卯、戊申、己酉、壬子、己未、庚申吉。忌用甲申、乙酉、乙卯、壬戌日,克山龙运凶。

日安葬宜用庚午、壬申、癸酉、戊寅、壬午、庚寅、丙申、丁酉、壬寅、甲辰、戊申、己酉、丙辰、己未、庚申、辛酉吉。忌用甲申、乙酉、壬辰、丙午寅日,克山龙运凶。

时造葬忌用纳音属水时克山龙运凶。

龙运:午丙二龙属阳火,生寅、旺午,艮辰戌三龙属阳土,生寅、旺午,卯乙巽三龙属阴木,生午、旺寅。同库在戌,用正五行。

山运:午壬丙乙酉山属火生寅旺午,同库在戌,用洪范五行。

甲己年用甲戌火运,忌水年月日时。

年宜用甲子、甲戌、甲午、甲辰、己巳、己卯、己丑、己亥、己酉、己未吉。忌用甲申、甲寅年,克山龙运凶。

月宜用丙寅、丁卯、戊辰、己巳、庚午、辛未、壬申、癸酉、甲戌、乙亥吉。忌用丙子、丁丑月,克山龙运凶。

月竖造宜用丙寅、己巳、辛未、甲戌、乙亥、戊寅、己卯、戊子、己丑、庚寅、乙未、己亥、壬寅、癸卯、戊申、己酉、壬子、己未、庚申吉。忌用甲申、乙酉、乙卯、壬戌日,克山龙运凶。

日安葬宜用庚午、壬申、癸酉、戊寅、壬午、庚寅、丙申、丁酉、壬寅、甲辰、戊申、己酉、丙辰、己未、庚申、辛酉吉。忌用甲申、乙酉、壬辰、丙午、甲寅日,克山龙运凶。

时造葬忌用纳音属水时,克山龙运凶。

乙庚年用丙戌土运,忌木年月日时。

年宜用乙丑、乙亥、乙酉、乙未、乙巳、乙卯、庚午、庚辰、庚子、庚戌吉。忌用庚寅、庚申年,克山龙运凶。

月宜用戊寅、己卯、庚辰、辛巳、甲申、乙酉、丙戌、丁亥、戊子、己丑吉。忌用壬午、癸未月,克山龙运凶。

日竖造宜用丙寅、辛未、甲戌、乙亥、戊寅、己卯、甲申、乙酉、戊子、己丑、乙未、壬寅、癸卯、戊申、己酉、乙卯、己未、壬戌吉。忌用己巳、庚寅、己亥、壬子、庚申日,克山龙运凶。

日安葬宜用庚午、壬申、癸酉、戊寅、甲申、乙酉、壬辰、丙申、丁酉、壬寅、甲辰、丙午、己酉、甲寅、丙辰、己未吉。忌用壬午、庚寅、庚申、辛酉日,克山龙运凶。

时造葬忌用纳音属木时,克山龙运凶。

丙辛年用戊戌木运,忌金年月日时。

年宜用丙寅、丙子、丙戌、丙申、丙午、丙辰、辛未、辛卯、辛丑、辛酉吉。忌用辛巳、辛亥年,克山龙运凶。

月宜用庚寅、辛卯、壬辰、癸巳、丙申、丁酉、戊戌、己亥、庚子、辛丑吉。忌用甲午、乙未月,克山龙运凶。

日竖造宜用丙寅、己巳、辛未、甲戌、乙亥、戊寅、己卯、甲申、乙酉、戊子、己丑、庚寅、己亥、戊申、己酉、壬子、乙卯、己未、庚申、壬戌吉。忌用乙未、壬寅癸卯日,克山龙运凶。

日安葬宜用庚午戊寅、壬午、甲申、乙酉、庚寅、壬辰、丙申、丁酉、甲辰、戊申、丙午、己酉、甲寅、丙辰、己未、庚申、辛酉吉。忌用壬申、癸酉、壬寅日,克山龙运凶。

时造葬忌用纳音属金时,克山龙运凶。

丁壬年用庚戌金运,忌火年月日时。

年宜用丁丑、丁亥、丁未、丁巳、壬申、壬午、壬辰、壬寅、壬子、壬戌吉。忌用丁酉、丁卯年,克山龙运凶。

月宜用壬寅、癸卯、丙午、丁未、戊申、己酉、庚戌、辛亥、壬子、癸丑吉。忌用甲辰、乙巳月,克山龙运凶。

日竖造宜用己巳、辛未、戊寅、己卯、甲申、乙酉、庚寅、乙未、己亥、壬寅、癸卯、戊申、己酉、壬子、乙卯、庚申、壬戌吉。忌用丙寅、乙亥、戊子、己丑、己未日,克山龙运凶。

日安葬宜用庚午、壬申、癸酉、戊寅、壬午、甲申、乙酉、庚寅、壬辰、壬寅、丙午、己酉、甲寅、丙辰、申庚、辛酉吉。忌用丙申、丁酉、甲辰、乙巳、己未日,克山龙运凶。

时造葬忌用纳音属火时克山龙运凶。

戊癸年用壬戌水运,忌土年月日时。

年宜用戊戌、戊辰、戊子、戊午、癸酉、癸未、癸巳、癸卯、癸亥吉。忌用戊寅、戊申年,克山龙运凶。

月宜用甲寅、乙卯、戊午、己未、庚申、辛酉、壬戌、癸亥、甲子、乙丑吉。忌用丙辰、丁巳月,克山龙运凶。

日竖造宜用丙寅、己巳、甲戌、乙亥、甲申、乙酉、戊子、己丑、庚寅、乙未、己亥、壬寅、癸卯、壬子、乙卯、己未、庚申、辛酉、壬戌吉。忌用辛未、戊寅、己卯、戊申、己酉日,克山龙运凶。

日安葬宜用壬申、癸酉、壬午、甲申、乙酉、庚寅、壬辰、丙申、丁酉、壬寅、甲午、乙未、丙午、甲寅、己未、庚申、辛酉吉。忌用庚午、戊寅、己酉、丙辰日,克山龙运凶。

时造葬忌用纳音属土时,克山龙运凶。

龙运正五行

坤丑未阴土,丁巳阴火,申乾庚阳金,酉辛阴金,壬子阳水,癸亥阴水,寅申阳木,卯乙巽阴木,艮辰戌阳土,丙午阳火。

山运洪范五行

酉丁乾亥金,甲寅辰巽戌子申辛水,丑癸坤庚未土,艮震巳木,午壬丙乙火。

向运八卦五行

乾甲酉丁巳丑金,子癸申辰水,艮丙坤乙土,卯庚亥未巽辛木,午壬寅戌火。

甲己年:乙丑金运忌火,戊辰木运忌金。辛未土运忌木,甲戌火运忌水。

乙庚年:丁丑水运忌土,庚辰金运忌火。癸未木运忌金,丙戌土运忌木。

丙辛年:己丑火运忌水,壬辰水运忌土。乙未金运忌火,戊戌木运忌金。

丁壬年:辛丑土运忌木,甲辰火运忌水。丁未水运忌土,庚戌金运忌火。

戊癸年:癸丑木运忌金,丙辰土运忌木。己未火运忌水,壬戌水运忌土。

山家墓运洪范五行例

甲寅辰巽大江水,戌坎申辛总一同。艮震巳山原属木,
离壬丙乙火为宗。兑丙乾亥金生处,丑癸坤庚未土中。
此是五行真定处,孰知其内有灵通。

475

　　山家墓运祖于九天玄女,六壬天罡,郭参军《灵辖经》,唐末黄巢破京城,杨筠松窃得出江南,传与曾文遄、一行禅师等,方始散出。流水无法洪武,凡以山所属金木水火土,将本年太岁遁至墓位,纳音为体,年月日时纳音为用,体克用为财,用克体为煞,体生用为泄,用生体为印,体用比和为比肩,吉。所谓"墓克岁兮财禄至,岁克墓兮祸患频。相生相旺家富贵,相刑相克损家门"是也。如有犯四柱纳音,有制化者无咎。

　　　　　　山家墓运有真经,岁岁常居墓处逢。
　　　　　　太岁来山并纳甲,自然秘诀尽皆通。

山家二十四山墓运

　　水土墓在辰,木墓在未,火墓在戌,金墓在丑也。
　　太岁本年太岁纳甲墓运纳音也。
　　　　　　　山家年年别有姓,不与时师说真定。
　　　　　　　纳甲金木年年别,真语只在看生克。
　　别有姓,年年变运也,生克纳音,生克也。
　　　　　　山头总要克年干,年月日时总一般。若是生我为吉庆,
　　　　　　合支克日见封官。比和孝顺足资财,若遇相生贵子来。
　　山头年干,如亥壬子癸水山,用丙丁火年。巳丙午丁火山,用庚辛金年。申庚酉辛乾金山,用甲乙木年。寅申卯乙巽木山,宜用戊己土年。辰戌丑未坤艮土山,宜用壬癸年。月日时亦然。
　　生我者,如木年生火山,火年生土山,土年生金山,金年生水山,水年生木山。
　　合之如木山用甲乙年,火山用丙丁年,土山用戊己年,金山用庚辛年,水山用壬癸年。
　　　　　　年克山家克家长,月克山家宅母殃。
　　　　　　日克山家克新妇,时克山家小口当。
　　此论纳音,年克无家长,月克无宅母,日克无新妇,时克无小口,皆不忌。若有制位反生吉福。

水土山头墓在辰,木山库墓未宫停。火山成墓君须记,

金墓原来丑上亲。但将太岁五虎遁,遁至墓宫是真。

惟有金山冬至后,方用今岁墓辰轮。

按秦和周礼,不用墓运,以长生、胎、养为山运,不知水土山墓在辰火,山墓在戌,金山墓在丑,木山墓在未,辰戌丑未皆属土,土为万物生长收藏之地,所以成始成终。而墓为归根复命之义,所谓不专一则不能直遂,不翕聚则不能发散。古人立为墓运之旨,必有取于理气,一定而不可易者存焉。

洪池不明洪范之旨,辟之为《灭蛮经》,用正五行以起山运至,近世独用《历府历法》一书,多有用正五行者,故其选用年月金不协吉,亦洪池误之也。罗青霄曰:山家墓运必以洪范为主本。

《经》云:"惟有金山冬至后,方用今岁墓辰论。"余窃疑之,盖阳生于冬至,今年子月即为明年,不独金山,而丑山皆该变运也。又观王鹗真经,陶公与邹图起造巽山乾向,用辛卯、辛丑、辛未、辛酉,所注水运月日土克山,取年时木制之。又曰:玉源地,未山丑向,安葬用丙午、辛丑、丁酉、壬寅,所注水运月土克,取时金化之。观此,则先贤不变运也,识者详之。

原二十四山阴阳

真阴真阳二十四位:甲丙庚壬子寅辰午申戌乾艮十二位属阳,乙丁辛癸丑卯巳未酉亥巽坤十二位属阴。此真阴真阳,取遁龙运,阳生阳死、阴死阴生之类。或用龙运而不分阴阳者,错。或用此以遁山运者,错。

干之阴阳:甲丙戊庚壬为阳,乙丁己辛癸为阴。

支之阴阳:子寅辰午申戌为阳,丑卯巳未酉亥为阴。

卦之阴阳:乾艮为阳,巽坤为阴。

订讹巳亥阳也,或书意以巳中藏丙火,亥中藏壬水,壬丙为阳,误也。子午阴也,意以子中藏癸水,午中藏丁火,丁癸为阴,误也。不知以十二位宫,则子午中藏丁癸,巳亥中藏壬丙。以二十四山,则亥壬子癸巳丙午丁各分宫矣。而巳亥中安得复有壬丙子午中,得后有丁癸乎?

人元此证论年月日时五行生旺处,非论山头也。子癸水,丑巳土,癸水,

辛金,寅申木,丙火,卯乙木,辰乙木,巳土,癸水,巳丙火,戌土,庚金,午丁火,巳土,未乙木,丁火,巳土,申庚金,壬水,酉辛金,丁火,戌土,亥壬水,甲木。

净阴净阳二十四位:乾坤坎离甲乙壬癸申辰寅戌十二位属阳。艮巽震兑丙辛丁庚亥未巳丑十二位属阴。取伏羲先天卦河图,如乾坤坎离居四正之位为阳,乾纳甲,坤纳乙,离纳壬,坎纳癸地。又寅戌合午,申辰合子,故从阳也。艮巽震兑居四隅之位为阴,艮纳丙,巽纳辛,震纳庚,兑纳丁,地支亥未合卯,巳丑合酉,故从阴也。阳龙必须阳向阳水,来去则吉,而杂阴则凶。阴龙必须阴向阴水,来去则吉,而杂阳则凶。寻龙定向皆本乎此,而克择无与焉。详见《审局篇》。

三合阴阳选择用此有驳。二十四山:乾甲丁亥卯未,六木山属阳。巽庚癸巳酉丑,六金山属阴。坤壬乙申子辰,六水山属阳。艮丙辛寅午戌,六火山属阳。

乾甲庚虽阳,乾亥分金,申卯分金,庚酉分金,乾甲丁即亥卯未,巽庚癸即巳酉丑,故从地支为阴也。坤乙辛虽阴,坤申分金,乙辰分金,坤子乙即申子辰,艮辛丙即寅午戌,皆从地支为阳也。此合走马六壬年月,周东楼谓罗经地支,正此也。

阴山宜用阴年月日时,古人立法原有取义,盖地理之术,择纯阴纯阳则一气比和,不驳不杂,形体与天真存而不朽,则所谓逆而顺也。万物处水火搏激之中,无不坏者,若形骸朽坏,虽有吉气,将何所施大矣哉!纯阴纯阳之义乎,非深达造化者,其孰能知之?《千金歌》云:"一要阴阳不驳杂,二要坐山逢三合。四中失一亦无妨,若是平分便非法。"皆取纯阴纯阳为吉。如阴山用三阴一阳,阳山用三阳一阴,即四中一失亦吉。两阴两阳则驳杂,主凶。然古人有子山用四癸纯阴者,以癸禄居子,乾山用四壬纯阳者,以乾纳壬,此又变格。

年月日时阴阳

前论二十四山所属阴阳,如阳山宜用阳年月日时,不可用阴。《天机歌》云:"一要阴阳不驳杂"是也。又如乾甲丁亥卯未六木阴山,宜用亥卯未阴年月日时补山,《天机歌》云:"二要坐向逢三合"是也。

年月阴阳,甲丙戊庚壬年为阳,乙丁己辛癸为阴,分之则冬至为阳,夏至为阴。如甲年,夏至后用此阳中之阴也。乙年冬至后用此阴中之阳也。月之阴阳,正、三、五、七、九、十一为阳,二、四、六、八、十二为阴,分之则望前为阳,望后为阴。日之阴阳,子寅辰午甲戌日为阳,丑卯巳未酉亥为阴,分之则上四刻为阳,下四刻为阴,此年月日时之阴阳也。然阴不孤立,阳不独存,如离卦中虚,阳中之阴;坎卦中满,阴中之阳也,故小寒阴也。北方极地,温泉可燥狐兔,大热阳也。南之极地,凉焰鸟兽居之亦阳中之阳,阳中之阴也。盖阴阳无停机,寒暑互往来,气运流行,何莫而非阴阳相随乎!

论阴府太岁八卦纳音化气

阴府太岁

正阴府,一字不可犯。诗例:

甲己二干艮巽凶,乙庚乾兑祸重重。丙辛坤坎君莫犯,

丁壬离上主无踪。戊癸震山为大杀,人丁六畜尽皆凶。

傍阴府,不可犯二字。诗例:

甲己二干忌丙辛,乙庚巳丑甲丁侵。丙辛乙癸申辰是,

丁壬寅戌壬莫临。戊癸亥卯未是祸,傍阴府杀细推论。

正阴府总诗

乾甲兑丁丑巳山,乙庚二字莫相干。艮丙巽辛山四座,

甲己年月日时祸。坤乙坎癸申辰山,丙辛二字最为殃。

震庚亥未山四位,年月日时忌戊癸。离寅壬戌四山神,

阴府太岁忌丁壬。

此杀惟忌山头,若坐家造得堂屋后造厅廊,作向系是修方则不忌。竖造犯之,见祸稍迟。埋葬犯之,见祸尤速,急则六十日,一百二十日之内,迟则三、五年之内,其祸方至。傍阴府不可犯二字全,合化如有甲无乙,有乙无庚则不忌。若正阴府,半字不可犯,决主杀人、官灾、横事。年月日时若逢化旺,大凶。休衰制化,宜反生吉福。凡术者不明四柱、天干、地支、生旺、休囚、制伏,切宜忌之。

八卦纳音化气

乾卦外三爻纳壬,兑卦外三爻纳丁,丁与壬合化木,忌乙庚化金年月日

时。克乾兑二山为正阴府，乾纳甲，兑纳丁，巳丑与兑三合，故甲丁巳丑四山为傍阴府。

坤卦外三爻纳戊，坎卦外三爻纳癸，戊与癸合化火，忌丙辛化水年月日时。克坤坎二山为正阴府。坤纳乙，坎纳癸，申辰与坎三合，故乙癸申辰四山为傍阴府。

艮卦外三爻纳丙，巽卦外三爻纳辛，丙与辛合化水，忌甲己化土年月日时。克艮巽二山为正阴府。艮纳丙，巽纳辛，故丙辛二山只忌甲己为傍阴府。

离卦外三爻纳己，与甲合化土，忌丁壬化木年月日时。克离山为正阴府。离纳壬，寅戌与离合，故壬寅戌三山为傍阴府。兑卦外三爻纳庚，与乙合化金，忌戊癸化火年月日时克震山，为正阴府，震纳庚，亥未与震三合，故庚亥未三山为傍阴府。

八山变运诗

> 艮巽水为宗，纳甲互相通。火居坤坎位，木火兑乾宫。
>
> 东震属金位，南离变土风。五行真秘诀，能有几人通。

乙庚化金阴府，枭用戊癸化火制，正用辛克乙，丙克庚，又化水泄之。

丙辛化水阴府，枭用甲己化土制，正用壬克丙，丁克辛，又化木泄之。

甲己化土阴府，枭用丁壬化木制，正用庚克甲，乙克己，又化金泄之。

丁壬化木阴府，枭用乙庚化金制，正用癸克丁，戊克壬，又化火泄之。

戊癸化火阴府，枭用丙辛化水制，正用甲克戊，己克癸，又化土泄之。

原五行

盖寅属虎，辰属龙，物之变化不测，莫龙虎若也。是甲己之年，正月建丙寅，丙火生土，理之常也，数至辰月建戊土，是甲己化土也。乙庚之年正月建戊寅，戊土金生，理之常也，数至辰月建庚金，是乙庚化金也。丙辛之年正月建庚寅，庚金生水，理之常也，数至辰月建壬水，是丙辛化水也。丁壬之年正月建壬寅，壬水生木，理之常也，数至辰月建甲木，是丁壬化木也。戊癸之年正月建甲寅，甲木生火，理之常也，数至辰月建丙火，是戊癸化火也。此化气之妙，又谓之间气。

化气起例

> 甲己化土乙庚金，丁壬化木尽成林。
>
> 丙辛化水分清浊，戊癸南方火焰浸。

论阴府死活

坤壬乙申子辰六山,忌丙辛阴府变得山运属水,此乃活阴府也。

艮丙辛寅午戌六山,忌丁壬阴府变得山运属木,此乃活阴府也。

乾甲丁亥卯未六山,忌戊癸阴府变得山运属火,此乃活阴府也。

巽庚癸巳酉丑六山,忌乙庚阴府变得山运属金,此乃活阴府也。

上活阴府可用,若坤宫六山变运非水而犯丙辛,艮宫六山变运非木而犯丁壬,乾宫六山变运非火而犯戊癸,巽宫六山变运非金而犯乙庚,皆死阴府,不可用也。《经》云:"死地阴府生灾祸,活地阴府送财多。"如修造不拘此。

阴阳消灭图

初三日,哉生明,日明昏见于庚,象震☳,震之一阳生,见于庚,故震纳庚。

初八日,晚明满,土见昏见于丁,象兑☱,兑之二阳生,见于丁,故兑纳丁。

十五日全明,旦见于甲,象乾☰,乾之三阳生,见于甲,故乾纳甲。

十六日,晓明亏一分,旦见于辛,象巽☴,巽之一阴生,见于辛,故巽纳辛。

廿三日,明亏二分下弦,旦见于丙,象艮☶,艮之二阴生,见于丙,故艮纳丙。

廿八日,晓明三分,日晦,旦见于乙,象坤☷,坤之三阴生,见于乙,故坤纳乙。

☲离乃乾之体,而得坤之正气,故离壬退居于乾而纳己土,故离纳于壬。

☵坎乃坤之体而得乾之正气,故坎癸退居于坤而纳戊土,故坤纳于癸。

每月朔望则日月交会,故曰:日藏于壬,月藏于癸。

消灭

阳爻灭阴爻为灭,阴爻消阳爻为消。震庚灭坤乙☷,兑丁灭震庚☳。乾甲灭兑丁☱,巽辛消乾甲☰。艮丙消巽辛☴,坤乙消艮丙☶。

此山忌放水,造葬忌用日,半字不可犯可也。故犯消者穷,犯灭者绝。有人犯者,历历可验。

震纳庚丙初爻,庚子外初爻,庚午灭于坤之初爻,故坤乙山忌庚子、庚午两日,余庚寅、庚申、庚辰、庚戌日,皆不忌。

兑纳丁丙二爻,丁卯外二爻,丁酉灭于震之二爻,故震庚山忌丁卯、丁酉两日。其丁丑、丁未、丁巳、丁亥日不忌。

乾纳甲丙三爻,甲辰外三爻,甲戌灭于兑之三爻,故兑丁山忌甲辰、甲戌两日,其甲子、甲午、甲寅、甲申日不忌。

巽纳辛丙初爻,辛丑外初爻,辛未消于乾之初爻,故乾甲山忌辛丑、辛未两日,其辛卯、辛酉、辛巳、辛亥日不忌。

艮纳丙内二爻,丙午外二爻,丙子消于巽之二爻,故巽辛山忌丙子、丙午两日,其丙寅、丙申、丙辰、丙戌日不忌。

坤纳乙丙三爻,乙卯外三爻,乙酉消于艮之三爻,故艮丙山忌乙卯、乙酉两日,其乙丑、乙未、乙巳、乙亥日不忌。

坎离辰戌巳亥寅申丑未,此十支山无消灭兼干,则又轻也。

三煞

劫煞:一名害气杀,一名杀气灾杀、一名岁杀,一名的杀,一名小口杀。

诗例:

> 申子辰年巳午未,巳酉丑年寅卯辰。
>
> 寅午戌年亥子丑,亥卯未年申酉戌。

月日时同忌。

诀云:劫煞、灾煞、岁煞三位相连,总名三煞,此煞所占之处,开山修方忌,犯之主伤人。一云:三杀可向不可坐,谓前无杀有理。但甲庚丙壬子午卯酉八山可向,其余不可向。

制化

夫三煞乃阴阳为祸之魁,然能制而用之,又为福之首。如韩平之人前在西楚,则举无足称,及归于汉则皆为良相,在人君驾驭何如耳。予所谓用三煞者亦犹是也,故杨公云:若要发,作三煞。有转杀为权之义,反获福。喻峨山所论,制杀遁至其杀所属纳音,以年月日时纳音制。如甲子年三杀在巳午未,五虎元遁得己巳木、庚午土、辛未土,修巳方木,取纳音金年月日时,及金宿值日以克制之,误也,盛如其言,取壬申庚辰,则三合申子辰及助杀矣!

沤隐云:洪悟斋所论制杀,如甲子年修巳方,杀则先从辰巽位起手,以次延及巳方,后又在辰巽位收工则不忌,此常用之无害矣!

刘春沂论三煞起例

如申子辰年三合水局,克南方巳午未客气之火。巳酉年主气三合金局,克东方寅辰客气之木。寅午戌年主气三合火局,而受北方亥子丑客气之水克。亥卯未年主气二合木局,而受西方申酉戌客气之金克。为三煞,即绝胎养位是也。其杀系某年此三位受了杀,不可修动,非三位为煞也。予制之以三合,如甲子年修南方巳午未方,非用日月时,切忌申辰月日时与年合。如修巳方用巳酉丑月日时,修午方宜用寅午戌月日时,修未方宜用亥卯未月日时,补还元气则单一子字,焉能合水局以克火乎?子屡用迪吉。余东、西、北煞仿此。又如亥年巳位,子年午位,丑年未位,此又真杀也,最毒。若三合犯者,以三合制之是也。或用纳音制者,误人甚矣。一云:若要发,修三煞。

皇天灸退

一名皇灸退,一名马前灸退,一名曲尺神枢杀,一名栏马煞,一名六害鸡脚杀,一名致死。诗例:

申子辰年占卯方,巳酉丑岁子须防。

寅午戌年居酉位,亥卯未岁午狼当。

又:

皇天大杀猛如雷,三合之中四正裁。

更有一般真口诀,马前一位犯多灾。

诀云:此占地支忌开山,如申子辰三合水,而水死于卯,即卯是灸退。此杀犯之主退财。又云:可向不可坐。若向之,谓之退在前,来谓之退人,退在后谓之退出。故曰：宁可向之，不可坐之。凡见退向要吉。

论制伏太岁、岁破

制伏：取山头三合补助之大吉，切不可年月相合，大凶。如甲子年退在卯，宜用亥卯未月日时合山方，切不可用申子辰月日时与年相合，大凶。

订证：按灸退者，乃年支三合五行死地焉，不能进也。如申子辰年三合水局，以掌诀长生起申顺轮，至卯是死位，马居寅，马不能进于卯，为退也。寅午戌年三合火局死于酉，而马在申，不能进于酉，为退也。巳酉丑年三合金局死于子，而马在亥，不能进于子，为退也。亥卯未年三合木局死于午，而马在巳，不能进于午，为退也。所谓马前一位为灸退，或出退在卯而兼甲乙，退在午而兼丙丁，退在酉而兼庚辛，退在子而兼壬癸。配宫不一，何所凭据？误人甚矣。夫如是配方者，则配二配三矣，何有明元曰：马前一位者，虑后人妄增配也。

峨山曰：世俗之论乃不经之典，夫三合五行者，申子辰合水生申，旺在子，而马居寅，五行有生必有死，水既死，故马不能前进而为灸退，是马行地支也。甲乙乃天干虚无木气，安可以退之乎！遗害至今，而庸俗子皆言甲卯乙三位俱犯，噫！不学无术，误人。吉由良日，罪有攸归也。

上辩证之说，正所谓马前一位子午卯酉为灸退也。甲庚丙壬为天干虚无之气，为马前六害，忌立向。灸退地支忌开山，六害天干忌立向，斯不易之论也。

太岁：一名天财星。诗例：

太岁原来即岁君，造埋不可犯其神。

百凡向处须宜避，名称大败主凶临。

诀云：太岁者，木星之精，岁之君也，竖造、安葬、军伍布阵不可向之。忌之。禁一百二十步，犯之主家败亡。古语谓人君之象，后一干名李广箭跟驾，光前一干象军关门也。

制伏：夫太岁者，木星之精，一年移一宫，名曰：太岁。故岁星在国，其国不可伐。然木星本是吉神，以坐为吉，以向为凶。殊不知占山方遇吉神，大能贡福。若遇凶星则赶祸又紧,何也？太岁犹君,如所到之星,犹相也,故相房、杜、姚、宋,则天下太平,民受其福。相李林甫则天下乱,民受其祸,亦此类也。

杨公云:太岁可坐不可向。《天机》书谓赶太岁是催贵首吉。盖太岁人君之象,若更步得本星临太岁位,是谓天帝加临。又曰:文星大会,催官至速,循此天符吉星,主状元及第,朱紫盈门。知此则杨公所云可坐之说,岂欺我哉？

六十年十二月诸吉凶神定局

(1)① 甲子年

甲子年,通天窍云水之位,煞在南方巳午未,忌丙壬丁癸四向,名坐煞、向煞。四大利官下乾坤艮巽四向,大吉。造修利申子辰亥未生命,大吉;午卯人不可用。罗天大退在子方,忌造、葬,主退财损丁。九良星占厨、灶;煞在中庭及神庙。

甲子年二十四山吉凶神煞

壬山○神后、天乙、水轮、旺龙、巨门、太乙、太阳、武曲。

●浮天空、头白空、入山空、翎毛、向煞、将军箭、入山刀砧。

子山○神后、天乙、旺龙、水轮、巨门、天罡、太阳、六白、财库、大吉、武曲、金匮。

●克山、太岁、堆黄、罗天大退、年官符、二土、大煞。

癸山○财库、武曲。

●克山、向煞、刀砧、铁扫帚、孙钟血刃。

丑山○天皇、天乙贵人、太阳、天贵、贪狼、金库。

校者注　①　此编号为校者所加。下同。

●克山、升玄燥火、年官符、帝车。

艮山○大吉、功曹、太乙、泰龙、武曲、天道、金库。

●正阴府、独火、文曲、力士。

寅山○大吉、功曹、玉皇、太乙、泰龙、胜光、武曲、贵人、驿马。

●克山、千斤血刃、帝车、丧门。

申山○进田、玉皇、天台、天乙、左辅、贵人。

●克山、翎毛、六害、升玄血刃、山家火血。

卯山○进田、玉皇、宝台、天台、天乙、左辅、太阴、八白、巨门、黄罗、驿马
临官。

●皇天灸退、九天朱雀、岁刑、孙钟血刃。

乙山○青龙、天罡、紫檀、天魁、益龙、左辅、合神、驿马、败官、利道。

●皇天灸退、巡山罗睺、山家刀砧、六十年空亡。

辰山○青龙、天罡、玉皇、紫檀、天魁、益龙、左辅、岁位合、房星。

●克山、地官符、暗刀煞、飞廉、五鬼、畜官符。

巽山○地皇、天定、金轮、金星、右弼、九紫、天德、天道、岁人德、博士。

●克山、正阴府、支神退、隐伏血刃、五鬼、土皇煞。

巳山○天皇、天定、金轮、金星、贪狼、右弼、岁支德。

●三煞、升玄血刃、小耗、碎金煞、田间煞、刀杀。

丙山○胜光、天定、宝台、水龙、升龙、水星、右弼、武曲、天华。

●傍阴府、刀砧、浮天、头白空、伏兵、翎毛、将军箭、坐杀、飞廉煞。

午山○胜光、天定、宝台、天乙、升龙、河魁、龙德、右弼。

●三煞、金神七煞、头白空亡、三杀、人夫杀、廉贞。

丁山○天皇、天定、弼星、传送、贪狼、月德合。

●坐杀、四大金星、升玄燥火、入山刀砧、铁扫帚、大祸。

未山○黄罗、辅星、迎财、进气、传送、巨门、天乙、贵人。

●三煞、金神七煞、阴中杀、岁杀、克山、地太岁、蚕官、蚕命、地转。

坤山○迎财、传送、紫檀、丰龙、太阴、寿星、福寿、进气、天道。

●克山、打劫血刃、蚕室、破军、崩腾。

申山○迎财、传送、荣光、太阳、丰龙、宝库、天乙、玉皇、天德合、支德合。

　　●克山、金神七煞、千金血刃、白虎杀、飞廉。

庚山○玉皇、进宝、黄罗、天帝、天乙、宝库、巨门。

　　●克山、翎山、禁向、山家火血、天命煞。

酉山○进宝、天皇、玉皇、天乙、天帝、朗曜、太阳、福德、华盖。

　　●金神七煞、入坐、支神退、天命杀。

辛山○库珠、河魁、天乙、天福、萃龙、贪狼、弼星、五库、华盖、生气、青龙。

　　●克山、穿山罗睺、坐山官符、流财退、吊客、豹尾。

戌山○库禄、河魁、天乙、天福、萃龙、地皇、人禄、贪狼、驿马临官、利道、五库。

　　●克山、傍阴符、六十年空、山家刀砧、天命煞。

乾山○太阴、巨门、五库、天定、六白、左辅、人道。

　　●困龙、隐伏、血流财、山官符、山家血刃、土皇游。

亥山○黄罗、天定、冰轮、巨门、太阴、太白、岁德。

　　●天官符、天禁、朱雀、太岁。

山　　酉丁乾亥山,变乙丑金运,忌纳音水年月日时,甲巽辛癸坤,变戊辰木运。

龙　　卯艮巳山,变辛未土运,忌纳音木年月日时,寅戌申庚忌用纳音金。

运　　午壬丙乙山,变甲戌火运,忌纳音水年月日时,辰坎丑未山年月日日时。

甲子年开山立向修方月家紧要吉神定局

吉神	正	二	三	四	五	六	七	八	九	十	十一	十二
天尊星	艮	离	坎	坤	震	巽	乾	兑	艮	离	坎	坤
天帝星	坤	坎	离	艮	兑	乾	巽	震	坤	坎	离	艮
罗天进	震	巽	中	天	天	天	乾	兑	艮	离	坎	坤

	立春		春分		立夏		夏至		立秋		秋分		立冬		冬至	
乙奇星	艮		震		巽		离		坤		兑		乾		坎	
丙奇星	艮		震		巽		离		坤		兑		乾		坎	
丁奇星	离		巽		中		艮		坎		乾		中		坤	

吉神	正	二	三	四	五	六	七	八	九	十	十一	十二
一白星	兑	艮	离	坎	坤	震	巽	中	乾	兑	震	离
六白星	震	巽	中	乾	兑	艮	离	坎	坤	震	巽	中
八白星	中	乾	兑	艮	离	坎	坤	震	巽	中	乾	兑
九紫星	乾	兑	艮	离	坎	坤	震	巽	中	乾	兑	艮
飞天德	乾	坎	离	兑	坎	艮	乾	坎	兑	中	坎	艮
飞月德	中	震	离	乾	坤	艮	中	震	兑	中	坤	艮
飞天赦	艮	兑	乾	震	坤	坎	中	巽	震	离	艮	兑
飞解神	巽	中	乾	兑	中	乾	兑	艮	离	坎	坤	震
壬德星	坤	坎	离	艮	兑	乾	中	中	兑	坤	离	艮
癸德星	震	坤	坎	离	艮	兑	乾	中	中	兑	坤	离

（续表）

吉神	正	二	三	四	五	六	七	八	九	十	十一	十二
捉煞帝星	卯	辰	巳	午	未	申	酉	戌	亥	子	丑	寅
	乙	巽	丙	丁	坤	庚	辛	乾	壬	癸	艮	甲
	午	未	申	酉	戌	亥	子	丑	寅	卯	辰	巳
	丁	坤	庚	辛	乾	壬	癸	艮	甲	乙	巽	丙
捉财帝星	酉	戌	亥	子	丑	寅	卯	辰	巳	午	未	申
	辛	乾	壬	癸	艮	甲	乙	巽	丙	丁	坤	庚
	子	丑	寅	卯	辰	巳	午	未	申	酉	戌	亥
	癸	艮	甲	乙	巽	丙	丁	坤	庚	辛	乾	壬
飞天禄	中	兑	乾	中	巽	震	坤	坎	离	艮	兑	乾
飞天马	中	兑	乾	中	巽	震	坤	坎	离	艮	兑	乾
催官使	中	巽	震	巽	震	坤	中	巽	震	巽	震	坤
阳贵人	坎	离	艮	兑	乾	中	兑	乾	中	巽	震	坤
阴贵人	兑	乾	中	巽	震	坤	坎	离	艮	兑	乾	中
天寿星	癸丑	震	巽	震	乙辰	离	坤	乙辰	离	坤	兑	乾
天喜星	未	午	巳	辰	卯	寅	丑	子	亥	戌	酉	申
天嗣星	丁未	兑	乾	兑	辛戌	坎	艮	辛戌	坎	艮	震	巽
催官星	丑	未	寅	申	卯	酉	辰	戌	巳	亥	午	子
进禄星	坤	亥壬	巽	坤	亥壬	巽	坤	亥壬	巽	坤	亥	巽
天富星	巽	巳丙	离	坤	申庚	兑	乾	癸壬	坎	艮	寅申	震
天财星	坎	离	巽	离	坤	乾	坎	艮	巽	离	坤	乾

甲子年开山立向修方月家紧要凶神定局

凶神	正	二	三	四	五	六	七	八	九	十	十一	十二
天官符	中	巽	震	坤	坎	离	艮	兑	乾	中	巽	震
地官符	兑	乾	中	兑	乾	中	巽	震	坤	坎	离	艮
罗天退	天	天	巽	震	坤	坎	离	艮	兑	乾	中	天
小儿煞	中	乾	兑	艮	离	坎	坤	震	巽	中	乾	兑
大月建	艮	兑	乾	中	巽	震	坤	坎	离	艮	兑	乾
正阴府	坤坎	离	震	艮巽	乾兑	坤坎	离	震	艮巽	乾兑	坤坎	离
傍阴府	乙	壬	庚	丙	甲	乙	壬	庚	丙	甲	癸	壬
	癸	寅	亥		丁	癸	寅	亥		丁	癸	寅
	申	寅	亥		巳	申	寅	亥		巳	申	寅
	辰	戌	未	辛	丑	辰	戌	未	辛	丑	辰	戌
月克山	乾	乾	震	震	无克	无克	水	水	乾	乾	离	离
	亥	亥	艮	艮	无克	无克	土	土	亥	亥	壬	壬
	兑	兑	艮	艮	无克	无克	十三	十三	丁	丁	丙	丙
	丁	丁	巳	巳	无克	无克	山	山	兑	兑	乙	乙
打头火	乾	中	巽	震	坤	坎	离	艮	兑	乾	中	兑
月游火	艮	离	坎	坤	震	巽	中	乾	兑	艮	离	坎
飞独火	乾	中	兑	乾	中	巽	震	坤	坎	离	艮	兑
顺血刃	兑	艮	离	坎	坤	震	巽	中	乾	兑	艮	离
逆血刃	离	艮	兑	乾	中	巽	震	坤	坎	离	艮	兑

（续表）

凶神	正	二	三	四	五	六	七	八	九	十	十一	十二
月劫煞	亥	申	巳	寅	亥	申	巳	寅	亥	申	巳	寅
月灾煞	子	酉	午	卯	子	酉	午	卯	子	酉	午	卯
月的煞	丑	戌	未	辰	丑	戌	未	辰	丑	戌	未	辰
山朱雀	离	坎坤	巽	乾	艮兑		震离	坎坤	巽	乾	艮兑	
撞命煞	甲	壬	庚	丙	甲	壬	庚	丙	甲	壬	庚	丙
报怨煞	寅	亥	申	巳	寅	亥	申	巳	寅	亥	申	巳
剑锋煞	甲	乙	巽	丙	丁	坤	庚	辛	乾	壬	癸	艮
月入座	亥	子	丑	寅	卯	辰	巳	午	未	申	酉	戌
月崩腾	辛	巳	丙	寅	庚	甲	酉	丁	子	丑	坤	乾
流财退	亥	申	巳	寅	卯	午	子	酉	丑	未	辰	戌
丙独火			巽	震	坤	坎	离	艮	兑	乾		
丁独火	乾		巽	震	坤	坎	离	艮	兑	乾		
巡山火	乾	坤	坎	坎	中	卯	卯	酉	艮	艮	巽	乾
灭门火	己巳	丙子	辛未	丙寅	癸酉	戊辰	乙亥	庚午	丁丑	壬申	丁卯	甲戌
祸凶日	乙亥	庚午	丁丑	壬申	丁卯	甲戌	己巳	丙子	辛未	丙寅	癸酉	戊辰

（2）乙丑年

乙丑年，通天窍云金之位，煞在东方寅卯辰，忌甲庚乙辛四向，名坐煞、向煞。大利方在丙壬巽午坤亥戌山，造修利申子辰亥卯未生命，大吉。丑未生人不可用。罗天退在震方忌造葬,主退财损丁。九良星占僧堂并厨灶、城隍、社庙;煞在井及寅方。

乙丑年二十四山吉凶神煞

壬山〇进田、紫檀、天定、太阴、贵人、左辅七宿、利道、驿马。

　　巡山罗睺、六害、大利。

子山〇进田、天定、水轮、太阴、贵人、贪狼、岁支合。

　　●皇天灸退、头白空亡、隐伏血刃。

癸山　青龙、功曹、旺龙、贪狼、左辅、驿马临官。

　　●浮天空亡、入山空、头白空、皇天灸退。

丑山　青龙、功曹、玉皇、天乙、旺龙、地皇、左辅、贪狼。

　　●傍阴府、太岁、堆黄煞。

艮山〇玉皇、天乙、黄罗、武曲。

　　●克山、六十年空亡、坐山罗睺、打劫血刃、五鬼。

寅山〇紫檀、朗耀、天贵、武曲、太阳。

　　●三煞、千斤血刃、帝车、劫煞。

甲山〇天罡、天定、泰龙、巨门、贪狼、岁天道。

　　●傍阴府、翎毛、坐煞、向煞、刀砧、伏兵、入命杀。

卯山〇天罡、天定、荣光、泰龙、左辅、巨门、贪狼。

　　●克山、三煞、独火、天命煞、暗刀杀、五鬼、罗天大退。

乙山〇天台、天乙、左辅、贪狼、水轮、土曲。

　　●坐煞、向煞、天命煞、翎毛、山家火血、刀砧。

辰山〇天台、宝台、天乙太阴。

　　●三煞、金神七煞、千斤血刃、岁杀、牛飞廉。

巽山〇迎财、胜光、天皇、宝台、水轮、天魁、水星、金星、益龙、武曲、巨门、右弼、贪狼。

　　●支神退、小利方。

巳山〇迎财、胜光、玉皇、天乙、天魁、天定、进宝、地皇、益龙、宝库、武曲、岁位合。

　　●克山、傍阴符、地官府、金神七煞、地太岁。

丙山〇进宝、黄罗、天定、金轮、金星、宝库、贪狼、神后、人利道、驿马临官、五龙。大利方。

午山○进宝、紫檀、金轮、金星、天禄、神后、武曲、岁支德。

　　　●阴中太岁、小耗、蚕命、利方。

丁山○库珠、传送、玉皇、地皇、天乙、宝台、升龙、天华、天禄、左辅、驿马临官。

　　　●傍阴府、浮天空、头白空、入山空亡、翎毛禁向、将军箭。

未山○库珠、传送、天乙、升龙、玉皇、左辅、支德合。

　　　●岁破、大耗、流财、隐伏血刃、小利。

坤山○玉皇、天乙、左辅、木星。

　　　●六十年空亡、蚕室、利方。

申山○玉皇、龙德、圣宝、太阳、天乙贵人、武库、木星。

　　　●天官符、坐山罗睺、流财、年官符。

庚山○河魁、丰龙、右弼、寿星、福寿、岁天道、岁天德。

　　　●六十年空亡、山家刀砧、向煞、翎毛禁向。

酉山○河魁、地皇、丰龙、右弼星、一白、金匮、天乙、神后、财库。

　　　●正阴府、天禁、朱雀、白虎煞、支神退、年官符、将军箭。

辛山○玉皇、天皇、天帝、太乙、财库、巨门。

　　　●向煞、翎毛禁向、山家火血、刀砧。

戌山○玉皇、天帝、紫檀、水轮、福德、金匮、人仓。

　　　●九天朱雀、年官符、入座、岁刑利方。

乾山○大吉、神后、天福、太阳、太乙、萃龙、水轮、巨门、九紫、金库、奏书。

　　　●正阴府、太岁、土皇游、田官符、崩腾。

亥山○大吉、神后、紫微、天福、天定、宝照、太阳、驿马、太乙、丰龙、罗益、太乙贵人、青龙、生气、华盖、土星、大利方。

山　　　酉丁乾亥山,变丁丑水运,忌纳音土年月日时,甲寅辰辛申变庚辰金。

龙　　　卯艮巳山,变癸未木运,忌纳音金年月日时,巽戊坎寅运忌用火。

运　　　午壬丙乙山,变丙戌土运,忌纳音木年月日时,丑癸坤未山年月日时。

493

乙丑年开山立向修方月家紧要吉神定局

吉神	正	二	三	四	五	六	七	八	九	十	十一	十二
天尊星	震	巽	乾	兑	艮	离	坎	坤	震	巽	乾	兑
天帝星	兑	乾	巽	震	坤	坎	离	艮	兑	乾	巽	震
罗天进	坤	震	巽	中	天	天	天	乾	兑	艮	离	坎

	立春	春分	立夏	夏至	立秋	秋分	立冬	冬至
乙奇星	兑	坤	震	坎	震	艮	兑	离
丙奇星	艮	震	巽	离	坤	兑	乾	坎
丁奇星	离	巽	中	兑	坎	乾	中	坤

吉神	正	二	三	四	五	六	七	八	九	十	十一	十二
一白星	坎	坤	震	巽	中	乾	兑	艮	离	坎	坤	震
六白星	乾	兑	艮	离	坎	坤	震	巽	中	乾	兑	艮
八白星	艮	离	坎	坤	震	巽	中	乾	兑	艮	离	坎
九紫星	离	坎	坤	震	巽	中	耗	兑	艮	离	坎	坤
飞天德	中	坎	兑	中	坎	乾	中	坎	中	巽	坎	乾
飞月德	巽	坎	兑	中	离	乾	巽	坎	中	震	离	乾
飞天赦	中	坎	离	离	艮	兑	乾	坎	离	乾	中	巽
飞解神	巽	巽	中	乾	兑	中	乾	兑	艮	离	坎	坤
壬德星	离	艮	兑	乾	中	中	巽	震	坤	坎	离	艮
癸德星	坎	离	艮	兑	乾	中	中	巽	震	坤	坎	离

（续表）

吉神	正	二	三	四	五	六	七	八	九	十	十一	十二
捉煞帝星	卯	辰	巳	午	未	申	酉	戌	亥	子	丑	寅
	乙	巽	丙	丁	坤	庚	辛	乾	壬	癸	艮	甲
	午	未	申	酉	戌	亥	子	丑	寅	卯	辰	巳
	丁	坤	庚	辛	乾	壬	癸	艮	甲	乙	巽	丙
捉財帝星	酉	戌	亥	子	丑	寅	卯	辰	巳	午	未	申
	辛	乾	壬	癸	艮	甲	乙	巽	丙	丁	坤	庚
	子	丑	寅	卯	辰	巳	午	未	申	酉	戌	亥
	癸	艮	甲	乙	巽	丙	丁	坤	庚	辛	乾	壬
飞天禄	乾	中	兑	乾	中	巽	震	坤	坎	离	艮	兑
飞天马	中	巽	震	坤	坎	离	巽	兑	乾	中	兑	乾
催官使	震	坤	坎	坤	坎	离	震	坤	坎	坤	坎	离
阳贵人	坤	坎	离	艮	兑	乾	中	兑	乾	中	巽	辰
阴贵人	乾	中	巽	震	坤	坎	离	艮	兑	乾	中	兑
天寿星	癸丑	震	巽	震	乙辰	离	坤	乙辰	离	坤	兑	乾
天喜星	未	午	巳	辰	卯	寅	丑	子	亥	戌	酉	申
天嗣星	丁未	兑	乾	兑	辛戌	坎	艮	辛戌	坎	艮	震	巽
催官星	丑	未	寅	申	卯	酉	辰	戌	巳	亥	午	子
进禄星	坤	亥壬	巽	坤	亥壬	巽	坤	亥壬	巽	坤	亥壬	巽
天富星	巽	巳丙	离	坤	申庚	兑	乾	癸壬	坎	艮	寅申	震
天财星	坎	艮	巽	离	坤	乾	坎	艮	巽	离	坤	乾

乙丑年开山立向修方月家紧要凶神定局

凶神	正	二	三	四	五	六	七	八	九	十	十一	十二
天官符	坤	坎	离	艮	兑	乾	中	兑	乾	中	巽	震
地官符	艮	兑	乾	中	兑	乾	中	巽	震	坤	坎	离
罗天退	天	天	天	巽	震	坤	坎	离	艮	兑	乾	中
小儿煞	离	坎	坤	震	巽	中	乾	兑	艮	离	坎	坤
大月建	中	巽	震	中	坎	离	艮	兑	乾	中	巽	震
正阴府	震	艮巽	乾兑	坤	离	震	艮巽	兑	中坎	离	震	艮巽
傍阴府	庚	丙	甲	乙	壬	庚	丙	甲	乙	壬	庚	丙
	亥		丁	癸	寅	亥		丁	癸	寅	亥	
	亥		巳	辰	寅	亥		巳	辰	寅	亥	
	未	辛	丑	辰	戌	未	辛	丑	辰	戌	未	辛
月克山	乾	乾	震	震	离	离	无克	无克	乾	乾	水	土
	亥	亥	艮	艮	壬	壬	无克	无克	亥	亥	十	三
	兑	兑	艮	艮	丙	丙	无克	无克	兑	兑	十	三
	丁	丁	巳	巳	乙	乙	无克	无克	丁	丁	山	山
打头火	震	坤	坎	离	艮	兑	乾	中	兑	乾	中	巽
月游火	艮	离	坎	坤	震	巽	中	乾	兑	艮	离	坎
飞独火	乾	中	巽	震	坤	坎	离	艮	兑	乾	中	兑
顺血刃	巽	中	乾	兑	艮	离	坎	坤	震	巽	中	乾
逆血刃	乾	中	巽	震	坤	坎	离	艮	兑	乾	中	巽

（续表）

凶神	正	二	三	四	五	六	七	八	九	十	十一	十二
月劫煞	亥	申	巳	寅	亥	申	巳	寅	亥	申	巳	寅
月灾煞	子	酉	午	卯	子	酉	午	卯	子	酉	午	卯
月的煞	丑	戌	未	辰	丑	戌	未	辰	丑	戌	未	后
山朱雀	离	坎坤	巽	乾	艮兑		震离	坎坤	巽	乾	艮兑	
撞命煞	甲	壬	庚	丙	甲	壬	庚	甲	壬	庚	丙	丙
报怨煞	寅	亥	申	巳	寅	亥	申	巳	寅	亥	申	
剑锋煞	甲	乙	巽	丙	丁	坤	庚	辛	乾	壬	癸	艮
月入座	亥	子	丑	寅	卯	辰	巳	午	未	申	酉	戌
月崩腾	辛	巳	丙	寅	庚	甲	酉	丁	子	丑	坤	乾
流财退	亥	申	巳	寅	卯	午	子	酉	丑	未	辰	戌
丙独火	巽	震	坤	坎	离	艮	兑	乾			巽	震
丁独火		巽	震	坤	坎	离	艮	兑	乾		丁	巽
巡山火	乾	坤	坎	坎	中	震	震	兑	艮	艮	巽	乾
灭门火	辛巳	戊子	癸未	戊寅	己酉	庚辰	丁亥	壬午	己丑	甲申	己卯	丙戌
祸凶日	丁亥	壬午	己丑	甲申	己卯	丙卯	辛巳	戊子	癸未	戊寅	乙酉	庚辰

（3）丙寅年

　　丙寅年，通天窍云火之位，煞在北方亥子丑。忌丙壬丁癸四向，名坐煞、向煞。大利方甲庚寅巽未戌酉，向大利，宜造葬。造主利寅午戌亥卯未生命，吉;已申命凶不可用。罗天大退在艮方,忌造葬,主退财损丁。九良星占桥、井、门路。又云在天煞、后堂、井及午壬方。

丙寅年二十四山吉凶神煞

壬山〇功曹、天定、天乙、天福、莘龙、右弼、天德合、利道。

　　　●坐煞、向煞、翎毛禁向、山家火血、六十年空、入山刀砧。

子山〇功曹、玉皇、天乙、天定、莘龙、右弼、天福、太阳、青龙、生气、华盖、左辅星。

　　　●三煞、正阴府、支神退、流财煞、金神七煞、千斤血刃、田官符。

癸山〇玉皇、太阴、七宿、神后、岁天道。

　　　●傍阴府、坐煞、向煞、入山刀砧、大祸。

丑山〇地皇、进气、神后、巨门。

　　　●三煞、千斤血刃、金神七煞、流财、田官符、岁煞。

艮山〇迎财、天罡、黄罗、武曲、太阳。

　　　●克山巡、罗睺、罗天大退、将军箭、土皇游。

寅山〇迎财、天罡、紫檀、朗耀、壮龙、宝库、左辅。

　　　●太岁、堆黄、金神七煞、隐伏血刃、五鬼。

甲山〇进宝、右弼、宝库、驿马临官。

　　　●山家血刃、大利。

卯山〇进宝、荣光、宝台、贪狼、天禄、太阳、天贵、六白。

　　　●克山、血火、金神七煞、坐山罗睺。

乙山〇库珠、胜光、天乙、泰龙、贪狼、水星、天禄、金星。

　　　●傍阴府、浮天空、头白空、入山空亡。

辰山〇库珠、胜光、天乙、泰龙、贪狼、水星、金星、天禄。

　　　●傍阴府、地太岁、丧门。

巽山〇天定、天皇、天台、金轮、巨门、金星、武曲。

　　　●头白、空亡、大利。

巳山〇地皇、天乙、天台、太阴、金轮、巨门、贪狼。

　　　●克山、天官符、年官符、阴中煞。

丙山〇传送、黄罗、天魁、益龙、巨门、武曲、岁德位、利道。

　　　●坐煞、向煞、翎毛、六十年空、山家火血、入山刀砧、血刃。

午山○传送、紫檀、玉皇、天乙、天魁、升龙、巨门、支德合、岁天道。

　　●穿山罗睺、金神七煞、地官符、大煞、破军、飞廉。

丁山○玉皇、天乙、地皇、木星、财库、武曲、岁天德、人道。

　　●坐煞、向煞、困龙、入山刀贴。

未山○玉皇、水星、金库、贪狼、左辅、岁支德、人仓。

　　●天禁、朱雀、金神七煞、小耗、年官符、小利。

坤山○大吉、河魁、太乙、升龙、右弼、天华、金库、转土。

　　●正阴府、五鬼、山家血刃、土败、将军箭。

申山○大吉、河魁、太乙、宝台、升龙、武曲、贵人、驿马。

　　●傍阴府、岁破、升玄、血刃、孙钟血刃。

庚山○进田、天乙、文曲星、贪狼、太阳、驿马临官。

　　●山家刀砧、六害、大利。

酉山○天德、地皇、阳贵人、天乙、龙德。

　　●皇天灸退、碎金煞、地轴、飞廉。

辛山○青龙、神后、天定、天皇、太乙、太阳、丰龙、月德合。

　　●浮天空、入山空、头白空、皇天灸退、崩腾。

戌山○青龙、神后、紫檀、大定、太乙、太阳、丰龙、福德贵人。

　　●隐伏血刃、白虎、蚕官、天命煞。

乾山○天帝、天定、太阳。

　　●打劫血刃、天命杀、蚕室、小利。

亥山○紫微銮驾、天定、天帝、太阴、福德。

　　●三煞、暗刀煞、天命煞、入座、田官符、金命。

山　　酉丁乾亥山,变巳丑火运,忌纳音水年月日时。甲寅辰辛申变壬
　　　辰水。

龙　　卯艮巳山,变乙未金运,忌纳音火年月日时,巽戌坎庚运忌用土。

运　　午壬丙乙山,变戊戌木运,忌纳音金年月日时,丑癸坤未山年月
　　　日时。

丙寅年开山立向修方月家紧要吉神

吉神	正	二	三	四	五	六	七	八	九	十	十一	十二
天尊星	震	巽	乾	兑	艮	离	坎	坤	震	巽	乾	兑
天帝星	兑	乾	巽	震	坤	坎	离	艮	兑	乾	巽	震
罗天进	坎	坤	震	巽	中	天	天	天	乾	兑	艮	离

	立春	春分	立夏	夏至	立秋	秋分	立冬	冬至
乙奇星	乾	坎	坤	坤	巽	离	艮	艮
丙奇星	兑	坤	震	坎	震	艮	兑	离
丁奇星	艮	震	巽	离	坤	兑	乾	坎

吉神	正	二	三	四	五	六	七	八	九	十	十一	十二
一白星	巽	中	乾	兑	艮	离	坎	坤	震	巽	中	乾
六白星	离	坎	坤	震	震	中	乾	兑	艮	离	坎	坤
八白星	坤	震	巽	中	乾	兑	艮	离	坎	坤	震	巽
九紫星	震	巽	中	乾	兑	艮	离	坎	坤	震	巽	中
飞天德	震	坎	中	巽	坎	中	震	坎	巽	坤	坎	中
飞月德	坤	艮	中	震	兑	中	坤	艮	巽	坎	兑	中
飞天赦	艮	兑	乾	乾	中	坎	艮	兑	乾	震	坤	坎
飞解神	坤	震	巽	中	乾	兑	中	乾	兑	艮	离	坎
壬德星	兑	乾	中	中	巽	震	坤	坎	离	艮	兑	乾
癸德星	艮	兑	乾	中	中	巽	震	坤	坎	离	艮	兑

（续表）

吉神	正	二	三	四	五	六	七	八	九	十	十一	十二
捉煞帝星	卯	辰	巳	午	未	申	酉	戌	亥	子	丑	寅
	乙	巽	丙	丁	坤	庚	辛	乾	壬	癸	艮	甲
	午	未	申	酉	戌	亥	子	丑	寅	卯	辰	巳
	丁	坤	庚	辛	乾	壬	癸	艮	甲	乙	巽	丙
捉财帝星	酉	戌	亥	子	丑	寅	卯	辰	巳	午	未	申
	辛	乾	壬	癸	艮	甲	乙	巽	丙	丁	坤	庚
	子	丑	寅	卯	辰	巳	午	未	申	酉	戌	亥
	癸	艮	甲	乙	巽	丙	丁	坤	庚	辛	乾	壬
催官星	坎	离	艮	离	艮	兑	坎	离	艮	离	艮	兑
阳贵人	震	坤	坎	离	艮	兑	乾	中	兑	乾	中	巽
阴贵人	中	巽	震	坤	坎	离	艮	兑	乾	中	兑	乾
天寿星	癸丑	震	巽	震	乙辰	离	坤	乙辰	离	坤	兑	乾
天喜星	未	午	巳	辰	卯	寅	丑	子	亥	戌	酉	申
天嗣星	丁未	兑	乾	兑	辛戌	坎	艮	辛戌	坎	艮	震	巽
催官星	丑	未	寅	申	卯	酉	辰	戌	巳	亥	午	子
进禄星	坤	亥壬	巽	坤	亥壬	巽	坤	亥壬	巽	坤	亥壬	巽
天富星	巽	巳丙	离	坤	申庚	兑	乾	癸丑	坎	艮	辛丑	震
天财星	坎	艮	巽	离	坤	乾	坎	坎	巽	离	坤	乾

丙寅年开山立向修方紧要凶神定局

凶神	正	二	三	四	五	六	七	八	九	十	十一	十二
天官符	艮	兑	乾	中	巽	乾	中	巽	震	坤	坎	离
地官符	离	艮	兑	乾	中	兑	乾	中	巽	震	坤	坎
罗天退	中	天	天	天	巽	震	坤	坎	离	艮	兑	乾
小儿煞	中	乾	兑	艮	离	坎	坤	震	巽	中	乾	兑
大月建	坤	坎	离	艮	兑	乾	中	巽	震	坤	坎	离
正阴府	乾兑	坤坎	离	震	艮巽	乾兑	坤坎	离	震	艮巽	乾兑	坤坎
傍阴府	甲	乙	壬	庚	丙	甲	乙	壬	庚	丙	甲	乙
	丁	癸	寅	亥		丁	癸	寅	亥		丁	癸
	巳	申	寅	亥		巳	申	寅	亥		巳	申
	丑	辰	戌	未	辛	丑	辰	戌	未	辛	丑	辰
月克山	乾	乾	午	午	艮	艮			无克	无克	水	土
	无克	无克	亥	亥	壬	壬	卯	卯	无克	无克	十	三
	无克	无克	兑	兑	丙	丙	卯	卯	无克	无克	十	三
	丁	丁	乙	乙	巳	巳			无克	无克	山	
打头火	离	艮	兑	乾	中	兑	乾	中	巽	震	坤	坎
月游火	震	巽	中	乾	兑	艮	离	坎	坤	震	巽	中
飞独火	震	坤	坎	离	艮	兑	乾	中	兑	乾	中	巽
顺血刃	坎	坤	震	巽	中	乾	兑	艮	离	坎	坤	震
逆血刃	震	坤	坎	离	艮	兑	乾	中	巽	震	坤	坎

（续表）

凶神	正	二	三	四	五	六	七	八	九	十	十一	十二
月劫煞	亥	申	巳	寅	亥	申	巳	寅	亥	申	巳	寅
月灾煞	子	酉	午	卯	子	酉	午	卯	子	酉	午	卯
月的煞	丑	戌	未	辰	丑	戌	未	辰	丑	戌	未	辰
山朱雀	离	坎坤	巽	乾	艮兑		震离	坎坤	巽	乾	艮兑	
撞命煞	甲	壬	庚	丙	甲	壬	庚	丙	甲	壬	庚	丙
报怨煞	寅	亥	申	巳	寅	亥	申	巳	寅	亥	申	巳
剑锋煞	甲	乙	巽	丙	丁	坤	庚	辛	乾	壬	癸	艮
月入座	亥	子	丑	寅	卯	辰	巳	午	未	申	酉	戌
月崩腾	辛	巳	丙	寅	庚	申	酉	丁	子	丑	坤	乾
流财退	亥	申	巳	寅	卯	午	子	酉	丑	未	辰	戌
丙独火	坤	坎	离	艮	兑	乾			巽	震	坤	坎
丁独火	震	坤	坎	离	艮	兑	乾			巽	震	坤
巡山火	乾	坤	坎	坎	中	震	震	兑	艮	艮	巽	乾
灭门火	癸巳	辰子	乙未	庚寅	丁酉	壬辰	己亥	甲午	辛丑	丙申	辛卯	戊戌
祸凶日	己亥	甲午	辛丑	丙申	辛卯	戊戌	癸丑	庚子	乙未	庚寅	丁酉	壬辰

（4）丁卯年

丁卯年，通天窍云水之位，煞在西方申酉戌。忌甲庚乙辛向，坐煞、向煞。
四大利宜下乾坤丑巽辰巳向，大利造修。利寅午戌亥卯未生命，吉；忌子酉生人,凶。罗天大退在艮方,忌修造、埋葬,主退财损丁。九良星占道观;煞在后堂、后门、寅艮方、尼寺观。

丁卯年二十四山吉凶神煞

壬山○进宝、玉皇、天帝、天乙、天禄、宝库、驿马。

　　●克山、傍阴府、翎毛禁向。

子山○进宝、玉皇、天乙、天帝、紫微、右弼、福德、红鸾、天喜。

　　●独火、支神退、头白空、九天朱雀、流财煞、入座煞。

癸山○库珠、天罡、天乙、天福、萃龙、福德、利道、天禄、左辅、驿马。

　　●六十年空、山家火血、刀砧、大利。

丑山○库珠、天罡、天乙、天福、萃龙、左辅、太阳、青龙、生气、华盖。

　　●田官符、五鬼、流财煞、大利。

艮山○太阴、七宿、岁天道、人道。

　　●罗天大退、土皇游、破军。

寅山○天皇、太乙、天定、太阴、岁道。

　　●傍阴府、天官神、金神七煞天太岁、地太岁。

甲山○胜光、黄罗、壮龙、太乙、水轮、太阳、右弼、岁位德。

　　●入山空、头白空、将军箭、巡山罗睺、坐煞、向煞、刀砧。

卯山○胜光、水轮、太阳、太乙、右弼、巨门、壮龙。

　　●太岁、堆黄、金神七煞、血刃、五鬼。

乙山○地皇、财库、巨门。

　　●克山、坐煞、向煞、入山刀砧、崩腾。

辰山○太阴、五龙、贵人、金库、贪狼、人仓。

　　●穿山罗睺、阴中、太岁、利方。

巽山○大吉、传送、太乙、紫檀、泰龙、太阳、贵人、天道。

　　●困龙、大利方。

巳山　大吉、传送、太乙、泰龙、太阳、左辅、天德合、支德合。

　　●天禁朱雀、天命杀、大利方。

丙山○玉皇、进宝、天乙、天皇、文曲、水星、天台、驿马。

　　●克山、翎毛禁向、六害。

午山○玉皇、进田、天皇、天乙、天台、太阴、左辅。

●克山、正阴府、皇天灸退、巡山罗睺、天命杀。

丁山○青龙、河魁、天魁、益龙、左辅、贪狼、房星、利道。

　　　●皇天灸退、六十年空、山家火血、山家刀砧。

未山○青龙、河魁、天魁、益龙、五龙、房星、岁位合。

　　　●地官符、天命煞、升玄燥火。

坤山○地皇、天定、金轮、五龙、金星、贪狼、岁天德、天道、人道。

　　　●打劫血刃、大利方。

申山○天定、荣光、金轮、贪狼、金星、岁支德。

　　　●三煞、暗刀煞、小耗、净栏煞。

庚山○神后、天定、升龙、宝台、水轮、水星、巨门。

　　　●浮大空、入山空、头白空亡、坐煞、向杀、翎毛、入山刀砧。

酉山○神后、朗耀、天定、升龙、宝台、水轮、巨门、水星。

　　　●岁破、三煞、傍阴府、金神七煞。

辛山○紫檀、弼星、武曲。

　　　●坐煞、向煞、逆血刃、入山刀砧、大祸。

戌山○天皇、龙德、岁支合。

　　　●三煞、傍阴府、金神七煞、岁煞、蚕官、蚕命。

乾山○迎财、功曹、黄罗、丰龙、武曲、天道。

　　　●隐伏血刃、蚕室、大利。

亥山○迎财、功曹、丰龙、武曲。

　　　●金神七煞、白虎煞、千斤血刃、田官符、隐伏血刃。

山　　酉丁乾亥山,变辛丑土运,忌纳音木年月日时。甲寅辰巽申变甲辰火。

龙　　卯艮巳山,变丁未木运,忌纳音土年月日时,戌坎辛庚运忌用火。

运　　午壬丙乙山,变庚戌金运,忌纳音火年月日时,丑癸坤未年月日时。

505

丁卯年开山立向修方月家紧要吉神定局

吉神	正	二	三	四	五	六	七	八	九	十	十一	十二
天尊星	艮	离	坎	坤	震	巽	乾	兑	艮	离	坎	坤
天帝星	坤	坎	离	艮	兑	乾	巽	震	坤	坎	离	艮
罗天退	离	坎	坤	震	巽	中	天	天	天	乾	兑	艮

	立春		春分		立夏		夏至		立秋		秋分		立冬		冬至
乙奇星	中		离		坎		震		中		坎		离		兑
丙奇星	乾		坎		坤		坤		巽		离		艮		艮
丁奇星	兑		坤		震		坎		震		艮		兑		离

吉神	正	二	三	四	五	六	七	八	九	十	十一	十二
一白星	兑	艮	离	坎	坤	震	巽	中	乾	兑	震	离
六白星	震	巽	中	乾	兑	艮	离	坎	坤	震	巽	中
八白星	中	乾	兑	艮	离	坎	坤	震	巽	中	乾	兑
九紫星	乾	兑	艮	离	坎	坤	震	巽	中	乾	兑	艮
飞天德	坎	坎	巽	坤	坎	震	坎	坎	坤	离	坎	震
飞月德	离	乾	巽	坎	中	震	离	乾	坤	艮	中	震
飞天赦	中	巽	震	离	艮	兑	中	坎	离	离	艮	兑
飞解神	坎	坤	震	巽	中	乾	兑	中	乾	兑	艮	离
壬德星	中	中	巽	震	坤	坎	离	艮	兑	乾	中	中
癸德星	乾	中	中	巽	震	坤	坎	离	艮	兑	乾	中

（续表）

吉神	正	二	三	四	五	六	七	八	九	十	十一	十二
捉煞帝星	卯	辰	巳	午	未	申	酉	戌	亥	子	丑	寅
	乙	巽	丙	丁	坤	庚	辛	乾	壬	癸	艮	甲
	午	未	申	酉	戌	亥	子	丑	寅	卯	辰	巳
	丁	坤	庚	辛	乾	壬	癸	艮	甲	乙	巽	丙
捉财帝星	酉	戌	亥	子	丑	寅	卯	辰	巳	午	未	申
	辛	乾	壬	癸	艮	甲	乙	巽	丙	丁	坤	庚
	子	丑	寅	卯	辰	巳	午	未	申	酉	戌	亥
	癸	艮	甲	乙	巽	丙	丁	坤	庚	辛	乾	壬
飞天禄	离	艮	兑	乾	中	兑	乾	中	巽	震	坤	坎
飞天马	艮	兑	乾	中	兑	乾	中	巽	震	坤	坎	离
催官使	艮	兑	乾	兑	乾	中	艮	兑	乾	兑	乾	中
阳贵人	中	巽	震	坤	坎	离	艮	兑	乾	中	兑	巽
阴贵人	震	坤	坎	离	艮	兑	乾	中	兑	乾	中	巽
天寿星	癸丑	震	巽	震	乙辰	离	坤	乙辰	离	坤	兑	乾
天喜星	未	午	巳	辰	卯	寅	丑	子	亥	戌	酉	申
天嗣星	丁未	兑	乾	辛戌	坎	艮	辛戌	坎	艮	震	巽	巽
催官星	丑	未	寅	申	卯	酉	辰	戌	巳	亥	午	子
进禄星	坤	亥壬	巽	坤	亥壬	巽	坤	亥壬	巽	坤	亥壬	巽
天富星	巽	巳丙	离	坤	申庚	兑	乾	癸壬	坎	艮	寅申	乾
天财星	坎	艮	巽	离	坤	乾	坎	艮	巽	离	坤	乾

丁卯年开山立向修方月家紧要凶神定局

凶神	正	二	三	四	五	六	七	八	九	十	十一	十二
天官符	中	兑	乾	中	巽	震	坤	坎	离	艮	兑	乾
地官符	坎	离	艮	兑	乾	中	兑	乾	中	巽	震	坤
罗天退	乾	中	天	天	天	巽	震	坤	坎	离	艮	兑
小儿煞	离	坎	坤	震	巽	中	乾	兑	艮	离	坎	坤
大月建	艮	兑	乾	中	巽	震	坤	坎	离	艮	兑	乾
正阴府	离	震	艮巽	乾兑	坤坎	离	震	艮巽	乾兑	坤坎	离	震
傍阴府	壬寅寅戌	庚亥亥未	丙　　辛	甲丁巳丑	乙癸申辰	壬寅寅戌	庚亥亥未	丙　　辛	甲丁巳丑	乙癸申辰	壬寅寅戌	庚亥亥未
月克山	无克无克无克无克	无克无克无克无克	离壬丙乙	离壬丙乙	木十十山	土三三	震艮艮	震艮艮	无克无克无克无克	无克无克无克无克	乾亥兑丁	冬至后克十三山
打头火	乾	中	兑	乾	中	艮	震	坤	坎	离	艮	兑
月游火	巽	中	乾	兑	艮	离	坎	坤	震	巽	中	乾
飞独火	离	艮	兑	乾	中	巽	乾	中	巽	震	坤	坎
顺血刃	震	艮	中	乾	兑	艮	离	坎	坤	震	巽	中
逆血刃	中	艮	震	坤	坎	离	艮	兑	乾	中	巽	震

（续表）

凶神	正	二	三	四	五	六	七	八	九	十	十一	十二
月劫煞	亥	申	巳	寅	亥	申	巳	寅	亥	申	巳	寅
月灾煞	子	酉	午	卯	子	酉	午	卯	子	酉	午	卯
月的煞	丑	戌	未	辰	丑	戌	未	辰	丑	戌	未	辰
山朱雀	离	坎坤	巽	乾	艮兑		震离	坎坤	巽	乾	艮兑	
撞命煞	甲	壬	庚	丙	甲	壬	庚	丙	甲	壬	庚	丙
报怨煞	寅	亥	申	巳	寅	亥	申	巳	寅	亥	甲	巳
剑锋煞	甲	乙	巽	丙	丁	坤	庚	辛	乾	壬	癸	艮
月入座	亥	子	丑	寅	卯	辰	巳	午	未	申	酉	戌
月崩腾	辛	巳	丙	寅	庚	申	酉	丁	子	丑	坤	乾
流财退	亥	申	巳	寅	卯	午	子	酉	丑	未	辰	戌
丙独火	离	艮	兑	乾			震	坤	坎	离	艮	
丁独火	坎	离	艮	兑	乾			巽	震	坤	坎	离
巡山火	乾	坤	坎	坎	中	震	震	兑	艮	艮	巽	乾
灭门火	乙巳	壬子	丁未	壬寅	己酉	甲辰	辛亥	丙午	癸丑	戊申	癸卯	庚戌
祸凶日	辛亥	丙午	巽丑	戊申	癸卯	庚戌	乙巳	壬子	乙未	壬寅	己酉	甲辰

（5）戊辰年

戊辰年，通天窍云水之位，煞在南方巳午未。忌丙壬丁癸四山，名坐煞、向煞。大利方艮乙酉，宜修造、安葬，吉。作主宜寅午酉庚壬生命吉利；丑戌

509

生人不可用。罗天大退在坤方,忌修造、安葬,主退财损丁。九良星占僧堂、城隍、社庙;煞占寺观庙及寅辰方。

戊辰年二十四山吉凶神煞

壬山○天罡、丰龙、武曲、岁位德、岁天德、天道。
　　●坐煞、向煞、入山刀砧。

子山○天罡、紫擅、紫微、丰龙、贪狼、武曲、金匮。
　　●克山、金神七煞、田官符、白虎、支神退、流财、将军、大杀、五鬼。

癸山○玉皇、天帝、天乙、紫檀、巨门。
　　●浮天空、头白空、入山空、翎毛禁向、向杀、入山刀砧。

丑山○玉皇、天帝、黄罗、金库、右弼、福德、阴贵人、人仓、地财星。
　　●克山、金神七煞、隐伏血刃、年田、天官符、人命、暗刀杀、流财杀、
　　　地太岁、入座。

艮山○大吉、胜光、地皇、太乙、天福、萃龙、右弼、金库、左辅。
　　●天命、逆血刃、大利。

寅山○大吉、胜光、萃龙、太乙、天福、左辅、贵人、太阳、青龙、生气。
　　●克山、穿山罗睺、天命煞。

甲山○进田、天定、太阴、武曲、人道、利道、驿马。
　　●克山、困龙、山家火血、翎毛禁向、山家刀砧杀。

卯山○天皇、进田、天定、太阴、宝台、金神、天官贵人。
　　●正阴府、皇天灸退、天禁朱雀、阴中煞、隐伏血刃。

乙山○青龙、传送、旺龙、水轮、太乙、右弼、太阳、驿马。
　　●皇天灸退、将军箭、利方。

辰山○青龙、传送、太乙、水轮、旺龙、紫檀、右弼、太阳、岁德合。
　　●克山、堆黄煞、岁刑。

巽山○人道。
　　●克山、巡山罗睺、独火、六十年空亡。

巳山○黄罗、太阳、贵人。
　　●三煞、千斤血刃、劫煞、蚕命。

丙山○河魁、地皇、泰龙、天定、太阳、左辅、岁天道。
　　●坐煞、向煞、入山刀砧。

午山○河魁、天定、地皇、泰龙、天乙、太阳、右弼。

●三煞、打劫血刃、五鬼。

丁山○玉皇、黄罗、天台、天乙、贪狼、天德合、月德合。

●坐煞、向煞、头白空、入山空、翎毛禁向、入山刀砧。

未山○玉皇、天皇、天乙、天台、太阴、阴贵人。

●三煞、克山、傍阴府、九天朱雀。

坤山○迎财、神后、天魁、益龙、贪狼、巨门、博士。

●克山、罗天大退、浮天空亡。

申山○迎财、神后、紫檀、荣光、天魁、益龙、贪狼。

●克山、地官符、金神七煞。

庚山○进宝、天皇、天定、金轮、宝库、左辅、天道、人道。

●克山、傍阴府、山家火血、翎毛禁向、入山刀砧。

酉山○黄罗、进宅、朗耀、天定、天禄、金轮星、岁支德合。

●金神七煞、坐山罗睺、小耗、利方。

辛山○库珠、功曹、宝台、天乙、水轮、水星、升龙、巨门、驿马。

●克山、将军箭

戌山○库珠、功曹、宝合、天乙、水轮、水星、升龙、武曲。

●克山、家岁破、大耗、蚕室。

乾山○武曲。

●六十年空亡、蚕室、土皇煞。

亥山○天皇、龙德、武曲。

●天官符、傍阴府、年官府。

山　　酉丁乾亥山,变癸丑木运,忌纳音金年月日时,甲寅辰巽变丙辰土。

龙　　卯辰巳山,变巳未火运,忌纳音水年月日时,戌坎辛申运忌用木。

运　　午壬丙乙山,变壬戌水运,忌纳音土年月日时,丑癸坤庚未年月日时。

戊辰年开山立向修方月家紧要吉神定局

吉神	正	二	三	四	五	六	七	八	九	十	十一	十二
天尊星	艮	离	坎	坤	震	巽	乾	兑	艮	离	坎	坤
天帝星	坤	坎	离	艮	兑	乾	巽	震	坤	坎	离	艮
罗天退	艮	离	坎	坤	震	巽	中	天	天	天	乾	兑

	立春	春分	立夏	夏至	立秋	秋分	立冬	冬至
乙奇星	巽	艮	离	巽	乾	坤	坎	乾
丙奇星	中	离	坎	震	中	坎	离	兑
丁奇星	乾	坎	坤	坤	巽	离	艮	艮

吉神	正	二	三	四	五	六	七	八	九	十	十一	十二
一白星	坎	坤	震	巽	中	乾	兑	艮	离	坎	坤	震
六白星	乾	兑	艮	离	坎	坤	震	巽	中	乾	兑	艮
八白星	艮	离	坎	坤	震	巽	中	乾	兑	艮	离	坎
九紫星	离	坎	坤	震	巽	中	乾	兑	艮	离	坎	坤
飞天德	艮	坎	坤	离	坎	坎	艮	坎	离	兑	坎	坎
飞月德	兑	中	坤	艮	巽	坎	兑	中	离	乾	巽	坎
飞天赦	坤	坎	离	乾	中	巽	艮	兑	乾	乾	中	坎
飞解神	离	坎	坤	震	巽	中	乾	兑	中	乾	兑	艮
壬德星	巽	震	坤	坎	离	艮	兑	乾	中	中	巽	震
癸德星	中	巽	震	坤	坎	离	艮	兑	乾	中	中	巽

（续表）

吉神	正	二	三	四	五	六	七	八	九	十	十一	十二
捉煞帝星	卯	辰	巳	午	未	申	酉	戌	亥	子	丑	寅
	乙	巽	丙	丁	坤	庚	辛	乾	壬	癸	艮	甲
	午	未	申	酉	戌	亥	子	丑	寅	卯	辰	巳
	丁	坤	庚	辛	乾	壬	癸	艮	甲	乙	巽	丙
捉财帝星	酉	戌	亥	子	丑	寅	卯	辰	巳	午	未	申
	辛	乾	壬	癸	艮	甲	乙	巽	丙	丁	坤	庚
	子	丑	寅	卯	辰	巳	午	未	申	酉	戌	亥
	癸	艮	甲	乙	巽	丙	丁	坤	庚	辛	乾	壬
飞天禄	艮	兑	乾	中	兑	乾	中	巽	震	坤	坎	离
飞天马	中	兑	乾	中	巽	震	坤	坎	离	艮	兑	离
催官使	乾	中	中	中	中	巽	乾	中	中	中	中	巽
阳贵人	兑	乾	中	巽	震	坤	坎	离	艮	兑	乾	中
阴贵人	坎	离	艮	兑	乾	中	巽	乾	中	巽	震	坤
天寿星	癸丑	震	巽	震	乙辰	离	坤	乙辰	离	坤	兑	乾
天喜星	未	午	巳	辰	卯	寅	丑	子	亥	戌	酉	申
天嗣星	丁未	兑	乾	兑	辛戌	坎	艮	辛戌	坎	艮	震	巽
催官星	丑	未	寅	申	卯	酉	辰	戌	巳	亥	午	子
进禄星	坤	壬亥	巽	坤	壬亥	巽	坤	壬亥	巽	坤	壬亥	巽
天富星	巽	丙巳	离	坤	庚申	兑	乾	壬癸	坎	艮	申寅	震
天财星	坎	艮	巽	离	坤	乾	坎	艮	巽	离	坤	乾

戊辰年开山立向修方月家紧要凶神定局

凶神	正	二	三	四	五	六	七	八	九	十	十一	十二
天官符	中	巽	震	坤	坎	离	艮	兑	乾	中	巽	震
地官符	坤	坎	离	艮	兑	乾	中	兑	乾	中	巽	震
罗天退	兑	乾	中	天	天	天	巽	震	坤	坎	离	艮
小儿煞	中	乾	兑	艮	离	坎	坤	震	巽	中	乾	兑
大月建	中	巽	震	坤	坎	离	艮	兑	乾	中	巽	震
正阴府	艮巽	乾兑	坤坎	离	震	艮巽	乾兑	坤坎	离	震	艮巽	乾兑
傍阴府	丙	甲	申	壬	庚	丙	甲	申	壬	庚	丙	甲
		丁	癸	寅	亥		丁	癸	寅	亥		丁
		巳	乙	寅	亥		巳	乙	寅	亥		巳
	辛	丑	辰	戌	未	辛	丑	辰	戌	未	辛	丑
月克山	艮	震	离	离	无克	无克	水	土	艮	艮	无克	无克
	震	艮	壬	壬	无克	无克	十	三	震	巳	无克	无克
	震	艮	丙	丙	无克	无克	十	三	震	无克	无克	无克
	巳	巳	乙	乙	无克	无克	山		巳	震	无克	无克
打头火	乾	中	巽	震	坤	坎	离	艮	兑	乾	中	兑
月游火	巽	中	乾	兑	艮	离	坎	坤	震	巽	中	乾
飞独火	乾	中	兑	乾	中	巽	震	坤	坎	离	艮	兑
顺血刃	离	坎	坤	震	巽	中	乾	兑	艮	离	坎	坤
逆血刃	坤	坎	离	震	兑	乾	中	巽	震	坤	坎	离

（续表）

凶神	正	二	三	四	五	六	七	八	九	十	十一	十二
月劫煞	亥	申	巳	寅	亥	申	巳	寅	亥	申	巳	寅
月灾煞	子	酉	午	卯	子	酉	午	卯	子	酉	午	卯
月的煞	丑	戌	未	辰	丑	戌	未	辰	丑	戌	未	辰
山朱雀	离	坎坤	巽	乾	艮兑		震离	坤坎	巽	乾	艮兑	
撞命煞	甲	壬	庚	丙	甲	壬	庚	丙	甲	壬	庚	丙
报命煞	寅	亥	申	巳	寅	亥	申	巳	寅	亥	申	巳
剑锋煞	甲	乙	巽	丙	丁	坤	庚	辛	乾	壬	癸	艮
月入座	亥	子	丑	寅	卯	辰	巳	午	未	申	酉	戌
月崩腾	辛	巳	丙	寅	庚	甲	酉	丁	子	丑	坤	乾
流财退	亥	申	巳	寅	卯	午	子	酉	丑	未	辰	戌
丙独火	兑	乾			巽	震	坤	坎	离	艮	兑	乾
丁独火	艮	坎	乾		巽	震	坤	坎	离	艮	艮	兑
巡山火	乾	坤	坎	坎	中	卯	卯	酉	艮	艮	巽	乾
灭门火	丁巳	甲子	己未	甲寅	辛酉	丙辰	癸亥	戊午	乙丑	庚申	乙卯	壬戌
祸凶日	癸亥	戊午	乙丑	庚申	乙卯	壬戌	丁巳	甲子	己未	甲寅	丙酉	辛辰

（6）己巳年

己巳年，通天窍云金之位，煞在东方寅卯辰。忌甲庚乙辛四向，名坐煞、向煞。四大利宜下子午丁癸丑未，造葬、修方吉利。作主宜寅午戌巳酉丑生命,利;申亥生人,凶。罗天大退在坤方,忌修造、安葬,主退财损丁。九良星占船、寺观、申方;煞在门及寺观。

己巳年二十四山吉凶神煞

壬山〇进田、贵人、贪狼、驿马临官

　　●入山空、头白空亡、翎毛禁向、六害。

子山〇进田、紫微、紫檀、龙德、武库、巨门、贪狼。

　　●皇天灸退、支神退、破败、五鬼。

癸山〇青龙、胜光、宝台、紫檀、丰龙、武库、武曲、天道、驿马。

　　●皇天灸退、山家刀砧、翎毛禁向。

丑山〇青龙、胜光、黄罗、丰龙、武曲、贪狼。

　　●白虎煞、蚕官、蚕命、大利方。

艮山〇玉皇、天帝、天乙、地皇、右弼、左辅。

　　●克山、正阴府、蚕室。

寅山〇玉皇、天帝、太乙、天乙、福德。

　　●三煞、阴中太岁、九天朱雀、千斤血刃、入座。

甲山〇传送、天定、天福、萃龙、左辅、利道。

　　●坐煞向、六十年空亡、入山刀砧。

卯山〇传送、天皇、天定、天福、宝台、萃龙、左辅。

　　●三煞、克山、将军劫、劫煞。

乙山〇天乙、天定、太阴、太白、五库、月德合、人道。

　　●坐煞、向煞、山家火血、入刀山砧。

辰山〇天定、太阴、太白、紫檀。

　　●三煞、岁煞、病符、帝辂。

巽山〇血府、河魁、水轮、太乙、太阳、壮龙、右弼。

　　●正阴府、独火、将军箭、打劫血刃、土皇游、隐伏血刃。

巳山〇迎财、河魁、水轮、黄罗、太乙、壮龙、太阳、宝库、右弼。

　　●克山、太岁、堆黄煞。

丙山〇进宝、地皇、宝库、武曲。

　　●傍阴府、巡山罗睺、头白空亡、入山空亡、翎毛禁向、逆血刃、铁
　　扫帚。

午山○进宝、天乙、宝库、水轮、太阳、武曲、右弼、贪狼、天禄、天贵。

　　●金神七煞、帝车、利方。

丁山○库珠、神后、天乙、黄罗、泰龙、水轮、太阳、天道。

　　●四大、金星、升玄燥火、翎毛禁向、入山刀砧、利方。

未山○天皇、库珠、神后、天乙、泰龙、太阳、巨门。

　　●金神七煞、天命煞、利方。

坤山○玉皇、天乙、天台、木星。

　　●天命煞、坐山罗睺、利方。

申山○玉皇、紫檀、荣光、天台、天乙、太阴。

　　●天官符、金神、天太岁、千斤血刃、天命煞。

庚山○天皇、功曹、天魁、益龙、贪狼、岁位德、利道。

　　●坐煞、向煞、六十年空亡、刀砧。

酉山○功曹、黄罗、朗曜、天魁、金匮、益龙、贪狼、左辅、岁位合。

　　●地官符、金神七煞、头白空、年符煞。

辛山○天定、金轮、财库、金星、岁天德、岁天道、人道。

　　●傍阴府、山家火血、坐煞、向煞、入山刀砧。

戌山○金轮、天定、金星、武曲、岁支德、人仓。

　　●穿山罗睺、流财煞、小耗。

乾山○大吉、天罡、太乙、宝台、水轮、升龙、水星、巨门。

　　●困龙、隐伏血刃。

亥山○天罡、太乙、升龙、水轮、驿马、天皇、宝台、巨门、水星、天皇。

　　●山家朱雀、血刃、岁破、五鬼、地太岁。

山　　酉丁乾亥山,变乙丑金运,忌纳音火年月日时,甲巽辛癸坤变辰
　　　木运。

龙　　卯艮巳山,变辛未土运,忌纳音木年月日时,寅戌甲庚未忌用纳
　　　音金。

运　　午壬丙乙山,变甲戌火运,忌纳音水年月日时,辰坎丑山年月
　　　日时。

己巳年开山立向修方月家紧要吉神定局

吉神	正	二	三	四	五	六	七	八	九	十	十一	十二
天尊星	艮	离	坎	坤	震	巽	乾	兑	艮	离	坎	坤
天帝星	坤	坎	离	艮	兑	乾	巽	震	坤	坎	离	艮
罗天进	兑	艮	离	坎	坤	震	巽	中	天	天	天	乾

	立春	春分	立夏	夏至	立秋	秋分	立冬	冬至
乙奇星	巽	艮	离	巽	乾	坤	坎	乾
丙奇星	巽	艮	离	巽	乾	坤	坎	乾
丁奇星	中	离	坎	震	中	坎	离	兑

吉神	正	二	三	四	五	六	七	八	九	十	十一	十二
一白星	巽	中	乾	兑	艮	离	坎	坤	震	巽	中	乾
六白星	离	坎	坤	震	震	中	乾	兑	艮	离	坎	坤
八白星	坤	震	巽	中	乾	兑	艮	离	坎	坤	震	巽
九紫星	震	巽	中	乾	兑	艮	离	坎	坤	震	巽	中
飞天德	乾	坎	离	乾	坤	艮	乾	坎	兑	中	坎	艮
飞月德	中	震	离	兑	坎	艮	中	震	兑	中	坤	艮
飞天赦	艮	兑	乾	震	坤	坎	中	巽	震	离	艮	兑
飞解神	艮	离	坎	坤	震	巽	中	乾	兑	中	乾	兑
壬德星	坤	坎	离	艮	兑	乾	中	中	巽	震	坤	坎
癸德星	震	坤	坎	离	艮	兑	乾	中	中	巽	震	坤

（续表）

吉神	正	二	三	四	五	六	七	八	九	十	十一	十二
捉煞帝星	卯	辰	巳	午	未	申	酉	戌	亥	子	丑	寅
	乙	巽	丙	丁	坤	庚	辛	乾	壬	癸	艮	甲
	午	未	申	酉	戌	亥	子	丑	寅	卯	辰	巳
	丁	坤	庚	辛	乾	壬	癸	艮	甲	乙	巽	丙
捉财帝星	酉	戌	亥	子	丑	寅	卯	辰	巳	午	未	申
	辛	乾	壬	癸	艮	甲	乙	巽	丙	丁	坤	庚
	子	丑	寅	卯	辰	巳	午	未	申	酉	戌	亥
	癸	艮	甲	乙	巽	丙	丁	坤	庚	辛	乾	壬
飞天禄	离	艮	兑	乾	中	兑	乾	中	巽	震	坤	坎
飞天马	中	巽	震	坤	坎	离	艮	兑	乾	中	兑	乾
催官使	中	巽	震	巽	震	坤	中	巽	震	巽	震	坤
阳贵人	乾	中	巽	震	坤	坎	离	艮	兑	乾	中	兑
阴贵人	坤	坎	离	艮	兑	乾	中	兑	乾	中	巽	乾
天寿星	癸丑	震	巽	震	乙辰	离	坤	乙辰	离	坤	兑	乾
天喜星	未	午	己	辰	卯	寅	丑	子	亥	戌	酉	申
天嗣星	未丁	兑	乾	兑	辛戌	坎	艮	辛戌	坎	艮	震	巽
催官星	丑	未	寅	申	卯	酉	辰	戌	巳	亥	午	子
进禄星	坤	壬亥	巽	坤	壬亥	巽	坤	壬亥	巽	坤	壬亥	巽
天富星	巽	丙巳	离	坤	庚申	兑	乾	壬癸	坎	艮	申寅	震
天财星	坎	艮	巽	离	坤	乾	坎	艮	巽	离	坤	乾

己巳年开山立向修方月家紧要凶神定局

凶神	正	二	三	四	五	六	七	八	九	十	十一	十二
天官府	坤	坎	离	艮	兑	乾	中	巽	乾	中	巽	震
地官符	震	坤	坎	离	艮	兑	乾	中	兑	乾	中	巽
罗天退	艮	兑	乾	中	天	天	天	巽	震	坤	坎	离
小儿煞	离	坎	坤	震	巽	中	乾	兑	艮	离	坎	坤
大月建	坤	坎	离	兑	艮	乾	中	巽	震	坤	坎	离
正阴府	坤坎	离	震	艮巽	乾兑	坤坎	离	震	艮巽	乾兑	坤坎	离
傍阴府	乙	壬	庚	丙	甲	乙	壬	庚	丙	甲	癸	壬
	癸	寅	亥		乙	癸	寅	亥		丁	乙	寅
	甲	寅	亥		巳	申	寅	亥		巳	申	寅
	辰	戌	未	辛	丑	辰	戌	未	辛	丑	辰	戌
月克山	乾	乾	震	震	无克	无克	水	水	乾	乾	离	离
	亥	亥	艮	艮	无克	无克	土	土	亥	亥	壬	壬
	兑	兑	艮	艮	无克	无克	十三	十三	丁	丁	丙	丙
	丁	丁	巳	巳	无克	无克	山	山	兑	兑	乙	乙
打头火	震	坤	坎	离	艮	兑	乾	中	兑	乾	山	巽
月游火	离	坎	坤	震	巽	中	乾	兑	艮	离	坎	坤
飞独火	乾	中	巽	震	坤	坎	离	艮	兑	乾	中	兑
顺血刃	兑	艮	离	坎	坤	震	巽	中	乾	兑	艮	离
逆血刃	离	艮	兑	乾	中	巽	震	坤	坎	离	艮	兑

（续表）

凶神	正	二	三	四	五	六	七	八	九	十	十一	十二
月劫煞	亥	申	巳	寅	亥	申	巳	寅	亥	申	巳	寅
月灾煞	子	酉	午	卯	子	酉	卯	午	子	酉	卯	午
月的煞	丑	戌	未	辰	丑	戌	未	辰	丑	戌	未	辰
山朱雀	离	坎坤	巽	乾	兑艮		震离	坤坎	巽	乾	艮兑	
撞命煞	甲	壬	庚	丙	甲	壬	庚	丙	甲	壬	庚	丙
报怨煞	寅	亥	申	巳	寅	亥	申	巳	寅	亥	申	巳
剑锋煞	甲	乙	巽	丙	丁	坤	庚	辛	乾	壬	癸	艮
月入座	亥	子	丑	寅	卯	辰	巳	午	未	申	酉	戌
月崩腾	辛	巳	丙	寅	庚	甲	酉	丁	子	丑	坤	乾
流财退	亥	申	巳	寅	卯	午	子	酉	丑	未	辰	戌
丙独火	乾		巽	震	坤	坎	离	艮	兑	乾		
丁独火			巽	震	坤	坎	离	艮	兑	乾		
巡山火	乾	坤	坎	坎	申	卯	卯	酉	艮	艮	巽	乾
灭门火	己巳	丙子	辛午	丙寅	癸酉	戊辰	乙亥	庚子	丁丑	壬申	丁卯	甲戌
祸凶日	乙亥	庚午	丁丑	壬申	丁卯	申戌	己巳	丙子	辛未	丙寅	癸酉	戊辰

（7）庚午年

庚午年,通天窍云火之位,煞在北方亥子丑。忌丙壬丁癸四向,名坐煞、向煞。四大利宜艮寅卯乙辰未申,修造、埋葬,吉。作主宜寅戌巳酉丑生命大利;子午生人不利。罗天大退在巽方,不宜修造、埋葬,主退财损丁。九良星占厨、灶、神庙;煞在天杀及戌亥方。

庚午年二十四山吉凶神煞

壬山○胜光、天定、宝台、升龙、金轮、水星、巨门、天华。

　　●坐煞、向煞、翎毛禁向、山家血火、入山刀砧、千斤血刃。

子山○胜光、天定、宝台、升龙、巨门、水轮、金星。

　　●三煞、岁破、隐伏血刃、土皇煞。

癸山○天定、金星、龙德。

　　●坐煞、向煞、头白空、入山空、大祸、铁扫帚。

丑山○金轮、龙德、金星。

　　●三煞、傍阴府、阴中太岁、蚕官。

艮山○迎财、传送、玉皇、天皇、丰龙、贪狼、武曲、天道。

　　●逆血刃、蚕室、大利。

寅山○玉皇、迎财、传送、天乙、朗耀、丰龙、宝库、武曲。

　　●千斤血刃、白虎煞、入座、蚕命、大利方。

甲山○进宝、玉皇、天帝、天乙、紫檀、宝库、驿马、左辅。

　　●傍阴府、翎毛禁向、入山刀贴。

卯山○玉皇、天帝、进宝、地皇、荣光、福德、天禄。

　　●入座、大利方。

乙山○库珠、河魁、天福、天乙、萃龙、左辅、利道、驿马。

　　●六十年空亡、大利方。

辰山○库珠、河魁、天福、天乙、萃龙、左辅、青龙、生气。

　　●千斤血刃、金神七煞、暗刀煞、大利方。

巽山○黄罗、武曲、太乙、巨门、岁天道、人道、右弼、八白。

　　●罗天大退、小利。

巳山○天乙、水轮、武曲、右弼、岁德。

　　●天官符、傍阴府、金神七煞、天太岁、金煞。

丙山○神后、天皇、天定、太乙、水轮、太阳、壮龙、右弼。

　　●坐煞、向煞、翎毛禁向、山家火血、入山刀贴。

午山○神后、天定、水轮、壮龙、太阳、巨门、右弼、金匮。

●太岁、推向、黄杀、岁刑。

丁山○天定、太阴、武曲。

　　●克山、傍阴府、浮天空亡、头白空、入山空亡、坐煞、向煞、巡山罗
　　　睺、入山刀砧、铁扫帚。

未山○天定、太阴、天贵、金匮,太阳、岁支合、人仓。

　　●隐伏血刃、利方。

坤山○大吉、功曹、天乙、太乙、泰龙、太阳、天道。

　　●头白空亡、坐山罗睺、打劫血刃、利方。

申山○大吉、功曹、玉皇、宝台、太乙、太阴、驿马。

　　●穿山罗日睺、小利。

庚山○进田、玉皇、天乙、天台、地皇、驿马临官、贵人。

　　●困龙、山家刀砧、六害、翎毛禁向、小利方。

酉山○进田、天乙、太乙、右弼、天台、太阴。

　　●克山、正阴府、独火、天皇炙退、九天朱雀、天命煞。

辛山○青龙、天罡、黄罗、天魁、益龙、贪狼、月德合、利道。

　　●天皇炙退、六十年空亡。

戌山○青龙、天罡、天魁、益龙、贪狼、五龙、星显、岁位合。

　　●地官符、流财煞、五鬼、地太岁、畜官符。

乾山○紫檀、左辅、星岁、天道、人道。

　　●克山、正阴府、支神退、田官符、流财煞。

亥山○紫微、地皇、水星、宝台、岁支德。

　　●三煞、克山、小耗、劫煞。

山　　酉丁乾亥山,变丁丑水运,忌纳音土年月日时,甲寅辰辛庚变庚
　　　辰金。

龙　　卯艮巳山,变癸未木运,忌纳音金年月日时,巽戌坎申运忌用火。

运　　午壬丙乙山,变丙戌土运,忌纳音木年月日时,丑癸坤未山年月
　　　日时。

庚午年开山立向修方月家紧要吉神定局

吉神	正	二	三	四	五	六	七	八	九	十	十一	十二
天尊星	震	巽	乾	兑	艮	离	坎	坤	震	巽	乾	兑
天帝星	兑	乾	巽	震	坤	坎	离	艮	兑	乾	巽	震
罗天进	乾	兑	艮	离	坎	坤	震	巽	中	天	天	天

	立春	春分	立夏	夏至	立秋	秋分	立冬	冬至
乙奇星	震	兑	艮	中	兑	震	坤	中
丙奇星	巽	艮	离	巽	乾	坤	坎	乾
丁奇星	中	离	坎	震	中	坎	离	兑

吉神	正	二	三	四	五	六	七	八	九	十	十一	十二
一白星	兑	艮	离	坎	坤	震	巽	中	乾	兑	震	离
六白星	震	巽	中	乾	兑	艮	离	坎	坤	震	巽	中
八白星	中	乾	兑	艮	离	坎	坤	震	巽	中	乾	兑
九紫星	乾	兑	艮	离	坎	坤	震	巽	中	乾	兑	艮
飞天德	中	坎	兑	中	坎	乾	中	坎	中	巽	坎	乾
飞月德	巽	坎	兑	中	离	乾	巽	坎	中	震	离	乾
飞天赦	中	坎	离	离	艮	兑	坤	坎	离	乾	中	巽
飞解神	兑	艮	离	坎	艮	震	巽	中	乾	兑	中	乾
壬德星	离	艮	兑	乾	中	中	巽	震	坤	坎	离	艮
癸德星	坎	离	艮	兑	乾	中	中	巽	震	坤	坎	离

（续表）

吉神	正	二	三	四	五	六	七	八	九	十	十一	十二
捉煞帝星	卯	辰	巳	午	未	申	酉	戌	亥	子	丑	寅
	乙	巽	丙	丁	坤	庚	辛	乾	壬	癸	艮	甲
	午	未	申	酉	戌	亥	子	丑	寅	卯	辰	巳
	丁	坤	庚	辛	乾	壬	癸	艮	甲	乙	巽	丙
捉财帝星	酉	戌	亥	子	丑	寅	卯	辰	巳	午	未	申
	辛	乾	壬	癸	艮	甲	乙	巽	丙	丁	坤	庚
	子	丑	寅	卯	辰	巳	午	未	申	酉	戌	亥
	癸	艮	甲	乙	巽	丙	丁	坤	庚	辛	乾	壬
飞天禄	坤	坎	离	艮	兑	乾	中	兑	乾	中	巽	震
飞天马	坤	坎	离	艮	兑	乾	中	兑	乾	中	巽	震
催官使	震	坤	坎	坤	坎	离	震	坤	坎	坤	坎	离
阳贵人	兑	乾	中	巽	震	坤	坎	离	艮	兑	乾	中
阴贵人	坎	离	艮	兑	乾	中	兑	乾	中	巽	震	坤
天寿星	癸丑	震	巽	震	乙辰	离	坤	乙辰	离	坤	兑	乾
天喜星	未	午	巳	辰	卯	寅	丑	子	亥	戌	酉	申
天嗣星	丁未	兑	乾	兑	辛戌	坎	艮	辛戌	坎	艮	震	巽
催官星	丑	未	寅	申	卯	酉	辰	戌	巳	亥	午	子
进禄星	亥壬	巽	坤	壬亥	巽	坤	壬亥	巽	坤	壬亥	巽	坤
天富星	巽	巳丙	离	坤	申庚	兑	乾	癸壬	坎	艮	寅申	震
天财星	坎	艮	巽	离	坤	乾	坎	艮	巽	离	坤	乾

庚午年开山立向修方月家紧要凶神定局

凶神	正	二	三	四	五	六	七	八	九	十	十一	十二
天官符	艮	兑	乾	中	兑	乾	中	巽	震	坤	坎	离
地官符	巽	震	坤	坎	离	艮	兑	乾	中	兑	乾	中
罗天退	离	艮	兑	乾	中	天	天	天	巽	震	坤	坎
小儿煞	中	乾	兑	艮	离	坎	坤	震	巽	中	乾	兑
大月建	艮	兑	乾	中	巽	震	坤	坎	离	艮	乾	兑
正阴府	震	艮巽	乾兑	坤坎	离	震	艮巽	乾兑	坤坎	离	震	艮巽
傍阴府	庚	丙	甲	乙	壬	庚	丙	甲	乙	壬	庚	丙
	亥		丁	癸	寅	亥		丁	癸	寅	亥	
	亥		巳	申	寅	亥		巳	申	寅	亥	
	未	辛	丑	辰	戌	未	辛	丑	辰	戌	未	辛
月克山	乾	乾	震	震	离	离	无克	无克	乾	乾	水	土
	亥	亥	艮	艮	壬	壬	无克	无克	亥	亥	十	三
	兑	兑	艮	艮	丙	丙	无克	无克	兑	兑	十	三
	丁	丁	巳	巳	乙	乙	无克	无克	丁	丁	山	
打头火	离	艮	兑	乾	中	兑	乾	中	巽	震	坤	坎
月游火	坤	震	巽	中	乾	兑	艮	离	坎	坤	震	巽
飞独火	震	坤	坎	离	艮	兑	乾	中	兑	乾	中	巽
顺血刃	巽	中	乾	兑	艮	离	坎	坤	震	巽	中	乾
逆血刃	乾	中	巽	震	坤	坎	离	艮	兑	乾	中	巽

（续表）

凶神	正	二	三	四	五	六	七	八	九	十	十一	十二
月劫煞	亥	申	巳	寅	亥	申	巳	寅	亥	申	巳	寅
月灾煞	子	酉	午	卯	子	酉	午	卯	子	酉	午	卯
月的煞	丑	戌	未	辰	丑	戌	未	辰	丑	戌	未	辰
山朱雀	离	坎坤	巽	乾	艮兑		震离	坎坤	巽	乾	艮兑	
撞命煞	甲	壬	庚	丙	甲	壬	庚	丙	甲	壬	庚	丙
报怨煞	寅	亥	申	巳	寅	亥	申	巳	寅	亥	申	巳
剑锋煞	甲	乙	巽	丙	丁	坤	庚	辛	乾	壬	癸	艮
月入座	亥	子	丑	寅	卯	辰	巳	午	未	申	酉	戌
月崩腾	辛	巳	丙	寅	庚	申	酉	丁	子	丑	坤	乾
流财退	亥	申	巳	寅	卯	午	子	酉	丑	未	辰	戌
丙独火	巽	震	坤	坎	离	艮	兑	乾			巽	震
丁独火		巽	震	坤	坎	离	艮	兑	乾			巽
巡山火	乾	坤	坎	坎	中	震	震	兑	艮	艮	巽	乾
灭门火	辛巳	戊子	癸未	戊寅	乙酉	庚辰	丁亥	壬午	己丑	甲申	己卯	丙戌
祸凶日	丁亥	壬午	己丑	甲申	己卯	丙戌	辛巳	戊子	癸未	戊寅	乙酉	庚辰

（8）辛未年

辛未年，通天窍云木之位，煞在西方申酉戌。忌甲庚乙辛酉向，名坐煞、向煞。四大利宜卯巳乾亥，修造、葬埋，吉。作主宜巳酉丑生人吉利；寅戌生人不利。罗天大退在巽方忌修造、安葬,主冷退损人丁。九良星在天;煞在门并僧堂、社庙。

辛未年二十四山吉凶神煞

壬山○进宝、天定、金轮、宝库、金星、左辅、人道、利道。

    ●头白空、入山空亡。

子山○进宝、天皇、大禄、金轮、岁支德。

    ●无克山、正阴府、金神七煞、千斤血刃、阴中太岁、小耗、净轮煞。

    癸山○玉皇、天皇、库珠、传送、升龙、天乙、贪狼。

    ●克山、傍阴府、山家火血、山家刀砧。

丑山○库珠、传送、玉皇、升龙、天乙、贪狼。

    ●克山、金神七煞、千斤血刃、岁破、蚕官。

艮山○玉皇、天乙、木星、武曲、右弼。

    ●头白空、六十年空、坐山罗睺、打劫血刃、蚕室。

寅山○玉皇、朗耀、龙德、左辅、岁德。

    ●无克山、天官符、金神七煞、隐伏血刃、天太岁。

甲山○河魁、地皇、丰龙、巨门、贪狼、岁天德、岁位德、天道。

    ●坐煞、向煞、刀砧、克山、翎毛禁向。

卯山○河魁、紫檀、荣光、丰龙、武曲、巨门、金匮。

    ●金神七煞、白虎、天命、暗刀煞。

乙山○天帝、太乙、黄罗、贪狼、财库。

    ●傍阴府、坐煞、向煞、天命煞、入山刀砧。

辰山○天皇、天帝、太乙、水轮、巨门、福德。

    ●克山、傍阴府、九天朱雀、入座。

巽山○大吉、神后、天定、太乙、水轮、天福、太阳、武曲。

    ●克山、罗天大退。

巳山○大吉、神后、天定、木乙、水轮、天福、太阳、萃龙、武曲、青龙、华盖、生气、大利。

丙山○进田、天定、太阴、五库、人道、利道、贵人。

    ●浮天空、巡山罗睺、入山空、六害。

午山○天定、进田、太阴、太白、左辅、岁支德。

　　●穿山罗睺、金神七煞、天皇灸退、独火。

丁山○青龙、功曹、天乙、壮龙、左辅、驿马临官。

　　●困龙、天皇灸退、山家火血、刀砧。

未山○玉皇、青龙、功曹、紫檀、天乙、壮龙、左辅。

　　●克山、金神七煞、天禁、朱雀、太岁。

坤山○玉皇、黄罗、天乙、右弼。

　　●克山、正阴府、巡山罗睺、六十年空亡。

申山○天皇、宝台、天乙、太乙、岁天德。

　　●克山、三煞、傍阴府、蚕命、地太岁。

庚山○天罡、紫檀、天定、泰龙、右弼、岁天道。

　　●克山、坐煞、向煞、翎毛、入山刀砧。

酉山○天罡、天定、泰龙、太乙、右弼、贪狼、左辅。

　　●三煞、五鬼、凶皇游。

辛山○天台、水轮、武曲。

　　●克山、坐煞、向煞、钟山血刃、入山刀砧。

戌山○天台、水轮、宝台、左辅、太明。

　　●三煞、克山、隐伏血刃、流财、岁破。

乾山○迎财、胜光、地皇、金轮、右弼、太阳、天魁、宝台、水轮、益龙、天定。

　　● 支神退、逆血刃、破败、五鬼流财。

亥山○迎财、胜光、紫微、紫檀、天魁、宝台、天定、益龙、金轮、太阳、水轮。

　　●地官符。

山　　酉丁乾亥山,变巳丑火运,忌纳音水年月日时.甲寅辰辛申变壬辰水。

龙　　卯艮巳山,变乙未金运,忌纳音火年月日时,巽戌坎庚运忌甲土。

运　　午壬丙乙山,变戊戌木运,忌纳音金年月日时,丑癸坤未山年月日日才。

辛未年开山立向修方月家紧要吉神

吉神	正	二	三	四	五	六	七	八	九	十	十一	十二
天尊星	震	巽	乾	兑	艮	离	坎	坤	震	巽	乾	兑
天帝星	兑	乾	巽	震	坤	坎	离	艮	兑	乾	巽	震
罗天进	天	乾	兑	艮	离	坎	坤	震	巽	中	天	天

	立春	春分	立夏	夏至	立秋	秋分	立冬	冬至
乙奇星	坤	乾	兑	乾	艮	巽	震	巽
丙奇星	震	兑	艮	中	兑	震	坤	中
丁奇星	巽	艮	离	巽	乾	坤	坎	乾

	正	二	三	四	五	六	七	八	九	十	十一	十二
一白星	坎	坤	震	巽	中	乾	兑	艮	离	坎	坤	震
六白星	乾	兑	艮	离	坎	坤	震	巽	中	乾	兑	艮
八白星	艮	离	坎	坤	震	巽	中	乾	兑	艮	离	坎
九紫星	离	坎	坤	震	巽	中	乾	兑	艮	离	坎	坤
飞天德	震	坎	中	巽	坎	中	震	坎	巽	坤	坎	中
飞月德	坤	艮	中	震	兑	中	坤	艮	巽	坎	兑	中
飞天赦	艮	兑	乾	乾	中	坎	艮	兑	乾	震	坤	坎
飞解神	乾	兑	艮	离	坎	坤	震	巽	中	乾	兑	中
壬德星	兑	乾	中	中	巽	震	坤	坎	离	艮	兑	乾
癸德星	艮	乾	兑	中	中	巽	震	坤	坎	离	艮	兑

（续表）

吉神	正	二	三	四	五	六	七	八	九	十	十一	十二
捉煞帝星	卯	辰	巳	午	未	申	酉	戌	亥	子	丑	寅
	乙	巽	丙	丁	坤	庚	辛	乾	壬	癸	艮	甲
	午	未	申	酉	戌	亥	子	丑	寅	卯	辰	巳
	丁	坤	庚	辛	乾	壬	癸	艮	甲	乙	巽	丙
捉财帝星	酉	戌	亥	子	丑	寅	卯	辰	巳	午	未	申
	辛	乾	壬	癸	艮	艮	甲	乙	巽	丙	丁	坤
	子	丑	寅	卯	辰	巳	午	未	申	酉	戌	亥
	癸	艮	甲	乙	巽	丙	丁	坤	庚	辛	乾	壬
飞天禄	震	坤	坎	离	艮	兑	乾	中	兑	乾	中	巽
飞天马	艮	兑	乾	中	兑	乾	中	巽	震	坤	坎	离
催官使	坎	离	艮	兑	离	艮	坎	离	艮	离	艮	兑
阳贵人	中	兑	乾	中	巽	震	坤	坎	离	艮	兑	乾
阴贵人	离	艮	兑	乾	中	兑	乾	中	巽	震	坤	坎
天寿星	丑癸	震	巽	震	辰乙	离	坤	辰乙	离	坤	兑	乾
天喜星	未	午	巳	辰	卯	寅	丑	子	亥	戌	酉	申
天嗣星	未丁	兑	乾	兑	戊辛	坎	艮	戊辛	坎	艮	震	巽
催官星	丑	未	寅	申	卯	酉	辰	戌	巳	亥	午	子
进禄星	坤	壬亥	巽	坤	壬亥	巽	坤	壬亥	巽	坤	壬亥	巽
天富星	巽	丙己	离	坤	庚甲	兑	乾	壬癸	坎	艮	甲寅	震
天财星	坎	艮	巽	离	坤	乾	坎	艮	巽	离	坤	乾

辛未年开山立向修方月家紧要凶神定局

凶神	正	二	三	四	五	六	七	八	九	十	十一	十二
天官符	中	兑	乾	中	巽	震	坤	坎	离	艮	兑	乾
地官符	中	巽	震	坤	坎	离	艮	兑	乾	中	兑	乾
罗天退	坎	离	艮	兑	中	中	天	天	天	巽	震	坤
小儿煞	离	坎	坤	震	巽	中	乾	兑	艮	离	坎	坤
大月建	中	巽	震	坤	坎	离	艮	兑	乾	中	巽	震
正阴府	乾兑	坤坎	离	震	艮巽	乾兑	坤坎	离	震	艮巽	乾兑	坤坎
傍阴府	甲	乙	壬	庚	丙	甲	乙	壬	庚	丙	甲	乙
	丁	癸	寅	亥		丁	癸	寅	亥		丁	癸
	巳	申	寅	亥		巳	申	寅	亥		巳	申
	丑	辰	戌	未	辛	丑	辰	戌	未	辛	丑	辰
月克山	无克	无克	乾	乾	午	午	艮	艮	无克	无克	水	土
	无克	无克	亥	亥	壬	壬	卯	卯	无克	无克	十	三
	无克	无克	兑	兑	丙	丙	卯	卯	无克	无克	十	三
	无克	无克	丁	丁	乙	乙	巳	巳	无克	无克	山	
打头火	乾	中	兑	乾	中	巽	震	坤	坎	离	艮	兑
月游火	坤	震	巽	中	乾	兑	艮	离	坎	坤	震	巽
飞独火	离	艮	兑	乾	中	兑	乾	中	巽	震	坤	坎
顺血刃	坎	坤	震	巽	中	乾	兑	艮	离	坎	坤	震
逆血刃	震	坤	坎	离	艮	兑	乾	中	巽	震	坤	坎

（续表）

凶神	正	二	三	四	五	六	七	八	九	十	十一	十二
月劫煞	亥	申	巳	寅	亥	申	巳	寅	亥	申	巳	寅
月灾煞	子	酉	午	卯	子	酉	午	卯	子	酉	午	卯
月的煞	丑	戌	未	辰	丑	戌	未	辰	丑	戌	未	辰
山朱雀	离	坤坎	巽	乾	兑艮	离震	坤	坎	巽	乾	兑艮	
撞命煞	甲	壬	庚	丙	甲	壬	庚	丙	甲	壬	庚	丙
报怨煞	寅	亥	申	巳	寅	亥	申	巳	寅	亥	申	巳
剑锋煞	甲	乙	巽	丙	丁	坤	庚	辛	乾	壬	癸	艮
月入座	亥	子	丑	寅	卯	辰	巳	午	未	申	酉	戌
月崩腾	辛	巳	丙	寅	庚	甲	酉	丁	子	丑	坤	乾
流财退	亥	申	巳	寅	卯	午	子	酉	丑	未	辰	戌
丙独火	坤	坎	离	艮	兑	乾			巽	震	坤	坎
丁独火	震	坤	坎	离	艮	兑	乾			巽	震	坤
巡山火	乾	坤	坎	坎	中	震	震	兑	艮	艮	巽	乾
灭门火	巽巳	庚子	乙未	庚寅	丁酉	壬辰	己亥	甲午	辛丑	丙申	辛卯	戊寅
祸凶日	己亥	甲午	辛丑	丙申	辛卯	戊戌	癸巳	庚子	乙未	庚寅	丁酉	壬辰

（9）壬申年

　　壬申年，通天窍云水之位，煞在南方巳午未。忌丙壬丁癸四向，名坐煞、向煞。四大利宜乙辛坤艮丑申，修造、埋葬，吉。作主宜申子辰巳酉丑生命，吉;寅午人,不用。罗天大退在酉山方忌修造、安葬,主退财损丁。九良星占桥并路、门;煞在宫庭北方。

壬申年二十四山吉凶神煞

壬山○传送、天魁、益龙、右弼、武曲。

　　　　●傍阴府、坐煞、向煞、六十年空亡、翎毛禁向、入山刀砧。

子山○传送、紫微、天皇、天魁、益龙、右弼、天德合、岁位合。

　　　　●地官符、流财。

癸山○天皇、天定、金轮、金星、贪狼、岁天德、岁天道、人道。

　　　　●坐煞、向煞、头白空亡、翎毛禁向、入山刀砧。

丑山○天定、金轮、金星、左辅、岁支德、人仓。

　　　　●小耗、流财煞、利方。

艮山○大吉、河魁、宝台、太乙、水轮、金星、升龙、太阳、左辅。

　　　　●支神退、小利方。

寅山○大吉、河魁、太乙、升龙、宝台、水轮、太阳、水星。

　　　　●傍阴府、金神七煞、大耗、岁破。

甲山○进田、地皇、贵人、右弼、驿马。

　　　　●浮天空亡、入山空、逆血刃、山家火血、六害。

卯山○进田、紫檀、宝台、龙德、右弼、武库。

　　　　●皇天灸退、金神七煞、蚕命。

乙山○青龙、神后、黄罗、丰龙、水龙、贪狼、右弼、天道、驿马。

　　　　●皇天灸退。

辰山○青龙、神后、天皇、丰龙、贪狼。

　　　　●穿山罗睺、白虎煞、蚕官。

巽山○天帝、天乙、左辅、玉皇。

　　　　●困龙、蚕室、破败、五鬼。

巳山○玉皇、天帝、福德、天乙、天道、驿马。

　　　　●三煞、天禁、朱雀、入座。

丙山○功曹、天定、天福、萃龙、巨门、利道。

　　　　●坐煞、向煞、六十年空、翎毛、入山刀砧;

午山○功曹、天乙、天定、天福、巨门、青龙、华盖。

●三煞、正阴府、独火。

丁山○太阴、五库、左辅、武曲、岁天道、月德合、人道、天定。

　　●克山、坐煞、向煞、翎毛禁向、头白空、冬至后克山。

未山○紫檀、天定、太阴。

　　●三煞、岁破、地太岁

坤山○迎财、天罡、黄罗、水轮、太乙、壮龙、武曲、太阴。

　　●支神退、小利方。

申山○迎财、天罡、天皇、荣光、太乙、太阳、壮龙、武曲。

　　●太岁、堆黄、五鬼、利方。

庚山○进宝、紫檀、宝库、驿马。

　　●入山空亡、山家火血。

酉山○进宝、朗耀、太阳、巨门、贵人。

　　●罗天大退、冬至后克山家。

辛山○库珠、胜光、天乙、泰龙、天禄、左辅、天道、驿马。

　　●巡山罗睺、大利方。

戌山○库珠、胜光、天乙、泰龙、左辅。

　　●傍阴府、金神七煞、天命煞。

乾山○玉皇、地皇、太乙、天台、木星。

　　●冬至后克山、头白空、隐伏血刃、打劫血刃、天命煞。

亥山○玉皇、紫檀、天台、天乙、太阴。

　　●天官符、金神七煞、隐伏血刃、干斤血刃、天命煞、阴中太岁、冬至后克山。

山　　酉丁乾亥山,变辛丑土运,忌纳音木年月日时,甲寅辰巽变甲辰火。

龙　　卯艮巳山,变丁未水运,忌纳音土年月日时,戌坎辛庚申运忌用水。

运　　午壬丙乙山,变庚戌金运,忌纳音火年月日时。丑癸坤未年月日时。

535

壬申年开山立向修方月家紧要吉神

吉神	正	二	三	四	五	六	七	八	九	十	十一	十二
天尊星	艮	离	坎	坤	震	巽	乾	兑	艮	离	坎	坤
天帝星	坤	坎	离	艮	兑	乾	巽	震	坤	坎	离	艮
罗天进	天	天	乾	兑	艮	离	坎	坤	震	巽	中	天

	立春	春分	立夏	夏至	立秋	秋分	立冬	冬至
乙奇星	坎	中	乾	兑	离	中	巽	震
丙奇星	坤	乾	兑	乾	艮	巽	震	巽
丁奇星	震	兑	艮	中	兑	震	坤	申

吉神	正	二	三	四	五	六	七	八	九	十	十一	十二
一白星	巽	中	乾	兑	艮	离	坎	坤	震	巽	中	乾
六白星	坎	坤	震	震	中	乾	兑	艮	离	坎	坤	震
八白星	离	坤	震	巽	中	乾	兑	艮	离	坎	坤	震
九紫星	震	巽	中	乾	兑	艮	离	坎	坤	震	巽	中
飞天德	坎	坎	巽	坤	坎	震	坎	坎	坤	离	坎	震
飞月德	离	乾	巽	坎	中	震	离	乾	坤	艮	中	震
飞天赦	中	巽	震	离	艮	兑	中	坎	离	离	艮	兑
飞解神	中	乾	兑	艮	离	坎	坤	震	巽	中	乾	兑
壬德星	中	中	巽	震	坤	坎	离	艮	兑	乾	中	中
癸德星	乾	中	中	巽	震	坤	坎	离	艮	兑	乾	中

（续表）

吉神	正	二	三	四	五	六	七	八	九	十	十一	十二
捉煞帝星	卯	辰	巳	午	未	申	酉	戌	亥	子	丑	寅
	乙	巽	丙	丁	坤	庚	辛	乾	壬	癸	艮	甲
	午	未	申	酉	戌	亥	子	丑	寅	卯	辰	巳
	丁	坤	庚	辛	乾	壬	癸	艮	甲	乙	巽	丙
捉财帝星	酉	戌	亥	子	丑	寅	卯	辰	巳	午	未	申
	辛	乾	壬	癸	艮	甲	乙	巽	丙	丁	坤	庚
	子	丑	寅	卯	辰	巳	午	未	申	酉	戌	亥
	癸	艮	甲	乙	巽	丙	子	坤	庚	辛	乾	壬
飞天禄	中	巽	震	坤	坎	离	艮	兑	乾	中	兑	乾
飞天马	中	兑	乾	中	巽	震	坤	坎	离	艮	兑	乾
催官使	艮	兑	乾	兑	乾	中	艮	兑	乾	兑	乾	中
阳贵人	乾	中	兑	乾	中	巽	震	坤	坎	离	艮	兑
阴贵人	艮	兑	乾	中	兑	乾	中	巽	震	坤	坎	离
天寿星	丑癸	震	巽	震	辰乙	离	坤	辰乙	离	坤	兑	乾
天喜星	未	午	巳	辰	卯	寅	丑	子	亥	戌	酉	申
天嗣星	未丁	兑	乾	戌辛	坎	艮	戌辛	坎	艮	震	巽	艮
催官星	丑	未	寅	申	卯	酉	辰	戌	巳	亥	午	子
进禄星	坤	壬亥	巽	坤	壬亥	巽	坤	壬亥	巽	坤	壬亥	巽
天富星	巽	丙巳	离	坤	庚申	兑	乾	壬癸	坎	艮	申寅	震
天财星	坎	艮	巽	离	坤	乾	坎	艮	巽	离	坤	乾

壬申年开山立向修方月家紧要凶神定局

凶神	正	二	三	四	五	六	七	八	九	十	十一	十二
天官符	中	巽	震	坤	坎	离	艮	兑	乾	中	兑	乾
地官符	乾	中	巽	震	坤	坎	离	艮	兑	乾	中	巽
罗天退	坤	坎	离	艮	兑	乾	中	天	天	天	巽	震
小儿煞	中	乾	兑	艮	离	坎	坤	震	巽	中	乾	兑
大月建	坤	坎	离	艮	兑	乾	中	巽	震	坤	坎	离
正阴府	离	震	艮巽	乾兑	坤坎	离	震	艮巽	乾兑	坤坎	离	震
傍阴府	壬	庚	丙	甲	乙	壬	庚	丙	甲	乙	壬	庚
	寅	亥		丁	癸	寅	亥		丁	癸	寅	亥
	寅	亥		巳	申	寅	亥		巳	申	寅	亥
	戌	未	辛	丑	辰	戌	未	辛	丑	辰	戌	未
月克山	无克	无克	离	离	水	土	震	震	无克	无克	乾	冬至
	无克	无克	壬	壬	十	三	艮	艮	无克	无克	亥	后
	无克	无克	丙	丙	十	三	艮	艮	无克	无克		克
	无克	无克	乙	乙	山		巳	巳	无克	无克	丁	十三山
打头火	乾	中	巽	震	坤	坎	离	艮	兑	乾	中	兑
月游火	兑	艮	离	坎	坤	震	巽	中	乾	兑	艮	离
飞独火	乾	中	兑	乾	中	巽	震	坤	坎	离	艮	兑
顺血刃	震	巽	中	乾	兑	艮	离	坎	坤	震	巽	中
逆血刃	中	巽	震	坤	坎	离	艮	兑	乾	中	巽	震

（续表）

凶神	正	二	三	四	五	六	七	八	九	十	十一	十二
月劫煞	亥	申	巳	寅	亥	申	巳	寅	亥	申	巳	寅
月灾煞	子	酉	午	卯	子	酉	午	卯	子	酉	午	卯
月的煞	丑	戌	未	辰	丑	戌	未	辰	丑	戌	未	辰
山朱雀	离	坤坎	巽	乾	艮兑		离震	坤坎	巽	乾	艮兑	
撞命煞	甲	壬	庚	丙	甲	壬	庚	丙	甲	壬	庚	丙
报怨煞	寅	亥	申	巳	寅	亥	申	巳	寅	亥	申	
剑锋煞	甲	乙	巽	丙	丁	坤	庚	辛	乾	壬	癸	艮
月入座	亥	子	丑	寅	卯	辰	巳	午	未	申	酉	戌
月崩腾	辛	巳	丙	寅	庚	甲	酉	丁	子	丑	坤	乾
流财退	亥	申	己	寅	卯	午	酉	子	丑	未	辰	戌
内独火	离	艮	兑	乾			巽	震	坤	坎	离	艮
丁独火	坎	离	艮	兑	乾			巽	震	坤	坎	离
巡山火	乾	坤	坎	中	震	震	兑	艮	艮	巽	乾	巽
灭门火	乙巳	壬子	丁未	壬寅	己酉	甲辰	辛亥	丙午	癸丑	戊申	癸卯	庚戌
祸凶日	辛亥	丙午	癸丑	戊申	癸卯	庚戌	乙巳	壬子	丁未	壬寅	己酉	甲辰

（10）癸酉年

癸酉年，通天窍云金之位，煞在东方寅卯辰。忌甲庚乙辛四向，名曰坐煞、向煞。四大利宜壬丙艮巽子午方，修造、安葬，吉。造主宜申子辰巳丑生命,吉;卯酉生人,不用。罗天退占酉向,忌修造、埋葬,主退财。九良星占道观;煞在寺观、神庙及南方后门。

癸酉年二十四山吉凶神煞

壬山○玉皇、进田、黄罗、天乙、天台、木星、贵人、右弼、驿马
　　　●翎毛禁向、大利方。

子山○进田、玉皇、地皇睺、天台、天乙、紫微、武曲、木星、太阴。
　　　●天皇炙退、坐山罗日睺、金神七煞。

癸山○青龙、河魁、天魁、益龙、左辅、利道、天乙、地皇、巨门、右弼
　　　●天皇炙退、六十年空亡。

丑山○青龙、河魁、天魁、益龙、左辅、岁位合。
　　　●地官符、金神七煞、隐伏血刃。

艮山○紫檀、天定、金轮、金星、巨门、岁天道、人道、岁天德。
　　　●支神退、破败、五鬼,小利。

寅山○黄罗、太乙、天定、金轮、金星、岁支德。
　　　●三煞、穿山罗睺、小耗劫煞。

甲山○神后、天皇、宝台、升龙、天定、水轮、水星、右弼。
　　　●坐山困龙、入山刀砧。

卯山○神后、天定、升龙、右弼、宝台、水轮、水星。
　　　●正阴府、三煞、头白空、天禁、朱雀、隐伏血刃、岁破。

乙山○贪狼、右弼、月德合。
　　　●浮天空、头白空、入山空、坐煞山家火血、刃砧、升玄燥火。

辰山○地皇、龙德、巨门、左辅、岁支合。
　　　●三煞、岁煞、蚕官、蚕命。

巽山○迎财、功曹、丰龙、太阳、右弼、武库、天道、福寿、六白。
　　　●蚕室、大利方。

巳山○迎财、功曹、丰龙、太阳。
　　　●白虎煞、天命煞、千斤血刃、地太岁。

丙山○玉皇、进宝、天帝、天乙、紫檀、驿马临官。
　　　●(无凶煞)大利方。

午山○天帝、玉皇、黄罗、天乙、福德、左辅。

    ●入座、九天朱雀、天命煞、将军箭。

丁山○库珠、天罡、天乙、天福、萃龙、贪狼。

    ●克山、六十年空亡、逆血刃。

未山○库珠、天罡、天福、天乙、萃龙、贪狼、青龙、华盖。

    ●傍阴府、金神七煞、流财、天命煞、田官符。

坤山○天定、太阴、五库、太白、天道、人道。

    ●独火、支神退、打劫血刃。

申山○地皇、天定、荣光、太阴、贪狼。

    ●天官符、金神七煞、流财煞、天太岁。

庚山○胜光、太乙、水轮、壮龙、巨门、太阳、岁位德。

    ●傍阴府、向煞、翎毛禁向。

酉山○胜光、明耀、壮龙、水轮、巨门、太阳。

    ●克山、太岁、金神、岁刑、罗天大退。

辛山○才库、武曲。

    ●头白空、入山空亡、向煞、山家火血、入山刀砧。

戌山○黄罗、太阳、金库、天贵、太阳。

    ●阴中太岁、升玄燥火。

乾山○大吉、传送、天皇、太乙、巨门、武曲、贵人。

    ●克山、巡山罗睺。

亥山○大吉、传送、泰龙、太乙、武曲、天德合、支德合。

    ●傍阴府、太岁。

山   酉丁乾亥山，变癸丑木运，忌纳音金年月日时，甲寅辰巽申变丙
       辰土。

龙   卯艮巳山，变巳未火运，忌纳音水年月日时，戌坎辛庚运忌用木。

运   午壬丙乙山，变壬戌水运，忌纳音土年月日时，丑癸坤未年月
       日时。

癸酉年开山立向修方月家紧要吉神定局

吉神	正	二	三	四	五	六	七	八	九	十	十一	十二
天尊星	艮	离	坎	坤	震	巽	乾	兑	艮	离	坎	坤
天帝星	坤	坎	离	艮	兑	乾	巽	震	坤	坎	离	艮
罗天退	天	天	天	乾	兑	艮	离	坎	坤	震	巽	中

	立春	春分	立夏	夏至	立秋	秋分	立冬	冬至
乙奇星	离	巽	中	艮	坎	乾	中	坤
丙奇星	坎	中	乾	兑	离	中	巽	震
丁奇星	坤	乾	兑	乾	艮	巽	震	巽

吉神	正	二	三	四	五	六	七	八	九	十	十一	十二
一白星	兑	艮	离	坎	坤	震	巽	中	乾	兑	震	离
六白星	震	巽	中	乾	兑	艮	离	坎	坤	震	巽	中
八白星	中	乾	兑	艮	离	坎	坤	震	巽	中	乾	兑
九紫星	乾	兑	艮	离	坎	坤	震	巽	中	乾	兑	艮
飞天德	艮	坎	坤	离	坎	坎	艮	坎	离	兑	坎	坎
飞月德	兑	中	坤	艮	巽	坎	兑	中	离	乾	巽	坎
飞天赦	坤	坎	离	乾	中	巽	艮	兑	乾	乾	中	坎
飞解神	巽	中	乾	兑	艮	离	坎	坤	震	巽	中	乾
壬德星	巽	震	坤	坎	离	艮	兑	乾	中	中	巽	震
癸德星	中	巽	震	坤	坎	离	艮	兑	乾	中	中	巽

（续表）

吉神	正	二	三	四	五	六	七	八	九	十	十一	十二
捉煞帝星	卯	辰	巳	午	未	申	酉	戌	亥	子	丑	寅
	乙	巽	丙	丁	坤	庚	辛	乾	壬	癸	艮	甲
	午	未	申	酉	戌	亥	子	丑	寅	卯	辰	巳
	丁	坤	庚	辛	乾	壬	癸	艮	甲	乙	巽	丙
捉财帝星	酉	戌	亥	子	丑	寅	卯	辰	巳	午	未	寅
	辛	乾	壬	癸	艮	甲	乙	巽	丙	丁	坤	庚
	子	丑	寅	卯	辰	巳	午	未	申	酉	戌	亥
	癸	艮	甲	乙	癸	丙	丁	坤	庚	辛	乾	壬
飞天禄	乾	中	巽	震	坤	坎	离	艮	兑	乾	中	中
飞天马	中	巽	震	坤	坎	离	艮	兑	乾	中	兑	乾
催官使	乾	中	中	中	中	巽	乾	中	中	中	中	巽
阳贵人	艮	兑	乾	中	兑	乾	中	巽	震	坤	坎	离
阴贵人	乾	中	兑	乾	中	巽	震	坤	坎	离	兑	兑
天寿星	九癸	震	巽	震	辰乙	离	坤	辰乙	离	坤	兑	乾
天喜星	未	午	巳	辰	卯	寅	丑	子	亥	戌	酉	申
天嗣星	未丁	兑	乾	兑	戌辛	坎	艮	戌辛	坎	艮	震	巽
催官星	丑	未	寅	申	卯	酉	辰	戌	巳	亥	午	子
进禄星	坤	壬亥	巽	坤	壬亥	巽	坤	壬亥	巽	坤	壬亥	巽
天富星	巽	丙巳	离	坤	庚申	兑	乾	壬癸	坎	艮	申寅	震
天财星	坎	艮	巽	离	坤	乾	坎	艮	巽	离	坤	乾

癸酉年开山立向修方月家紧要凶神定局

凶神	正	二	三	四	五	六	七	八	九	十	十一	十二
天官符	坤	坎	离	艮	兑	乾	中	兑	乾	中	巽	震
地官符	兑	乾	中	巽	震	坤	坎	离	艮	兑	乾	中
罗天退	震	坤	坎	离	艮	兑	乾	中	天	天	天	巽
小儿煞	离	坎	坤	震	巽	中	乾	兑	艮	离	坎	坤
大月建	艮	兑	乾	中	巽	震	坤	坎	离	艮	兑	乾
正阴府	艮巽	乾兑	坤坎	离	震	艮巽	乾兑	坤坎	艮	震	艮巽	乾兑
傍阴府	丙	甲	申	壬	庚	丙	甲	申	壬	庚	丙	甲
		丁	癸	寅	亥		丁	癸	寅	亥		丁
		巳	己	寅	亥		巳	己	寅	亥		巳
	辛	丑	辰	戌	未	辛	丑	辰	戌	未	辛	丑
月克山	艮	震	离	离	无克	无克	十	三	震	巳	无克	无克
	震	艮	壬	壬	无克	无克	十	三	震	巳	无克	无克
	震	艮	丙	丙	无克	无克	十	三	震	巳	无克	无克
	巳	巳	乙	乙	无克	无克	山		巳	震	无克	无克
打头火	震	坤	坎	离	艮	兑	乾	中	兑	乾	中	巽
月游火	乾	兑	艮	离	坎	坤	震	巽	中	乾	兑	艮
飞独火	乾	中	巽	震	坤	坎	离	艮	兑	乾	中	兑
顺血刃	离	坎	坤	震	巽	中	乾	兑	艮	离	坎	坤
逆血刃	坤	坎	离	震	兑	乾	中	巽	震	坤	离	坎

（续表）

凶神	正	二	三	四	五	六	七	八	九	十	十一	十二
月劫煞	亥	申	巳	寅	亥	申	巳	寅	亥	申	巳	寅
月灾煞	子	酉	午	卯	子	酉	午	卯	子	酉	午	卯
月的煞	丑	戌	未	辰	丑	戌	未	辰	丑	戌	未	辰
山朱雀	离	坤坎	巽	乾	兑艮		离震	坤坎	巽	乾	兑艮	
撞命煞	甲	壬	庚	丙	甲	壬	庚	丙	甲	壬	庚	丙
报怨煞	寅	亥	申	巳	寅	亥	申	巳	寅	亥	申	巳
剑锋煞	甲	乙	巽	丙	丁	坤	庚	辛	乾	壬	癸	艮
月入座	亥	子	丑	寅	卯	辰	巳	午	未	申	酉	戌
月崩腾	辛	巳	丙	寅	庚	甲	丙	丁	子	丑	坤	乾
流财退	亥	申	巳	寅	卯	午	子	酉	丑	未	戌	辰
丙独火	兑	乾			巽	震	坤	坎	离	艮	兑	乾
丁独火	艮	兑	乾			巽	震	坤	坎	离	艮	兑
巡山火	乾	坤	坎	坎	中	卯	卯	酉	艮	艮	巽	乾
灭门火	丁巳	甲子	己未	甲寅	辛酉	丙辰	癸亥	戊午	乙丑	庚申	乙卯	壬戌
祸凶日	癸亥	戊午	乙巳	庚申	乙卯	壬戌	丁巳	甲子	戊未	甲寅	辛酉	丙辰

（11）甲戌年

甲戌年,通天窍云火之位,煞在北方亥子丑。忌壬丙丁癸四向,名坐煞、向煞。四大利宜甲庚乙坤辰卯申山,造、葬,吉。作主宜申子辰生命,吉;丑未生,不可用。罗天退在子,忌修造、安葬,主退财损丁。九良星占僧堂、城隍、社庙;煞在庙堂及北方。

甲戌年二十四山吉凶神煞

壬山○河魁、天定、地皇、壮龙、武曲、威天道。

●坐煞、向煞、山家火血、山家刀砧、浮天空亡、头白空亡、入山空亡。

子山○黄罗、河魁、紫微、天定、壮龙、武曲。

●三煞、罗天大退、蚕命。

癸山○玉皇、天定、黄罗、天乙、武曲、木星。

●坐煞、巡山罗睺、入山刀砧。

丑山○玉皇、紫檀、天台、太乙、太阴、水星。

●三煞、九天朱雀、暗刀、天命煞。

艮山○迎财、神后、元辅、武曲、天魁、太龙、房星。

●正阴府、土皇煞。

寅山○迎财、神后、地皇、天乙、天魁、泰龙、岁位合。

●地官符、千斤血刃。

甲山○进宝、天定、金轮、金星、宝库、左辅、人道、利道、驿马临官。

●大利方。

卯山○进宝、天定、宝台、金轮、金星、天禄、巨门、岁支德、岁支合。

●小利方。

乙山○库珠、功曹、天皇、宝台、天乙、木轮、水星、益龙、天禄、驿马。

●大利方。

辰山○库珠、功曹、天乙、黄罗、益龙、右弼、宝库。

●岁破、蚕官。

巽山○贪狼。

●正阴府、六十年空亡、坐山罗睺、隐伏血刃、五鬼。

巳山○紫檀、贪狼、龙德、武库、岁德。

●天官符、天太岁、蚕室。

丙山○天罡、太阳、升龙、岁天德。

●傍阴府、头白空、入山空、山家火血、坐煞、向煞、山家刀砧、入山刀砧。

午山○天罡、太乙、地皇、升龙、太阳、武曲、金匮、贪狼。

　　●金神七煞、支神退、头白空、白虎煞、打煞血刃、五鬼。

丁山○玉皇、天帝、天乙、紫檀。

　　●克山、向煞、入山刀砧。

未山○天帝、玉皇、天乙、福德、人仓。

　　●金神七煞、入座、流财、田官符、岁刑。

坤山○大吉、胜光、天皇、天福、丰龙、贪狼、左辅、五库。

　　●利方。

申山○大吉、胜光、天福、黄罗、荣光、太乙、丰龙、贪狼、五库。

　　●千斤血刃、金神七煞、流财。利方

庚山○进田、天定、太阴、五库、太白、人道、利道、巨门。

　　●翎毛禁向、六害。

酉山○进田、天定、太阴、紫檀、朗耀、太白。

　　●克山、天皇灸退、金神七煞、阴中煞。

辛山○青龙、传送、水轮、辛龙、太乙、太阳、巨门。

　　●傍阴府、天皇灸退、翎毛禁向。

戌山○青龙、传造、地皇、水轮、太乙、太阳、萃龙、巨门。

　　●穿山罗睺、太岁、堆黄煞。

乾山○贪狼、左辅。

　　●克山、困龙、独火、六十年空、逆血刃、隐伏血刃。

亥山○太阳、贵人、巨门。

　　●三煞、克山、天禁、朱雀、劫煞。

山　　酉丁乾亥山,变乙丑金运,忌纳音火年月日时,申巽辛癸甲变戊辰
　　　　木运。

龙　　卯艮巳山,变辛未土运,忌纳音木年月日时,寅戌申庚忌用纳
　　　　音金。

运　　午壬丙乙山,变甲戌火运,忌纳音水年月日时,辰坎丑未山年月
　　　　日时。

甲戌年开山立向修方月家紧要吉神

吉神	正	二	三	四	五	六	七	八	九	十	十一	十二
天尊星	辰	离	坎	坤	震	巽	乾	兑	艮	离	坎	坤
天帝星	坤	坎	离	艮	兑	乾	巽	震	坤	坎	离	艮
罗天进	中	天	天	天	乾	兑	艮	离	坎	坤	震	巽

	立春	春分	立夏	夏至	立秋	秋分	立冬	冬至
乙奇星	离	巽	中	艮	坎	乾	中	坤
丙奇星	离	巽	中	艮	坎	乾	中	坤
丁奇星	坎	中	乾	兑	离	中	巽	震

吉神	正	二	三	四	五	六	七	八	九	十	十一	十二
一白星	坎	坤	震	巽	中	乾	兑	艮	离	坎	坤	震
六白星	乾	兑	艮	离	坎	坤	震	巽	中	乾	兑	艮
八白星	艮	离	坎	坤	震	巽	中	乾	艮	震	离	坎
九紫星	离	坎	坤	震	巽	中	乾	兑	艮	离	坎	坤
飞天德	乾	坎	离	兑	坎	艮	乾	坎	兑	中	坎	艮
飞月德	中	震	离	乾	坤	艮	中	震	兑	中	坤	艮
飞天赦	艮	兑	乾	震	坤	坎	中	巽	震	离	艮	兑
飞解神	乾	兑	中	乾	兑	艮	离	坎	坤	震	巽	中
壬德星	坤	坎	离	艮	兑	乾	中	中	巽	震	坤	坎
癸德星	震	坤	坎	离	艮	兑	乾	中	中	巽	震	坤

（续表）

吉神	正	二	三	四	五	六	七	八	九	十	十一	十二
捉煞帝星	卯	辰	巳	午	未	申	酉	戌	亥	子	丑	寅
	乙	巽	丙	丁	坤	庚	辛	乾	壬	癸	艮	甲
	午	未	申	酉	戌	亥	子	丑	寅	卯	辰	巳
	壬	坤	庚	辛	乾	壬	癸	艮	甲	乙	巽	丙
捉财帝星	酉	戌	亥	子	丑	寅	卯	辰	巳	午	未	申
	辛	乾	壬	癸	艮	甲	乙	巽	丙	丁	坤	庚
	子	丑	寅	卯	辰	巳	午	未	申	酉	戌	亥
	癸	艮	甲	乙	巽	丙	丁	坤	庚	辛	乾	壬
飞天禄	中	兑	乾	中	巽	震	坤	坎	离	艮	兑	乾
飞天马	坤	坎	离	艮	兑	乾	中	兑	乾	中	巽	震
催官使	中	巽	震	巽	震	坤	中	巽	震	巽	震	坤
阳贵人	坎	离	艮	兑	乾	中	兑	乾	中	巽	震	坤
阴贵人	兑	乾	中	巽	震	坤	坎	离	艮	兑	乾	中
天寿星	丑癸	震	巽	震	辰乙	离	坤	辰乙	离	坤	兑	乾
天喜星	未	午	巳	辰	卯	寅	丑	子	亥	戌	酉	申
天嗣星	未丁	兑	乾	兑	戌辛	坎	艮	戌辛	坎	艮	震	巽
催官星	丑	未	寅	申	卯	酉	辰	戌	巳	亥	午	子
进禄星	坤	壬亥	巽	坤	壬亥	巽	坤	壬亥	巽	坤	壬亥	巽
天富星	巽	丙巳	离	坤	寅申	兑	乾	壬癸	坎	艮	申寅	震
天财星	坎	艮	巽	离	坤	乾	坎	艮	巽	离	坤	乾

甲戌年开山立向修方月家紧要凶神定局

凶神	正	二	三	四	五	六	七	八	九	十	十一	十二
天官符	艮	兑	乾	中	兑	乾	中	巽	震	坤	坎	离
地官符	中	兑	乾	中	巽	震	坤	坎	离	艮	兑	乾
罗天退	巽	震	坤	坎	离	艮	兑	乾	中	天	天	天
小儿煞	中	乾	兑	艮	离	坎	坤	震	巽	中	乾	兑
大月建	艮	兑	乾	中	巽	震	坤	坎	离	艮	兑	乾
正阴府	坤坎	离	震	艮巽	乾兑	坤坎	离	震	艮巽	乾兑	坤坎	离
傍阴府	乙癸甲辰	壬寅寅戌	庚亥亥未	丙辛	甲丁巳丑	乙癸申辰	壬寅寅戌	庚亥亥未	丙丁巳丑	甲乙巳辰	乙寅申戌	壬寅寅戌
月克山	乾亥兑丁	乾亥兑丁	震艮艮巳	震艮艮巳	无克 无克 无克 无克	无克 无克 无克 无克	水土十三山	水土十三山	乾亥丁兑	乾亥丁兑	离壬丙乙	离壬丙乙
打头火	离	艮	兑	乾	中	兑	乾	中	巽	震	坤	坎
月游火	乾	兑	艮	离	坎	坤	震	巽	中	乾	兑	艮
飞独火	震	坤	坎	离	艮	兑	乾	中	兑	乾	中	巽
顺血刃	兑	艮	离	坎	坤	震	巽	中	乾	兑	艮	离
逆血刃	离	艮	兑	乾	中	巽	震	坤	坎	离	艮	兑

（续表）

凶神	正	二	三	四	五	六	七	八	九	十	十一	十二
月劫煞	亥	申	巳	寅	亥	申	巳	寅	亥	申	巳	寅
月灾煞	子	酉	午	卯	子	酉	午	卯	子	酉	午	卯
月的煞	丑	戌	未	辰	丑	戌	未	辰	丑	戌	未	辰
山朱雀	离	坤坎	巽	乾	艮兑		离震	坤坎	巽	乾	艮兑	
撞命煞	甲	壬	庚	丙	甲	壬	庚	丙	甲	壬	庚	丙
报怨煞	寅	亥	申	巳	寅	亥	申	巳	寅	亥	申	巳
剑锋煞	甲	乙	巽	丙	丁	坤	庚	辛	乾	壬	癸	艮
月入座	亥	子	丑	寅	卯	辰	巳	午	未	申	酉	戌
月崩腾	辛	巳	丙	寅	庚	甲	酉	丁	子	丑	坤	乾
流财退	亥	申	巳	寅	卯	午	子	酉	丑	未	辰	戌
丙独火	乾		巽	震	坤	坎	离	艮	兑	乾		
丁独火	乾			巽	震	坤	坎	离	艮	兑	乾	
巡山火	乾	坤	坎	坎	中	卯	卯	酉	艮	艮	巽	乾
灭门火	己巳	丙子	辛未	丙寅	癸酉	戊辰	乙亥	庚午	丁丑	壬申	丁卯	甲戌
祸凶日	乙亥	庚午	丁丑	壬申	丁卯	甲戌	己巳	丙子	辛未	丙寅	癸酉	戊辰

（12）乙亥年

乙亥年，通天窍云木之位，煞在西方申酉戌。忌甲庚乙辛四向，名坐煞、向煞。四大利宜壬艮丙午方，修造、安葬，吉。造主宜申子辰卯未生命，吉；忌

巳亥生人,不用。罗天退在卯山,忌修造、埋葬,主退财凶。九良星占船;煞在
厅及寺观并巳方。

乙亥年二十四山吉凶神煞

壬山○进宝、地皇、太乙、宝库、贪狼、驿马。

●翎毛禁向。

子山○进宝、黄罗、水轮、太乙、左辅、太阳、贵人。

●克山、头白空亡、隐伏血刃。

癸山○库珠、神后、天定、天乙、水轮、壮龙、黄罗、武曲。

●克山、浮天空、头白空、入山空、山家火血、刀砧。

丑山○库珠、神后、紫檀、天定、太乙、太阳、壮龙、天乙、武曲。

●克山、傍阴府。

艮山○天台、天定、太阴、武曲、贪狼。

●五鬼、土皇煞。

寅山○天定、天台、地皇、朗耀、太阴、武曲。

●克山、天官符、千斤血刃。

甲山○功曹、天乙、天魁、泰龙、左辅、岁位德、利道。

●克山、傍阴府、六十年空、入山刀砧。

卯山○玉皇、功曹、天魁、天乙、泰龙、荣光、贪狼、左辅。

●正阴府、地官符、罗天退。

乙山○玉皇、天皇、天乙、五库、岁天德、天道、人道。

●向煞。

辰山○黄罗、天乙、金库。

●克山、金神七煞、千斤血刃、小耗。

巽山○大吉、天罡、天乙、益龙、巨门、右弼。

●克山、打劫血刃。

巳山○大吉、天罡、天乙、紫檀、益龙、右弼。

●阴府、金神七煞、岁破、大耗。

丙山○进田、水轮、贵人、贪狼、右弼。

●翎毛禁向、六害。

午山○进田、地皇、宝台、水轮、龙德。

●皇天灸退、支神退。

丁山○青龙、胜光、紫檀、龙、宝台、金轮、水轮、太阳。

　　●傍阴府、皇天灸退、血刃、浮天空、头白空、入山。

未山○青龙、胜光、天定、金轮、水轮、升龙、太阳。

　　●无克山、隐伏血刃、暗刀煞、流财煞、白虎煞、天命煞、蚕官。

坤山○天皇、天帝、天定、金轮、金星、右弼、巨门。

　　●克山、天命煞、蚕官。

申山○天帝、黄罗、金轮、金星、福德。

　　●三煞、克山、穿山罗睺、阴中煞、流财、入座、天命杀。

庚山○玉皇、天福、丰龙、天定、贪狼。

　　●无克山、困龙、坐煞、巡山罗睺、六十年空亡。

酉山○传送、紫檀、天定、太乙、天乙、玉皇、天福、丰龙、贪狼。

　　●三煞、正阴府、天禁朱雀、蚕官。

辛山○玉皇、天乙、木星、星宿、巨门。

　　●克山、坐煞。

戌山○玉皇、地皇、天乙、木星。

　　●三煞、克山。

乾山○迎财、河魁、萃龙、巨门、武曲。

　　●正阴府、太岁。

亥山○迎财、河魁、萃龙、巨门、紫微銮驾。

　　●太岁、堆黄。

山　　酉丁乾亥山,变丁丑水运,忌纳音土年月日时,甲寅辰辛申庚辰金运。

龙　　卯艮巳山,变癸未木运,忌纳音金年月日时,巽戌坎庚忌用火年。

运　　午壬丙乙山,变丙戌土运,忌纳音木年月日时,丑癸坤未山月日时。

乙亥年开山立向修方月家紧要吉神定局

吉神	正	二	三	四	五	六	七	八	九	十	十一	十二
天尊星	震	巽	乾	兑	艮	离	坎	坤	震	巽	乾	兑
天帝星	兑	乾	巽	震	坤	坎	离	艮	兑	乾	巽	震
罗天进	巽	中	天	天	天	乾	兑	艮	离	坎	坤	震

	立春	春分	立夏	夏至	立秋	秋分	立冬	冬至
乙奇星	艮	震	巽	离	坤	兑	乾	坎
丙奇星	离	巽	中	艮	坎	乾	中	坤
丁奇星	坎	中	乾	兑	离	中	巽	震

吉神	正	二	三	四	五	六	七	八	九	十	十一	十二
一白星	巽	中	乾	兑	艮	离	坎	坤	震	巽	中	乾
六白星	离	坎	坤	震	震	中	乾	兑	艮	离	坎	坤
八白星	坤	震	巽	中	乾	兑	艮	离	坎	坤	震	巽
九紫星	震	巽	中	乾	兑	艮	离	坎	坤	震	巽	中
飞天德	中	坎	兑	中	坎	乾	中	坎	中	巽	坎	乾
飞月德	巽	坎	兑	中	离	乾	巽	坎	中	震	离	乾
飞天赦	中	坎	离	离	艮	兑	坤	坎	离	乾	中	巽
飞解神	中	乾	兑	中	乾	兑	艮	离	坎	坤	震	巽
壬德星	离	艮	兑	乾	中	中	巽	震	坤	坎	离	艮
癸德星	坎	离	艮	兑	乾	中	坎	离	震	坤	坎	离

（续表）

吉神	正	二	三	四	五	六	七	八	九	十	十一	十二
捉煞帝星	乙	巽	丙	丁	坤	庚	辛	乾	壬	癸	艮	甲
	午	未	申	酉	戌	亥	子	丑	寅	卯	辰	巳
	丁	坤	庚	辛	乾	壬	癸	艮	甲	乙	巽	丙
	酉	戌	亥	子	丑	寅	卯	辰	巳	午	未	申
捉财帝星	辛	乾	壬	癸	艮	甲	乙	巽	丙	丁	坤	庚
	子	丑	寅	卯	辰	巳	午	未	申	酉	戌	亥
	癸	艮	甲	乙	巽	丙	丁	坤	庚	辛	乾	壬
飞天禄	乾	中	兑	乾	中	巽	震	坤	坎	离	艮	兑
飞天马	艮	兑	乾	中	兑	乾	中	巽	震	坤	坎	离
催官使	震	坤	坎	坤	坎	离	震	坤	坎	坤	坎	离
阳贵人	坤	坎	离	艮	兑	乾	中	兑	乾	中	巽	震
阴贵人	乾	中	巽	震	坤	坎	离	艮	兑	乾	中	兑
天寿星	丑癸	震	巽	震	辰乙	离	坤	辰乙	离	坤	兑	乾
天喜星	未	午	巳	辰	卯	寅	丑	子	亥	戌	酉	申
天嗣星	未丁	兑	乾	兑	戌辛	坎	艮	戌辛	坎	艮	震	巽
催官星	丑	未	寅	申	卯	酉	辰	戌	巳	亥	午	子
进禄星	坤	壬亥	巽	坤	壬亥	巽	坤	壬亥	巽	坤	壬亥	巽
天富星	巽	丙巳	离	坤	庚甲	兑	乾	壬癸	坎	艮	申寅	震
天财星	坎	艮	巽	离	坤	乾	坎	艮	巽	离	坤	乾

555

乙亥年开山立向修方月家紧要凶神定局

凶神	正	二	三	四	五	六	七	八	九	十	十一	十二
天官符	中	兑	乾	中	巽	震	坤	坎	离	艮	兑	乾
地官符	乾	中	兑	乾	中	巽	震	坤	坎	离	艮	兑
罗天退	天	巽	震	坤	坎	离	艮	兑	乾	中	天	天
小儿煞	离	坎	坤	震	巽	中	乾	兑	艮	离	坎	坤
大月建	中	巽	震	坤	坎	离	艮	兑	乾	中	巽	震
正阴府	震	艮巽	乾兑	坎坤	离	震	艮巽	乾兑	坤坎	离	震	艮巽
傍阴府	庚	丙	甲	乙	壬	庚	丙	甲	乙	壬	庚	丙
	亥		丁	癸	寅	亥		巳	申	寅	亥	
	亥		巳	申	寅	亥		巳	申	寅	亥	
	未	辛	丑	辰	戌	未	辛	丑	辰	戌	未	辛
月克山	乾	乾	震	震	离	离	无克	无克	乾	乾	水	土
	亥	亥	艮	艮	壬	壬	无克	无克	亥	亥	十	三
	兑	兑	艮	艮	丙	丙	无克	无克	兑	兑	十	三
	丁	丁	巳	巳	乙	乙	无克	无克	丁	丁	山	
打头火	乾	中	兑	乾	中	巽	震	坤	坎	离	艮	兑
月游火	坎	坤	震	巽	中	乾	兑	艮	离	坎	坤	震
飞独火	离	艮	兑	乾	中	兑	乾	中	巽	震	坤	坎
顺血刃	巽	中	乾	兑	艮	离	坎	坤	震	巽	中	乾
逆血刃	乾	中	巽	震	坤	坎	离	艮	兑	乾	中	巽

（续表）

凶神	正	二	三	四	五	六	七	八	九	十	十一	十二
月劫煞	亥	申	巳	寅	亥	申	巳	寅	亥	申	巳	寅
月灾煞	子	酉	午	卯	子	酉	午	卯	子	酉	午	卯
月的煞	丑	戌	未	辰	丑	戌	未	辰	丑	戌	未	辰
山朱雀	离	坎坤	巽	乾	艮兑		震离	坎坤	巽	乾	兑艮	
撞命煞	甲	壬	庚	丙	甲	壬	庚	丙	甲	壬	庚	丙
报怨煞	寅	亥	申	巳	寅	亥	申	巳	寅	亥	申	巳
剑锋煞	甲	乙	巽	丙	丁	坤	庚	辛	乾	壬	癸	艮
月入座	亥	子	丑	寅	卯	辰	巳	午	未	申	酉	戌
月崩腾	辛	巳	丙	寅	庚	甲	酉	丁	子	丑	坤	乾
流财退	亥	申	巳	寅	卯	午	子	酉	丑	未	辰	戌
丙独火	巽	震	坤	坎	离	艮	兑	乾			巽	震
丁独火		巽	震	坤	坎	离	艮	兑	乾			巽
巡山火	乾	坤	坎	坎	中	震	震	兑	艮	艮	巽	乾
灭门火	辛巳	戊子	癸未	戊寅	乙酉	庚辰	丁亥	壬午	己丑	甲申	己卯	丙戌
祸凶日	丁亥	壬午	己丑	甲申	己卯	丙戌	辛巳	戊子	癸未	戊寅	乙酉	庚艮

（13）丙子年

丙子年,通天窍云水之位,煞在南方巳午未。忌丙壬丁癸四向,名坐煞、向煞。四大利宜丑寅甲庚山,宜修造、安葬,吉。造主宜申子辰亥未生人,吉;

忌午卯生人,不用。罗天退在艮山,忌修造、埋葬,凶。九良星占厨、灶;煞在中庭及神庙。

丙子年二十四山吉凶神煞

壬山○神后、天定、太乙、萃龙、水轮、巨门、太阳。

　　　●向煞、翎毛禁向、入山刀砧。

子山○神后、天定、太乙、萃龙、巨门、太阳、武曲。

　　　●正阴府、金神值山、千斤血刃、太岁。

癸山○天定、太阴、财库。

　　　●傍阴府、向煞、入山刀砧。

丑山○天皇、太阳、天定、太阴、贵人、金库、岁支合、人仓。

　　　●金神七煞。

艮山○大吉、功曹、天乙、太乙、壮龙、武曲。

　　　●罗天大退、独火。

寅山○玉皇、大吉、功曹、天乙、太乙、壮龙、武曲、朗耀。

　　　●隐伏、千斤血刃。

甲山○进田、天罡、玉皇、天台、天乙、天道。

　　　●翎毛、火血、六害。

卯山○进田、黄罗、天台、天乙、荣光、太阴、右弼。

　　　●皇天灸退、金神七煞。

乙山○青龙、天罡、紫檀、驿马、天魁、泰龙、左辅、利道。

　　　●傍阴府、巡山罗睺、皇天灸退、头白空、入山、六十年空。

辰山○青龙、天罡、天魁、泰龙、五龙、左辅。

　　　●傍阴府、地官符、暗刃煞。

巽山○地皇、水轮、右弼、五龙。

　　　●支神退、坐煞。

巳山○天皇、天乙、宝台、水轮、岁支德。

　　　●三煞、净栏煞、小耗。

丙山○胜光、宝台、金轮、水轮、益龙、天定、天华。

　　　●翎毛、坐煞、入山刀砧。

午山○胜光、天定、水轮、金星、右弼、益龙。

●三煞、穿山罗睺、金神七煞、岁破、大耗。

丁山○天皇、天定、金轮、巨门、金星、月德合。

　　●克山、困龙、坐煞、入山刀砧。

未山○黄罗、金轮、龙德、金星、贪狼、武库。

　　●三煞、金神七煞、天禁朱雀、阴太岁。

坤山○迎财、传送、紫檀、升龙、太阳、天道。

　　●正阴府、打劫血刃、五鬼、蚕室。

申山○迎财、传送、玉皇、宝台、天乙、升龙、贪狼、太阳。

　　●傍阴府、白虎煞。

庚山○玉皇、进宝、黄罗、天帝、天乙、木星、宝库。

　　●翎毛禁向、山家火血。

西山　玉皇、天皇、进宝、太乙、龙德、天禄、木星。

　　●克山、支神退、入座、天命煞。

辛山○库珠、河魁、地皇、天福、天乙、贪狼、丰龙。

　　●浮天空、头白空、入山空、六十年空亡、天命煞、刀砧。

戌山○库珠、河魁、天福、天乙、丰龙、贪狼、利道。

　　●隐伏血刃、流财煞。

乾山○太乙、巨门、岁天道、龙德、人道、奏书。

　　●坐山罗睺、克山、流财煞。

亥山○紫微、黄罗、太乙、岁德。

　　●克山、天太岁、天官符。

山　　酉丁乾亥山,变己丑火运,忌纳音水年月日时,甲寅辰辛变壬
　　　　辰水。

龙　　卯艮巳山,变乙未金运,忌纳音火年月日时,巽戌坎庚运忌用土。

运　　午壬丙乙山,变戊戌木运,忌纳音金年月日时,丑癸坤未山年月
　　　　日时。

丙子年开山立向修方月家紧要吉神定局

吉神	正	二	三	四	五	六	七	八	九	十	十一	十二
天尊星	震	巽	乾	兑	艮	离	坎	坤	震	巽	乾	兑
天帝星	兑	乾	巽	震	坤	坎	离	艮	兑	乾	巽	震
罗天进	震	巽	中	天	天	天	乾	兑	艮	离	坎	坤

	立春	春分	立夏	夏至	立秋	秋分	立冬	冬至
乙奇星	兑	坤	震	坎	震	艮	兑	离
丙奇星	艮	震	巽	离	坤	兑	乾	坎
丁奇星	离	巽	中	艮	坎	乾	中	坤

吉神	正	二	三	四	五	六	七	八	九	十	十一	十二
一白星	兑	艮	离	坎	坤	震	巽	中	乾	兑	震	离
六白星	震	巽	中	乾	兑	艮	离	坎	坤	震	巽	中
八白星	中	乾	兑	艮	离	坎	坤	震	巽	中	乾	兑
九紫星	乾	兑	坎	离	坎	坤	震	巽	中	乾	兑	艮
飞天德	震	坎	中	巽	坎	中	震	坎	巽	坤	坎	中
飞月德	坤	艮	中	震	兑	中	坤	艮	巽	坎	兑	中
飞天赦	艮	兑	乾	乾	中	坎	艮	兑	乾	震	坤	坎
飞解神	巽	中	乾	兑	中	乾	兑	艮	离	坎	坤	震
壬德星	兑	乾	中	中	巽	震	坤	坎	离	艮	兑	乾
癸德星	艮	兑	乾	中	中	巽	震	坤	坎	离	艮	兑

（续表）

吉神	正	二	三	四	五	六	七	八	九	十	十一	十二
捉煞帝星	卯	辰	巳	午	未	申	酉	戌	亥	子	丑	寅
	乙	巽	丙	丁	坤	庚	辛	乾	壬	癸	艮	甲
	午	未	申	酉	戌	亥	子	丑	寅	卯	辰	巳
	丁	坤	庚	辛	乾	壬	癸	艮	甲	乙	巽	丙
捉财帝星	酉	戌	亥	子	丑	寅	卯	辰	巳	午	未	申
	辛	乾	壬	癸	艮	甲	乙	巽	丙	丁	坤	庚
	子	丑	寅	卯	辰	巳	午	未	申	酉	戌	亥
	癸	艮	甲	乙	巽	丙	丁	坤	庚	辛	乾	壬
飞天禄	艮	兑	乾	中	兑	乾	中	巽	震	坤	坎	离
飞天马	中	兑	乾	中	巽	震	坤	坎	离	艮	兑	乾
催官使	坎	离	艮	离	艮	兑	坎	离	艮	离	艮	兑
阳贵人	震	坤	坎	离	艮	兑	乾	中	兑	乾	中	巽
阴贵人	中	巽	震	坤	坎	离	艮	兑	乾	中	兑	乾
天寿星	丑癸	震	巽	震	辰乙	离	坤	辰乙	离	坤	兑	乾
天喜星	未	午	巳	辰	卯	寅	丑	子	亥	戌	酉	申
天嗣星	未丁	兑	乾	兑	戌辛	坎	艮	戌辛	坎	艮	震	巽
催官星	丑	未	寅	卯	酉	辰	戌	巳	亥	午	子	子
进禄星	坤	壬亥	巽	坤	壬亥	巽	坤	壬亥	巽	坤	壬亥	巽
天富星	巽	丙巳	离	坤	寅申	兑	乾	壬癸	坎	艮	申寅	震
天财星	坎	艮	巽	离	坤	乾	坎	艮	巽	离	坤	乾

丙子年开山立向修方月家紧要凶神定局

凶神	正	二	三	四	五	六	七	八	九	十	十一	十二
天官符	中	巽	震	坤	坎	离	艮	兑	乾	中	巽	震
地官符	兑	乾	中	兑	乾	中	巽	震	坤	坎	离	艮
罗天退	天	天	巽	震	坤	坎	离	艮	兑	乾	中	天
小儿煞	中	乾	兑	艮	离	坎	坤	震	巽	中	乾	兑
大月建	坤	坎	离	艮	兑	乾	中	巽	震	坤	坎	离
正阴府	乾兑	坤坎	离	震	艮巽	乾兑	坤坎	离	震	艮巽	乾兑	坤坎
傍阴府	甲	乙	壬	庚	丙	甲	乙	壬	庚	丙	甲	乙
	丁	癸	寅	亥		丁	癸	寅	亥		丁	癸
	巳	申	寅	亥		巳	申	寅	亥		丁	癸
	丑	辰	戌	未	辛	丑	辰	戌	未	辛	丑	辰
月克山			乾	乾	午	午	艮	艮			水	土
	无克	无克	亥	亥	壬	壬	卯	卯	无克	无克	十	三
	无克	无克	兑	兑	丙	丙	卯	卯			山	
			丁	丁	乙	乙	巳	巳	无克	无克	山	
打头火	乾	中	巽	震	坤	坎	离	艮	兑	乾	中	兑
月游火	艮	离	坎	坤	震	巽	中	乾	兑	艮	离	坎
飞独火	乾	中	兑	乾	中	巽	震	坤	坎	离	艮	兑
顺血刃	坎	坤	震	巽	中	乾	兑	艮	离	坎	坤	震
逆血刃	震	坤	坎	离	艮	兑	乾	中	巽	震	坤	坎

（续表）

凶神	正	二	三	四	五	六	七	八	九	十	十一	十二
月劫煞	亥	申	巳	寅	亥	申	巳	寅	亥	申	巳	寅
月灾煞	子	酉	午	卯	子	酉	午	卯	子	酉	午	卯
月的煞	丑	戌	未	辰	丑	戌	未	辰	丑	戌	未	辰
山朱雀	离	坤坎	巽	乾	艮兑		离震	坤坎	巽	乾	艮兑	
撞命煞	甲	壬	庚	丙	甲	壬	庚	丙	甲	壬	庚	丙
报怨煞	寅	亥	申	巳	寅	亥	申	巳	寅	亥	申	巳
剑锋煞	甲	乙	巽	丙	丁	坤	庚	辛	乾	壬	癸	艮
月入座	亥	子	丑	寅	卯	辰	巳	午	未	申	酉	戌
月崩腾	辛	巳	丙	寅	庚	甲	酉	丁	子	丑	坤	乾
流财退	亥	申	巳	寅	卯	午	子	酉	丑	未	辰	戌
丙独火	坤	坎	离	艮	兑	乾			巽	震	坤	坎
丁独火	震	坤	坎	离	艮	兑	乾		巽	震	坤	
灭门火	癸巳	庚子	乙未	庚寅	丁酉	壬辰	己亥	甲午	辛丑	丙申	辛卯	戊戌
祸凶日	己亥	甲午	辛丑	丙申	辛卯	戊戌	癸巳	庚子	乙未	庚寅	丁酉	壬辰

（14）丁丑年

丁丑年，通天窍云金之位，煞在东方寅卯辰。忌甲庚乙辛四向，名坐煞、向煞。大利山宜丙壬丁酉乾亥山，修造、埋葬，吉。作主宜亥卯己酉生命，吉；

忌丑未生人,不用。罗天退在艮山忌修造、安葬凶。九良星占僧堂、城隍、社庙;煞在厨并寅方。

丁丑年二十四山吉凶神煞

壬山〇进田、紫檀、天定、太阴、五库、太白、人道、利道。

　　　　●傍阴府、太岁、巡山罗睺、六害。

子山〇紫微、进田、天定、太阴、贪狼、左辅、岁支合。

　　　　●克山、皇天灸退、头白空亡。

癸山〇青龙、功曹、萃龙、水轮、太阳、太乙、贪狼、驿马。

　　　　●克山、将军箭。

丑山〇青龙、功曹、地皇、萃龙、水轮、太乙、太阳、左辅、武曲。

　　　　●克山、太岁、堆黄。

艮山〇传送、黄罗、武曲。

　　　　●坐山罗睺、六十年空亡、打劫血刃。

寅山〇紫檀、太阳、贵人、太乙、天贵、武曲。

　　　　●三煞、克山、傍阴府、金神七煞。

甲山〇天罡、壮龙、巨门、贪狼。

　　　　●克山、头白空、入山空、翎毛煞、天命煞、刀砧。

卯山〇天罡、宝台、壮龙、巨门、贪狼、右弼。

　　　　●三煞、独火、金神、天命煞、暗刀、五鬼煞。

乙山〇玉皇、天台、天乙、木星、月德合。

　　　　●坐煞、山家火血、刀砧、翎毛禁向。

辰山〇玉皇、天乙、天台、太阴、木星、贪狼。

　　　　●三煞、克山、穿山罗睺、千斤血刃。

巽山〇迎财、胜光、天魁、泰龙、武曲、贪狼。

　　　　●克山、困龙、支神退。

巳山〇迎财、胜光、地皇、天魁、泰龙、武曲、宝库。

　　　　●朱雀、地官符、地太岁。

丙山〇进宝、黄罗、天定、金轮、金星、宝库、人道、驿马、利道。

　　　　●大利。

午山〇进宝、紫檀、天乙、天定、天禄、武曲、岁支德。

●正阴府、阴中煞、小耗、蚕命。

丁山○库珠、传送、天乙、地皇、宝台、水轮、益龙、左辅、天华、驿马、翎毛
　　禁向。

末山　库珠、传送、宝台、水轮、天乙、益龙、右弼、左辅

　　　●克山、大耗、蚕官、流财煞。

坤山○左辅、巨门、右弼。

　　　●克山、逆血刃、六十年空亡、蚕室。

申山○荣光、龙德、贪狼、右弼、岁道。

　　　●克山、天官符、天太岁、流财煞。

庚山○河魁、升龙、右弼、寿星、岁天德、岁天道、岁位德。

　　　●无克山、浮天空、入山、头白空、翎毛、山家刀砧、向煞、升玄血刃。

酉山○河魁、地星、朗耀、升龙、右弼、财库；

　　　●支神退、白虎、将军箭、飞廉煞。

辛山○玉皇、天帝、天乙、天皇。

　　　●克山、翎毛、山家火血、向煞、入山刀砧。

戌山○天帝、天乙、福德、人道、五皇、紫檀、金库、武曲。

　　　●克山、傍阴府、金神七煞、九天朱雀、入座、岁刑。

乾山○大吉、神后、天福、太乙、丰龙、太阳。

　　　●隐伏血刃、四大金星。

亥山○大吉、神后、太乙、天福、丰龙、太阳、生煞、青龙、华盖。

　　　●隐伏、值山血刃、千斤血刃、金神。

山　　酉丁乾亥山,变辛丑土运,忌纳音木年月日时,甲寅辰巽申变甲
　　　辰火。

龙　　卯艮巳山,变丁未水运,忌纳音土年月日时,戌坎辛庚运忌用水。

运　　午壬丙乙山,变庚戌金运,忌纳音火年月日时,丑癸坤未年月
　　　日寸。

丁丑年开山立向修方月家紧要吉神定局

吉神	正	二	三	四	五	六	七	八	九	十	十一	十二
天尊星	艮	离	坎	坤	震	巽	乾	兑	艮	离	坎	坤
天帝星	坤	坎	离	艮	兑	乾	巽	震	坤	坎	离	艮
罗天进	坤	震	巽	中	天	天	天	乾	兑	艮	离	坎

	立春	春分	立夏	夏至	立秋	秋分	立冬	冬至
乙奇星	乾	坎	坤	坤	巽	离	艮	艮
丙奇星	兑	坤	震	坎	震	艮	兑	离
丁奇星	艮	震	巽	离	坤	兑	乾	坎

吉神	正	二	三	四	五	六	七	八	九	十	十一	十二
一白星	坎	坤	震	巽	中	乾	兑	艮	离	坎	坤	震
六白星	乾	兑	艮	离	坎	坤	震	巽	中	乾	兑	艮
八白星	艮	离	坎	坤	震	巽	中	乾	兑	艮	离	坎
九紫星	离	坎	坤	震	巽	中	乾	兑	艮	离	坎	坤
飞天德	坎	坎	巽	坤	坎	震	坎	坎	坤	离	坎	震
飞月德	离	乾	巽	坎	中	震	离	乾	坤	艮	中	震
飞天赦	中	巽	震	离	艮	兑	中	坎	离	离	艮	兑
飞解神	震	巽	中	乾	兑	中	乾	兑	艮	离	坎	坤
壬德星	中	中	巽	震	坤	坎	离	艮	兑	乾	中	中
癸德星	乾	中	中	巽	震	坤	坎	离	艮	兑	乾	中

（续表）

吉神	正	二	三	四	五	六	七	八	九	十	十一	十二
捉煞帝星	卯	辰	巳	午	未	申	酉	戌	亥	子	丑	寅
	乙	巽	丙	丁	坤	庚	辛	乾	壬	癸	艮	申
	午	未	申	酉	戌	亥	子	丑	寅	卯	辰	巳
	丁	坤	庚	辛	乾	壬	癸	艮	甲	乙	巽	丙
捉财帝星	酉	戌	亥	子	丑	寅	卯	辰	巳	午	未	申
	辛	乾	壬	癸	艮	甲	乙	巽	丙	丁	坤	庚
	子	丑	寅	卯	辰	巳	午	未	申	酉	戌	亥
	癸	艮	甲	乙	巽	丙	丁	坤	庚	辛	乾	壬
飞天禄	离	艮	兑	乾	中	兑	乾	中	巽	震	坤	坎
飞天马	中	巽	震	坤	坎	离	艮	兑	乾	中	兑	乾
催马使	艮	兑	乾	兑	乾	中	艮	兑	乾	兑	乾	中
阳贵人	中	巽	震	坤	坎	离	艮	兑	乾	中	兑	乾
阴贵人	震	坤	坎	离	艮	兑	乾	中	兑	乾	中	巽
天寿星	丑癸	震	巽	震	辰乙	离	坤	辰乙	离	坤	兑	乾
天喜星	未	午	巳	辰	卯	寅	丑	子	亥	戌	酉	申
天嗣星	未丁	兑	乾	兑	戌辛	坎	艮	戌辛	坎	艮	震	巽
催官星	丑	未	寅	申	卯	酉	辰	戌	巳	亥	午	子
进禄星	坤	壬亥	巽	坤	壬亥	巽	坤	壬亥	巽	坤	壬亥	巽
天富星	巽	丙巳	离	坤	庚申	兑	乾	壬癸	坎	艮	申寅	震
天财星	坎	艮	巽	离	坤	乾	坎	艮	巽	离	坤	乾

丁丑年开山立向修方月家紧要凶神定局

凶神	正	二	三	四	五	六	七	八	九	十	十一	十二
天官符	坤	坎	离	艮	兑	乾	中	兑	乾	中	巽	震
地官符	艮	兑	乾	中	兑	乾	中	巽	震	坤	坎	离
罗天退	天	天	天	巽	震	坤	坎	离	艮	离	乾	坤
小儿煞	离	坎	坤	震	巽	中	乾	兑	艮	离	坎	坤
大月建	艮	兑	乾	中	巽	震	坤	坎	离	艮	兑	乾
正阴府	离	震	艮巽	乾兑	坎坤	离	震	艮巽	乾兑	坎坤	离	震
傍阴府	壬	庚	丙	甲	乙	壬	庚	丙	甲	乙	壬	庚
	寅	亥		丁	癸	寅	亥		巳	申	寅	亥
	寅	亥		巳	申	寅	亥		巳	申	寅	亥
	戌	未	辛	丑	辰	戌	未	辛	丑	辰	戌	未
月克山	无克	无克	离	离	水	土	震	震	无克	无克	乾	冬至
	无克	无克	壬	壬	十	三	艮	艮	无克	无克	亥	后
	无克	无克	丙	丙	十	三	艮	艮	无克	无克	兑	克
	无克	无克	乙	乙	山		巳	巳	无克	无克	丁	十三山
打头火	震	坤	坎	离	艮	兑	乾	中	兑	乾	中	巽
月游火	艮	离	坎	坤	震	巽	中	乾	兑	艮	离	坎
飞独火	乾	中	巽	震	坤	坎	离	艮	兑	乾	中	兑
顺血刃	震	巽	中	乾	兑	艮	离	坎	坤	震	巽	中
逆血刃	中	巽	震	坤	坎	离	艮	兑	乾	中	巽	震

（续表）

凶神	正	二	三	四	五	六	七	八	九	十	十一	十二
月劫煞	亥	申	巳	寅	亥	申	巳	寅	亥	申	巳	寅
月灾煞	子	酉	午	卯	子	酉	午	卯	子	酉	午	卯
月的煞	丑	戌	未	辰	丑	戌	未	辰	丑	戌	未	辰
山朱雀	离	坤坎	巽	乾	艮兑		离震	坤坎	巽	乾	艮兑	
撞命煞	甲	庚	壬	丙	甲	壬	庚	丙	甲	壬	庚	丙
报怨煞	寅	亥	申	巳	寅	亥	申	巳	寅	亥	申	巳
剑锋煞	甲	乙	巽	丙	丁	坤	庚	辛	乾	壬	癸	艮
月入座	亥	子	丑	寅	卯	辰	巳	午	未	申	酉	戌
月崩腾	辛	巳	丙	寅	庚	甲	酉	丁	子	丑	坤	乾
流财退	亥	申	巳	寅	卯	午	子	酉	丑	未	辰	戌
丙独火	离	艮	兑	乾			巽	震	坤	坎	离	艮
丁独火	坎	离	艮	兑	乾			巽	震	坤	坎	离
巡山火	乾	坤	坎	坎	中	震	震	兑	艮	艮	巽	乾
灭门火	乙巳	壬子	丁未	壬寅	己酉	甲辰	辛亥	丙午	癸丑	戊申	癸卯	庚戌
祸凶日	辛亥	丙午	癸丑	戊申	癸卯	庚戌	乙巳	壬子	丁未	壬寅	己酉	甲辰

（15）戊寅年

戊寅年,通天窍云火之位,煞在北方亥子丑。忌丙壬丁癸四向,名坐煞、向煞。大利山艮巽乙辛辰戌甲乾,宜造葬,吉。作主宜午戌亥卯未生命,吉;

忌巳申生人,不利。罗天退在坤山,忌修造、埋葬,主退财损丁。九良星占桥、井、门路、东北;煞在后堂午丑方。

戊寅年二十四山吉凶神煞

壬山○功曹、紫檀、天定、天福、丰龙、右弼、天德合。

　　●无克山、翎毛禁向、坐煞、火血、入山刀贴、六十年空、逆血刃。

子山○功曹、紫微、天福、丰龙、天定、左辅。

　　●三煞、支神退、金神七煞、流财煞。

癸山○玉皇、天定、太阴、五库、岁天道。

　　●入山空、头白空、坐煞、入山刀砧。

丑山○地皇、天定、太阴、进煞。

　　●三煞、隐伏血刃、千斤血刃、流财煞。

艮山○迎财、天罡、黄罗、水轮、太阳、萃龙、武曲。

　　●巡山罗睺、将军箭。

寅山○迎财、天罡、太乙、水轮、太阳、萃龙、宝库。

　　●穿山罗睺、太岁、堆黄、升玄、血刃。

甲山○进宝、武曲、宝库、右弼、驿马。

　　●困龙山家、刀贴。小利方。

卯山○进宝、太阳、宝台、贪狼、右弼、驿马。

　　●正阴府、隐伏血刃、天禁朱雀、独火、坐山罗睺。

乙山○库珠、胜光、天乙、壮龙、贪狼、右弼、天道贵人。

　　●克山 大利方

辰山○库珠、胜光、天乙、壮龙、贪狼、右弼、巨门。

　　●地太岁。利方

巽山○玉皇、天皇、天台、天乙、紫微、木星、巨门、武曲。

　　●大利方。

巳山○玉皇、地皇、天台、天乙、太阴、贪狼。

　　●天官符、千斤血刃、值山血刃、阴中煞、天禁、朱雀。

丙山○传送、黄罗、天魁、泰龙、巨门武曲、岁位德、利道。

　　●克山、翎毛禁向、坐煞向煞、入山刀砧、山家火血。

午山○传送、紫檀、天魁、天乙、泰龙、巨门、岁天德、岁位合、支德合、不房屋。

●克山地官符、山家血刃破败、五鬼。

丁山○地皇、天定、金轮、武曲、天道、岁天德。

●入山空头白空、向煞刀贴。

未山○天定、金轮、金库、左辅、岁天德、人仓、贵人。

●傍阴府、小耗。

坤山○大吉、河魁、宝台、水轮、太乙、武曲、右弼。

●浮天空亡、罗天大退。

申山○大吉、河魁、宝台、水轮益龙、太乙、武曲、荣光。

●金神七煞、岁破、大耗。小利方。

庚山○进田、天乙、贵人、驿马临官。

●傍阴府、六害、山家刀砧。

酉山○进田、地皇、朗耀、龙德、水轮、一白。

●天皇炙退、金神七煞。

辛山○青龙、神后、天皇、升龙、左辅、月德合、天道、驿马。

●天皇炙退、大利方。

戌山○青龙、神后、紫檀升龙、左辅。

●白虎煞、天命煞。

乾山○玉皇、天帝、天乙、紫微。

●打劫血刃、蚕官、天命煞。小利方。

亥山○玉皇天帝、天乙、福德。

●三煞、傍阴府、暗刀煞、入座、天命煞。

山　酉丁乾亥山,变癸丑木运,忌纳音金年月日时,甲寅辰
　　巽变丙辰土。

龙　卯艮巳山,变巳未火运,忌纳音水年月日时。戌坎
　　辛申庚运忌用木。

运　午壬丙乙山,变壬戌水运,忌纳音土年月日时,丑癸坤
　　庚未年月日时。

戊寅年开山立向修方月家紧要吉神定局

吉神	正	二	三	四	五	六	七	八	九	十	十一	十二
天尊星	艮	离	坎	坤	震	巽	乾	兑	艮	离	坎	坤
天帝星	坤	坎	离	艮	兑	乾	巽	震	坤	坎	离	艮
罗天进	坎	坤	震	巽	中	天	天	天	乾	兑	艮	离

	立春	春分	立夏	夏至	立秋	秋分	立冬	冬至
乙奇星	中	离	坎	震	中	坎	离	兑
丙奇星	乾	坎	坤	震	中	坎	离	兑
丁奇星	兑	坤	震	坎	震	艮	兑	离

吉神	正	二	三	四	五	六	七	八	九	十	十一	十二
一白星	巽	中	乾	兑	艮	离	坎	坤	震	巽	中	乾
六白星	离	坎	坤	震	震	中	乾	兑	艮	离	坎	坤
八白星	坤	震	巽	中	乾	兑	艮	离	坎	坤	震	巽
九紫星	震	巽	中	乾	兑	艮	离	坎	坤	震	巽	中
飞天德	艮	坎	坤	离	坎	坎	艮	坎	离	兑	坎	坎
飞月德	兑	中	坤	坎	巽	坎	兑	中	离	乾	巽	坎
飞天数	坤	坎	离	乾	中	巽	艮	兑	乾	乾	中	坎
飞解神	坤	震	巽	中	乾	兑	中	乾	兑	艮	离	坎
壬德星	巽	震	坤	坎	离	艮	兑	乾	中	中	巽	震
癸德星	中	巽	震	坤	坎	离	艮	兑	乾	中	中	巽

（续表）

吉神	正	二	三	四	五	六	七	八	九	十	十一	十二
捉煞帝星	卯	辰	巳	午	未	申	酉	戌	亥	子	丑	寅
	乙	巽	丙	丁	坤	庚	辛	乾	壬	癸	艮	申
	午	未	申	酉	戌	亥	子	丑	寅	卯	辰	巳
	丁	坤	辰	辛	乾	壬	癸	艮	甲	乙	巽	丙
捉财帝星	酉	戌	亥	子	丑	寅	卯	辰	巳	午	未	申
	辛	乾	壬	癸	艮	甲	乙	巽	丙	丁	坤	庚
	子	丑	寅	卯	辰	巳	午	未	申	酉	戌	亥
	癸	艮	甲	乙	巽	丙	丁	坤	庚	辛	乾	壬
飞天禄	艮	兑	乾	中	兑	乾	中	巽	震	坤	坎	离
飞天马	坤	坎	离	艮	兑	乾	中	巽	震	中	兑	乾
催官使	乾	中	中	中	中	巽	乾	中	中	中	中	巽
阳贵人	兑	乾	中	巽	震	坤	坎	离	艮	兑	乾	中
阴贵人	坎	离	艮	兑	乾	中	兑	乾	中	巽	震	坤
天寿星	丑癸	震	巽	震	乙辰	离	坤	乙辰	离	坤	兑	乾
天喜星	未	午	巳	辰	卯	寅	丑	子	亥	戌	酉	申
天嗣星	丁未	兑	乾	兑	辛戌	坎	艮	辛戌	坎	艮	震	巽
催官星	丑	未	寅	申	卯	酉	辰	戌	巳	亥	午	子
进禄星	坤	亥壬	巽	坤	亥壬	巽	坤	亥壬	巽	坤	亥壬	巽
天富星	巽	巳丙	离	坤	申庚	兑	乾	癸壬	坎	艮	申	震
天财星	坎	艮	巽	离	坤	乾	坎	艮	巽	离	坤	乾

戊寅年开山立向修方月家紧要凶神定局

凶神	正	二	三	四	五	六	七	八	九	十	十一	十二
天官符	艮	兑	乾	中	兑	乾	中	巽	震	坤	坎	离
地官符	离	艮	兑	乾	中	兑	乾	中	巽	震	坤	坎
罗天退	中	天	天	天	巽	震	坤	坎	离	艮	兑	乾
小儿煞	中	乾	兑	艮	离	坎	坤	震	巽	中	乾	兑
大月建	中	巽	震	坤	坎	离	艮	兑	乾	中	巽	震
正阴府	艮巽	乾兑	坤坎	离	震	艮巽	乾兑	坤坎	离	震	艮巽	乾兑
傍阴府	丙	甲	申	壬	庚	丙	甲	申	壬	庚	丙	甲
		丁	癸	寅	亥		丁	癸	寅	亥		丁
		巳	乙	寅	亥		巳	乙	寅	亥		巳
	辛	丑	辰	戌	未	辛	丑	辰	戌	未	辛	丑
月克山	艮	震	离	离	无克	无克	水	土	艮	艮	无克	无克
	震	艮	壬	壬	无克	无克	十	三	震	巳	无克	无克
	震	艮	丙	丙	无克	无克			震	巳	无克	无克
	巳	巳	乙	乙	无克	无克	山		巳	震	无克	无克
打头火	离	艮	兑	乾	中	兑	乾	中	巽	震	坤	坎
月游火	震	巽	中	乾	兑	艮	离	坎	坤	震	巽	中
飞独火	震	坤	坎	离	艮	兑	乾	中	兑	乾	中	巽
顺血刃	坎	坤	震	巽	中	乾	兑	艮	离	坎	坤	震
逆血刃	坤	坎	离	震	兑	乾	中	巽	震	坤	坎	离

（续表）

凶神	正	二	三	四	五	六	七	八	九	十	十一	十二
月劫煞	亥	申	巳	寅	亥	申	巳	寅	亥	申	巳	寅
月灾煞	子	酉	午	卯	子	酉	午	卯	子	酉	午	卯
月的煞	丑	戌	未	辰	丑	戌	未	辰	丑	戌	未	辰
山朱雀	离	坤坎	巽	乾	艮兑		离	坤坎	巽	乾	艮兑	
撞命煞	甲	壬	庚	丙	甲	壬	庚	丙	甲	壬	庚	丙
报怨煞	寅	亥	申	巳	寅	亥	申	巳	寅	亥	申	
剑锋煞	甲	乙	巽	丙	丁	坤	庚	辛	卯	壬	癸	艮
月入座	亥	子	丑	寅	卯	辰	巳	午	未	申	酉	戌
月崩腾	辛	巳	丙	寅	庚	甲	酉	丁	子	丑	乾	坤
流财退	亥	申	巳	寅	卯	午	子	酉	丑	未	辰	戌
丙独火	兑	乾			巽	震	坤	坎	离	艮	兑	乾
丁独火	艮	兑	乾			巽	震	坤	坎	离	艮	兑
巡山火	乾	坤	坎	坎	中	卯	卯	酉	艮	艮	巽	乾
灭门火	丁巳	甲子	己未	甲寅	辛酉	丙辰	癸亥	戊午	乙丑	庚申	乙卯	壬戌
祸凶日	癸亥	戊午	乙丑	庚申	乙卯	壬戌	丁巳	甲子	己未	甲寅	辛酉	丙辰

（16）己卯年

己卯年，通天窍云木之位，煞在西方申酉戌。忌甲庚乙辛四向，名坐煞、向煞。大利山癸丑辰巳乾亥山，宜修造葬埋，吉。作主利寅午戌亥卯未命，吉;子酉生人,不利。罗天退在坤山,忌修造安葬,主退财。九良星占道观、寺后门;煞在后堂、后门、尼寺庙。

乙卯年二十四山吉凶神煞

壬山〇玉皇、天皇、进宝、天帝、天乙、驿马。

　　　●入山空亡、头白、空亡、翎毛禁向。

子山〇玉皇、进宝、紫微、天帝、福德、天乙、右弼、天禄。

　　　●支神退、独火、流财杀、破败、五鬼、朱雀、入库。

癸山〇库珠、天罡、天乙、天福、天禄、丰龙、右弼、左辅、利道。

　　　●六十年空、火血力砧。利方

辰山〇天定、太阴、六白、武曲、岁天道、人道。

　　　●正阴府、太岁。

寅山〇天皇、天定、天乙、太阴、岁天道。

　　　●天官符、天太岁、地太岁。

甲山〇胜光、黄罗、太乙、水轮、太阳、右弼、萃龙。

　　　●巡山罗睺、向煞、刀砧、将军箭。

卯山〇胜光、宝台、水轮、太乙、太阳、萃龙、巨门。

　　　●太岁、堆黄煞、年官符。

乙山〇地皇、财库、传送。

　　　●向煞、逆血刃、入山刀砧。

辰山〇天门、贵人、金库、胜光、人仓。

　　　●阴中煞。

巽山〇大吉、传送、太乙、紫檀、壮龙、太阳、天道、贪狼、金库、一水。

　　　●正阴府、太岁、隐伏血刃。

巳山〇大吉、传送、太阳、壮龙、太乙、天德合、支德合。

　　　●天命煞。

丙山〇玉皇、进田、天台、天乙、左辅、武曲、贵人。

　　　●傍阴府、浮天空、头白、入山空、翎毛禁向。

午山〇天皇、玉皇、进田、天台、天乙、太阴、左辅。

　　　●皇天灸退、金神七煞、天命煞。

丁山〇青龙、河魁、天魁、泰龙、贪狼、房显。

●冬至后克山、皇天灸退、六十年空、火血刀砧。

未山○青龙、河魁、天魁、泰龙、贪狼、三库、岁位合。

　　　●地官符、金神、天命煞。

坤山○地皇、天定、贪狼、五龙、金龙、金星、岁天德。

　　　●打劫血刃、暗刀煞。

申山○天定、荣光、金龙、贪狼、金星。

　　　●三煞、金神七煞、千斤血刃、小耗、净栏煞。

庚山○神后、天定、宝台、益龙、水轮、巨门、水星。

　　　●坐煞、入山刀砧。

酉山○神后、天定、宝台、益龙、朗耀、水轮、巨门。

　　　●三煞至后克山、金神七煞、头白空亡、大耗岁破。

辛山○紫檀。

　　　●傍阴府、坐煞。

戌山○天皇、龙德星、辅星。

　　　●三煞、穿山罗睺、蚕官。

乾山○迎财、功曹、黄罗、升龙、武曲、左辅。

　　　●全后克山困龙、隐伏血刃、浮天空亡。

亥山○迎财、功曹、升龙、武曲、武库。

　　　●冬至后克山朱雀、千斤血刃、白虎煞。

山　　酉丁乾亥山,变乙丑金运,忌纳音火年月日时,甲巽辛癸申变戊辰木运。

龙　　卯艮巳山,变辛未土运,忌纳音木年月日时,寅戌申庚忌用纳音金。

运　　午壬丙乙山,变甲戌火运,忌纳音水年月日时,辰坎丑未山年月日时。

己卯年开山立向修方月家紧要吉神定局

吉神	正	二	三	四	五	六	七	八	九	十	十一	十二
天尊星	艮	离	坎	坤	震	巽	乾	兑	艮	离	坎	坤
天帝星	坤	坎	离	艮	兑	乾	巽	震	坤	坎	离	艮
罗天退	离	坎	坤	震	巽	中	天	天	天	乾	兑	艮

	立春	春分	立夏	夏至	立秋	秋分	立冬	冬至
乙奇星	中	离	坎	震	中	坎	离	兑
丙奇星	中	离	坎	震	中	坎	离	兑
丁奇星	乾	坎	坤	坤	巽	离	艮	艮

吉神	正	二	三	四	五	六	七	八	九	十	十一	十二
一白星	兑	艮	离	坎	坤	震	巽	中	乾	兑	震	离
六白星	震	巽	中	乾	兑	艮	离	坤	坎	震	巽	中
八白星	中	乾	兑	艮	离	坎	坤	震	巽	中	乾	兑
九紫星	乾	兑	艮	离	坎	坤	震	巽	中	乾	兑	艮
飞天德	乾	坎	离	兑	坎	艮	乾	坎	兑	中	坎	艮
飞月德	中	震	离	乾	坤	艮	中	震	兑	中	坤	艮
飞天赦	艮	兑	乾	震	坤	坎	中	巽	震	离	艮	兑
飞解神	坎	坤	震	巽	中	乾	兑	中	乾	兑	艮	离
壬德星	坤	坎	离	艮	兑	乾	中	中	巽	震	坤	坎
癸德星	震	坤	坎	离	艮	兑	乾	中	中	巽	震	坤

（续表）

吉神	正	二	三	四	五	六	七	八	九	十	十一	十二
捉煞帝星	卯	辰	巳	午	未	申	酉	戌	亥	子	丑	寅
	乙	巽	丙	丁	坤	庚	辛	乾	壬	癸	艮	甲
	午	未	申	酉	戌	亥	子	丑	寅	卯	辰	巳
	丁	坤	庚	辛	乾	壬	癸	艮	甲	巳	巽	丙
捉财帝星	酉	戌	亥	子	丑	寅	卯	辰	巳	午	未	申
	辛	乾	壬	癸	艮	甲	乙	巽	丙	丁	坤	庚
	子	丑	寅	卯	辰	巳	午	未	申	酉	戌	亥
	癸	艮	甲	乙	巽	丙	丁	坤	庚	辛	乾	壬
飞天禄	离	艮	兑	乾	中	兑	乾	中	巽	震	坤	坎
飞天马	艮	兑	乾	中	兑	乾	中	巽	震	坤	坎	离
催官使	中	巽	震	巽	震	坤	中	巽	震	巽	震	坤
阳贵人	乾	中	巽	震	坤	坎	离	艮	兑	乾	中	兑
阴贵人	坤	坎	离	坎	兑	乾	中	兑	乾	中	巽	乾
天寿星	癸丑	震	巽	震	乙辰	离	坤	乙辰	离	坤	兑	乾
天喜星	未	午	巳	辰	卯	寅	丑	子	亥	戌	酉	申
天嗣星	丁未	兑	乾	兑	辛戌	坎	艮	辛戌	坎	艮	震	兑
催官星	丑	未	寅	申	卯	酉	辰	戌	巳	亥	午	子
进禄星	坤	亥壬	巽	坤	亥壬	巽	坤	亥壬	巽	坤	亥壬	巽
天富星	巽	巳丙	离	坤	申庚	兑	乾	癸壬	坎	艮	寅申	震
天财星	坎	艮	巽	离	坤	乾	坎	艮	巽	离	坤	乾

579

己卯年开山立向修方月家紧要凶神定局

凶神	正	二	三	四	五	六	七	八	九	十	十一	十二
天官符	中	兑	乾	中	巽	震	坤	坎	离	艮	兑	乾
地官符	坎	离	艮	兑	乾	中	兑	乾	中	巽	震	坤
罗天退	乾	中	天	天	天	巽	震	坤	坎	离	艮	兑
小儿煞	离	坎	坤	震	巽	中	乾	兑	艮	离	坎	坤
大月建	坤	坎	离	艮	兑	乾	中	巽	震	坤	坎	离
正阴府	坤坎	离	震	艮巽	乾兑	坤坎	离	震	艮巽	乾兑	坤坎	离
傍阴府	乙	壬	庚	丙	甲	乙	壬	庚	丙	甲	癸	壬
	癸	寅	亥		丁	癸	寅	亥		丁	乙	寅
	甲	寅	亥		巳	申	寅	亥		巳	申	寅
	辰	戌	未	辛	丑	辰	戌	未	辛	丑	辰	戌
月克山	乾	乾	震	震	无克	无克	水	水	乾	乾	离	离
	亥	亥	艮	艮	无克	无克	土	土	亥	亥	壬	壬
	兑	兑	艮	艮	无克	无克	十三	十三	丁	丁	丙	丙
	丁	丁	巳	巳	无克	无克	山	山	兑	兑	乙	乙
打头火	乾	中	兑	乾	中	巽	震	坤	坎	离	艮	兑
月游火	巽	中	乾	兑	艮	离	坎	坤	震	巽	中	乾
飞独火	离	艮	兑	乾	中	兑	乾	中	巽	震	坤	坎
顺血刃	兑	艮	离	坎	坤	震	巽	中	乾	兑	艮	离
逆血刃	离	艮	兑	乾	中	巽	震	坤	坎	离	艮	兑

（续表）

凶神	正	二	三	四	五	六	七	八	九	十	十一	十二
月劫煞	亥	申	巳	寅	亥	申	巳	寅	亥	申	巳	寅
月灾煞	子	酉	午	卯	子	酉	午	卯	子	酉	午	卯
月的煞	丑	戌	未	辰	丑	戌	未	辰	丑	戌	未	辰
山朱雀	离	坎坤	巽	乾	艮兑		震离	坎坤	巽	乾	艮兑	
撞命煞	甲	壬	庚	丙	甲	壬	庚	丙	甲	壬	庚	丙
报怨煞	寅	亥	申	巳	寅	亥	申	巳	寅	亥	申	巳
剑锋煞	甲	乙	巽	丙	丁	坤	庚	辛	乾	壬	癸	艮
月入座	亥	子	丑	寅	卯	辰	巳	午	未	申	酉	戌
月崩腾	辛	巳	丙	寅	庚	甲	酉	丁	子	丑	坤	乾
流财退	亥	申	巳	寅	卯	午	子	酉	丑	未	辰	戌
丙独火			巽	震	坤	坎	离	艮	兑	乾		
丁独火	乾		巽	震	坤	坎	离	艮	兑	乾		
巡山火	乾	坤	坎	坎	中	卯	卯	酉	艮	艮	巽	乾
灭门火	己巳	丙子	辛未	丙寅	癸酉	戊辰	乙亥	庚午	丁丑	壬申	丁卯	甲戌
祸凶日	乙亥	庚午	丁丑	壬申	丁卯	甲戌	己巳	丙子	辛未	丙寅	癸酉	戊辰

（17）庚辰年

庚辰年，通天窍云水之位，煞在南方巳午未。忌丙子壬癸四向，名坐煞向煞。大利山甲庚辛壬戌辰乙坤，宜造葬吉。作主利寅午戌生人；忌丑未生人，不可用。罗天退占巽方,忌修造、葬埋,主退财。九良星占僧堂、寺观、城隍、社庙、厅及寅辰方。

庚辰年二十四山吉凶神煞

壬山○天罡、武库、升龙、武曲、岁位德、岁天道、岁天德。

　　　●血刃、向煞、刀砧、利方。

子山○天罡、升龙、武曲、紫檀、贪狼、金匮、财库。

　　　●支神退、隐伏血刃、流财、白虎煞。

癸山○天帝、紫檀、水轮。

　　　●向煞、浮天空、入山空、头白空、翎毛。

丑山○天帝、黄罗、宝台、水轮、福德、金库。

　　　●傍阴府、流财退、暗刀煞、入座、天命煞。

艮山○大吉、胜光、地皇、丰龙、水轮、宝台、天福、太乙、左辅、金轮、年克山家、天命煞。

寅山○大吉、胜光、丰龙、水轮、天福、太乙、朗耀、天定、左辅、金轮、千斤血刃,大利造葬。

甲山○进田、天定、金轮、金星、人道、利道、驿马临官。

　　　●傍阴府、翎毛、山家刀砧、火血、六害、大利方。

卯山○进田、天皇、荣光、金轮、金星。

　　　●克山、皇天灸退、阴中煞。

乙山○青龙、传送、玉皇、萃龙、右弼、驿马临官。

　　　●皇天灸退。

辰山○青龙、传送、玉皇、天乙、萃龙、右弼、紫檀、支德合。

　　　●太岁、金神七煞、小利方。

巽山○玉皇、天乙、木星。

　　　●巡山罗睺、六十年空亡、罗天大退。

巳山○玉皇、黄罗、天乙、木星、太阳。

　　　●三煞、克山、傍阴府、金神、千斤血刃。

丙山○河魁、天定、壮龙、岁天道、太阳、地皇、贪狼。

　　　●坐煞、入山刀砧。

午山○河魁、天定、壮龙、右弼、太阳、天乙。

●三煞、打劫血刃。

丁山○黄罗、天台、太乙、天德合、月德合。

　　●坐煞、傍阴府、浮天空、入山刀砧、入山空、头白空、翎毛禁向。

未山○天皇、天台、太阴、水轮、武曲、太乙。

　　●三煞、隐伏血刃、朱雀。

坤山○迎财、神后、天魁、泰龙、巨门、水轮、天定、太乙、太阳、贪狼、头白空、大利。

申山○迎财、神后、紫檀、宝台、天定、太乙、泰龙、天魁、太阳、岁位合。

　　●穿山罗睺、地官符。

庚山○进宝、天皇、天定、太阴、五龙、人道、利道。

　　●困龙、刀砧、翎毛禁向。大利方。

酉山○进宝、黄罗、太阴、天乙、天定、岁支合。

　　●正阴府、坐山罗睺、天禁朱雀、小耗、五鬼。

辛山○库珠、功曹、天乙、益龙、巨门、驿马临官、天华、天禄、

　　●大利方

戌山○库珠、功曹、天乙、巨门、益龙、玉皇、岁德。

　　●岁破大耗、蚕官、小利方。

乾山○玉皇、天乙、武曲。

　　●正阴府、六十年空亡。

亥山○天皇、紫微、天乙、龙德、武库。

　　●天官符、田官符。

山　　酉丁乾亥山,变丁丑水运,忌纳音土年月日时,甲寅辰辛申变庚辰金。

龙　　卯辰巳山,变癸未木运,忌纳音金年月日时,巽戌坎庚运忌用火。

运　　午壬丙乙山,变丙戌土运,忌纳音木年月日时,丑癸坤未山年月日时。

庚辰年开山立向修方月家紧要吉神定局

吉神	正	二	三	四	五	六	七	八	九	十	十一	十二
天尊星	震	巽	乾	兑	艮	离	坎	坤	震	巽	乾	兑
天帝星	兑	乾	巽	震	坤	坎	离	艮	兑	乾	巽	震
罗天退	艮	离	坎	坤	震	巽	中	天	天	天	乾	兑

	立春	春分	立夏	夏至	立秋	秋分	立冬	冬至
乙奇星	巽	艮	离	巽	乾	坤	坎	乾
丙奇星	中	离	坎	震	中	坎	离	兑
丁奇星	乾	坎	坤	坤	巽	离	艮	艮

吉神	正	二	三	四	五	六	七	八	九	十	十一	十二
一白星	坎	坤	震	巽	中	乾	兑	艮	离	坎	坤	震
六白星	乾	兑	艮	离	坎	坤	震	巽	中	乾	兑	艮
八白星	艮	离	坎	坤	震	巽	中	乾	兑	艮	离	坎
九紫星	离	坎	坤	震	巽	中	乾	兑	艮	离	坎	坤
飞天德	中	坎	兑	中	坎	乾	中	坎	中	巽	坎	乾
飞月德	巽	坎	兑	中	离	乾	巽	坎	中	震	离	乾
飞天赦	中	坎	离	离	艮	兑	坤	坎	离	乾	中	巽
飞解神	离	坎	坤	震	巽	中	乾	兑	中	乾	兑	艮
壬德星	离	艮	兑	乾	中	中	巽	震	坤	坎	离	艮
癸德星	坎	离	艮	兑	乾	中	中	巽	震	坤	坎	离

（续表）

吉神	正	二	三	四	五	六	七	八	九	十	十一	十二
捉煞帝星	卯	辰	巳	午	未	申	酉	戌	亥	子	丑	寅
	乙	巽	丙	丁	坤	庚	辛	乾	壬	癸	艮	甲
	午	未	申	酉	戌	亥	子	丑	寅	卯	辰	巳
	丁	坤	庚	辛	乾	壬	癸	艮	甲	乙	巽	丙
捉财帝星	酉	戌	亥	子	丑	寅	卯	辰	巳	午	未	申
	辛	乾	壬	癸	艮	甲	乙	巽	丙	丁	坤	庚
	子	丑	寅	卯	辰	巳	午	未	申	酉	戌	亥
	癸	艮	甲	乙	巽	丙	丁	坤	庚	辛	乾	壬
飞天禄	坤	坎	离	艮	兑	乾	中	兑	乾	中	巽	震
飞天马	中	兑	乾	中	巽	震	坤	坎	离	艮	兑	乾
催官使	震	坤	坎	坤	坎	离	震	坤	坎	坤	坎	离
阳贵人	兑	乾	中	巽	震	坤	坎	离	艮	兑	乾	中
阴贵人	坎	离	艮	兑	乾	中	兑	乾	中	巽	震	坤
天寿星	癸丑	震	巽	震	乙辰	离	坤	乙辰	离	坤	兑	乾
天喜星	未	午	巳	辰	卯	寅	丑	子	亥	戌	酉	申
天嗣星	丁未	兑	乾	兑	辛戌	坎	艮	辛戌	坎	艮	震	巽
催官星	丑	未	寅	申	卯	酉	辰	戌	己	亥	午	子
进禄星	坤	壬亥	巽	坤	壬亥	巽	坤	壬亥	巽	坤	壬亥	巽
天富星	巽	巳丙	离	坤	申庚	兑	乾	癸壬	坎	艮	寅申	震
天财星	坎	艮	巽	离	坤	乾	坎	艮	巽	离	坤	乾

庚辰年开山立向修方月家紧要凶神定局

凶神	正	二	三	四	五	六	七	八	九	十	十一	十二
天官符	中	巽	震	坤	坎	离	艮	兑	乾	中	兑	乾
地官符	坤	坎	离	艮	兑	乾	中	兑	乾	中	巽	震
罗天退	兑	乾	中	天	天	天	巽	震	坤	坎	离	艮
小月煞	中	乾	兑	艮	离	坎	坤	震	巽	中	乾	兑
大月建	艮	兑	乾	中	巽	震	坤	坎	离	艮	兑	乾
正阴府	震	艮巽	乾兑	坤坎	离	震	艮巽	乾兑	坤坎	离	震	艮巽
傍阴府	庚	丙	甲	乙	壬	庚	丙	甲	乙	壬	庚	丙
	亥		丁	癸	寅	亥		丁	癸	寅	亥	
	亥		巳	申	寅	亥		巳	申	寅	亥	
	未	辛	丑	辰	戌	未	辛	丑	辰	戌	未	辛
月克山	乾	乾	震	震	离	离	无克	无克	乾	乾	水	土
	亥	亥	艮	艮	壬	壬	无克	无克	亥	亥	十	三
	兑	兑	艮	艮	丙	丙	无克	无克	兑	兑	十	三
	丁	丁	巳	巳	乙	无克	无克	丁	丁	山		
打头火	乾	中	巽	震	坤	坎	离	艮	兑	乾	中	兑
月游火	巽	中	乾	兑	艮	离	坎	坤	震	巽	中	乾
飞独火	乾	中	兑	乾	中	巽	震	坤	坎	离	艮	兑
顺血刃	巽	中	乾	兑	艮	离	坎	坤	震	巽	中	乾
逆血刃	乾	中	巽	震	坤	坎	离	艮	兑	乾	中	巽

（续表）

凶神	正	二	三	四	五	六	七	八	九	十	十一	十二
月劫煞	亥	申	巳	寅	亥	申	巳	寅	亥	申	巳	寅
月灾煞	子	酉	午	卯	子	酉	午	卯	子	酉	午	卯
月的煞	丑	戌	未	辰	丑	戌	未	辰	丑	戌	未	辰
山朱雀	离	坎坤	巽	乾	艮兑		震离	坎坤	巽	乾	艮兑	
撞命煞	甲	壬	庚	丙	甲	壬	庚	丙	甲	壬	庚	丙
报怨煞	寅	亥	申	巳	寅	亥	申	巳	寅	亥	申	巳
剑锋煞	甲	乙	巽	丙	丁	坤	庚	辛	乾	壬	癸	艮
月入座	亥	子	丑	寅	卯	辰	巳	午	未	申	酉	戌
月崩腾	辛	巳	丙	寅	庚	甲	酉	丁	子	丑	坤	乾
流财退	亥	申	巳	寅	卯	午	酉	子	丑	未	辰	戌
丙独火	巽	震	坤	坎	艮	兑	乾			巽	震	
丁独火		巽	震	坤	坎	离	艮	兑	乾			巽
巡山火	乾	坤	坎	坎	中	震	震	兑	艮	艮	巽	乾
灭门火	辛巳	戊子	癸未	戊寅	乙酉	庚辰	丁亥	壬午	己丑	甲申	己卯	丙戌
祸凶日	丁亥	壬午	己丑	甲申	己卯	丙戌	辛巳	戊子	癸未	戊寅	乙酉	庚辰

（18）辛巳年

辛巳年,通天窍云金之位,煞在东方寅卯辰。忌甲庚乙辛四向,名坐煞、向煞。大利山丑未亥巳乾丁艮,宜造葬,吉。作主寅午戌巳酉丑生人,吉;忌申亥生人。罗天退占巽方,忌修造安葬,主退财,凶。九良星占船;煞在门及寺。

辛巳年二十四山吉凶神煞

壬山○进田、水轮。

　　　　●年克山、头白空、入山空、翎毛、六害。

子山○进田、紫檀、宝台、巨门、龙德、武库、水轮。

　　　　●正阴府、金神七煞、支神退、皇天灸退、千斤血刃。

癸山○青龙、胜光、紫檀、升龙、宝台、金轮、水轮、水星、武曲。

　　　　●傍阴府、皇天灸退、翎毛禁向、刀砧。

丑山○青龙、胜光、黄罗、宝台、金轮、水轮、水星、天定、升龙。

　　　　●金神、白虎煞、小利方。

艮山○天帝、天定、地皇、右弼、金轮。

　　　　●头白空、蚕官、小利方。

寅山○天帝、朗耀、福德、金轮、金星。

　　　　●三煞、金神、阴中煞、入座、千斤血刃、隐伏血刃。

甲山○玉皇、传送、天福、天定、左辅、丰龙。

　　　　●坐煞、六十年空亡、入山刀砧。

卯山○玉皇、天皇、传送、丰龙、荣光、天定、天福、左辅、天乙。

　　　　●三煞、金神七煞。

乙山○玉皇、天乙、月德合、岁天道、人道。

　　　　●克山、傍阴府、坐煞、火血刀砧。

辰山○玉皇、紫檀、木星。

　　　　●三煞、傍阴府、太岁。

巽山○迎财、河魁、莘龙、右弼、武曲。

　　　　●独火、打劫血刃、罗天大退。

巳山　迎财、河魁、黄罗、天乙、莘龙、右弼、宝库。

　　　　●太岁、堆黄、利方。

丙山○进宝、地皇、太乙、宝库、右弼。

　　　　●克山、浮天空、巡山罗睺、头白空、入山空、翎毛禁向。

午山○进宝、贪狼、太乙、水轮、太阳、贵人。

●克山、穿山罗睺、金神七煞。

丁山○库珠、神后、黄罗、天定、太阳、天乙、水轮、太乙。

　　　●困龙、翎毛禁向、大利方。

未山○库珠、神后、天皇、天定、太阳、天乙、太乙。

　　　●朱雀、金神、天命煞、大利方。

坤山○天台、天定、太阴、岁德、岁支合。

　　　●正阴府、太岁、天命煞。

申山○紫檀、天台、太阴、天定、宝台、土曲。

　　　●傍阴府、天官符、天命煞。

庚山○天皇、功曹、天魁、天乙、泰龙、贪狼、房显。

　　　●向煞、逆血刃、六十年空亡。

酉山○功曹、天乙、天魁、泰龙、黄罗、玉皇、太乙、五龙、贪狼。

　　　●地官符、小利方。

辛山○玉皇、天乙、五龙、岁天道、人道。

　　　●向煞、山家火血、刀砧。

戌山○天乙、驿马临官。

　　　●隐伏血刃、流财煞、小耗。

乾山○大吉、天罡、太乙、巨门、益龙、天华、金库。

　　　●五鬼、流财煞、小利方。

亥山○大吉、天罡、巨门、太乙、益龙、天皇、紫微。

　　　●岁破、五鬼、大耗、小利方。

山　　酉丁乾亥山,变己丑火运,忌纳音水年月日时,甲寅辰辛申变壬辰水。

龙　　卯艮巳山,变乙未金运,忌纳音火年月日时,巽戌坎庚运忌用土。

运　　午壬丙乙山,变戊戌木运,忌纳音金年月日时,丑癸坤未山年月日时。

辛巳年开山立向修方月家紧要吉神定局

吉神	正	二	三	四	五	六	七	八	九	十	十一	十二
天尊星	震	巽	乾	兑	艮	离	坎	坤	震	巽	乾	兑
天帝星	兑	乾	巽	震	坤	坎	离	艮	兑	乾	巽	震
罗天进	兑	艮	离	坎	坤	震	巽	中	天	天	天	乾

吉神	立春		春分		立夏		夏至		立秋		秋分		立冬		冬至	
乙奇星	震		兑		艮		中		兑		震		坤		中	
丙奇星	巽		艮		离		巽		乾		坤		坎		乾	
丁奇星	中		离		坎		震		中		坎		离		兑	

吉神	正	二	三	四	五	六	七	八	九	十	十一	十二
一白星	巽	中	乾	兑	艮	离	坎	坤	震	巽	中	乾
六白星	离	坎	坤	震	震	中	乾	兑	艮	离	坎	坤
八白星	坤	震	巽	中	乾	兑	艮	离	坎	坤	震	巽
九紫星	震	巽	中	乾	兑	艮	离	坎	坤	震	巽	中
飞天德	震	坎	中	巽	坎	中	震	坎	巽	坤	坎	中
飞月德	坤	艮	中	震	兑	中	坤	艮	巽	坎	兑	中
飞天赦	艮	兑	乾	乾	中	坎	艮	兑	乾	震	坤	坎
飞解神	艮	离	坎	坤	震	巽	中	乾	兑	中	乾	兑
壬德星	兑	乾	中	中	巽	震	坤	坎	离	艮	兑	乾
癸德星	艮	兑	乾	中	中	巽	震	坤	坎	离	艮	兑

（续表）

吉神	正	二	三	四	五	六	七	八	九	十	十一	十二
捉煞帝星	卯	辰	巳	午	未	申	酉	戌	亥	子	丑	寅
	巳	巽	丙	丁	坤	庚	辛	乾	壬	癸	艮	申
	午	未	申	酉	戌	亥	子	丑	寅	卯	辰	巳
	丁	坤	庚	辛	乾	壬	癸	艮	甲	乙	巽	丙
捉财帝星	酉	戌	亥	子	丑	寅	卯	辰	巳	午	未	申
	辛	乾	壬	癸	艮	甲	乙	巽	丙	丁	坤	庚
	子	丑	寅	卯	辰	巳	午	未	申	酉	戌	亥
	癸	艮	甲	乙	巽	丙	丁	坤	艮	辛	乾	壬
飞天禄	震	坤	坎	离	艮	兑	乾	中	兑	乾	中	巽
飞天马	中	巽	震	坤	坎	离	艮	兑	乾	中	兑	乾
催官使	坎	离	艮	离	艮	兑	坎	离	艮	离	艮	兑
阳贵人	中	兑	乾	中	巽	震	坤	坎	离	艮	兑	乾
阴贵人	离	艮	兑	乾	中	兑	乾	中	巽	震	坤	坎
天寿星	癸丑	震	巽	震	乙辰	离	坤	乙辰	离	坤	兑	乾
天喜星	未	午	巳	辰	卯	寅	丑	子	亥	戌	酉	申
天嗣星	丁未	兑	乾	兑	辛戌	坎	艮	辛戌	坎	艮	震	巽
催官星	丑	未	寅	申	卯	酉	辰	戌	巳	亥	午	子
进禄星	坤	壬亥	巽	坤	壬亥	巽	坤	壬亥	巽	坤	壬亥	巽
天富星	巽	巳丙	离	坤	申庚	兑	乾	癸壬	坎	艮	寅申	震
天财星	坎	艮	巽	离	坤	乾	坎	艮	巽	离	坤	乾

辛巳年开山立向修方月家紧要凶神定局

凶神	正	二	三	四	五	六	七	八	九	十	十一	十二
天官符	坤	坎	离	艮	兑	乾	中	兑	乾	中	巽	震
地官符	震	坤	坎	离	艮	兑	乾	中	兑	乾	中	巽
罗天退	艮	兑	乾	中	天	天	天	巽	震	坤	坎	离
小儿煞	离	坎	坤	震	巽	中	乾	兑	艮	离	坎	坤
大月建	中	巽	震	坤	坎	离	艮	兑	乾	中	巽	震
正阴府	乾兑	坤坎	离	震	艮巽	乾兑	坤坎	离	震	艮巽	乾兑	坤坎
傍阴府	甲丁巳丑	乙癸申辰	壬寅寅戌	庚亥亥未	丙辛	甲丁巳丑	乙癸申辰	壬寅寅戌	庚亥亥未	丙辛	甲丁巳丑	乙癸申辰
月克山	无克无克无克	无克无克无克	乾亥兑丁	乾亥兑丁	午壬丙乙	午壬丙乙	艮卯卯巳	艮卯卯巳	无克无克无克	无克无克无克	水十十	土三三山
飞独火	乾	中	巽	震	坤	坎	离	艮	兑	乾	中	兑
打头火	震	坤	坎	离	艮	兑	乾	中	兑	乾	中	巽
月游火	离	坎	坤	兑	巽	中	乾	兑	艮	离	坎	坤
顺血刃	坎	坤	震	巽	中	乾	兑	艮	离	坎	坤	震
逆血刃	震	坤	坎	离	艮	兑	乾	中	巽	震	坎	坤

（续表）

凶神	正	二	三	四	五	六	七	八	九	十	十一	十二
月劫煞	亥	申	巳	寅	亥	申	巳	寅	亥	申	巳	寅
月灾煞	子	酉	午	卯	子	酉	午	卯	子	酉	午	卯
月的煞	丑	戌	未	辰	丑	戌	未	辰	丑	戌	未	辰
山朱雀	离	坎坤	巽	乾	艮兑		震离	坎坤	巽	乾	艮兑	
撞命煞	甲	壬	庚	丙	甲	壬	庚	丙	甲	壬	庚	丙
报怨煞	寅	亥	申	巳	寅	亥	申	巳	寅	亥	申	巳
剑锋煞	甲	乙	巽	丙	丁	坤	庚	辛	乾	壬	癸	艮
月入座	亥	子	丑	寅	卯	辰	巳	午	未	申	酉	戌
月崩腾	辛	巳	丙	寅	庚	甲	酉	丁	子	丑	坤	乾
流财退	亥	申	巳	寅	卯	午	子	酉	丑	未	辰	戌
丙独火	坤	坎	离	艮	兑	乾			巽	震	坤	坎
丁独火	震	坤	坎	离	艮	兑	乾			巽	震	
巡山火	乾	坤	坎	坎	中	震	巽	兑	艮	艮	巽	乾
灭门火	癸巳	庚子	乙未	庚寅	丁酉	壬辰	己亥	甲午	辛丑	丙申	辛卯	戊戌
祸凶日	己亥	甲午	辛丑	丙申	辛卯	戊戌	癸巳	庚子	己未	庚酉	子寅	壬辰

（19）壬午年

壬午年，通天窍云火之位，煞在北方亥子丑。忌丙壬丁癸四向，名坐煞、向煞。大利山艮卯巽未坤申山，宜造葬，大吉利。作主宜巳酉丑寅戌生命，吉;忌子午生人。罗天退在兑山,忌竖造埋葬、修造,主退财,凶。九良星占厨灶及神庙戌亥方。

壬午年二十四山吉凶神煞

壬山○胜光、宝台、天定、水轮、巨门、益龙。

　　●傍阴府、山家火血、翎毛、坐煞、刀砧。

子山○胜光、宝台、天定、水轮、巨门、紫微、益龙、水星。

　　●三煞、岁破、土皇煞。

癸山○弼星、贪狼、武曲。

　　●坐煞、头白空亡。

丑山○龙德、武库、左辅。

　　●三煞、阴中煞、蚕官。

艮山○迎财、传送、天皇、升龙、贪狼、武曲、福寿、天道。

　　●蚕室、大利方。

寅山○迎财、传送、太乙、武曲、升龙、天德合、支德合。

　　●傍阴府、金神、白虎煞。

甲山○玉皇、进财、天乙、天帝、紫檀。

　　●浮天空、入山空、刀砧、翎毛。

卯山○玉皇、进宝、天乙、天帝、地皇、龙德、宝台。

　　●金神七煞、入座、小利方。

乙山○库珠、河魁、天乙、天福、天定、左辅、丰龙、利道、驿马、临官。

　　●六十年空、小利。

辰山○库珠、河魁、天乙、天福、天帝、左辅、丰龙、青龙、生气、华盖。

　　●穿山罗睺、千斤血刃。

巽山○黄罗、天定、武曲、太阴、五库、太白、岁天道、人道、武库。

　　●困龙五鬼。小利。

巳山　天定、太阴、左辅、右弼、岁德。

　　●天官符、天禁、朱雀。

丙山○天皇、神后、萃龙、右弼、水轮、太乙、太阳。

　　●坐煞、向煞、翎毛、血火。

午山○神后、天乙、太乙、萃龙、右弼、水轮、巨门、太阳。

●正阴府、太岁。

丁山○左辅、财库。

　　　●克山、头白空、巡山罗睺、坐煞向煞。

未山○地皇、太阳、贵人、岁支合、人仓、天贵、金库。

　　　●燥火、小利方。

坤山○大吉、功曹、太乙、壮龙、太阳、贵人、驿马。

　　　●坐山罗睺、打劫血刃。小利方。

申山○大吉、功曹、荣光、太乙、壮龙、大贵人、驿马。

　　　●大利。

庚山○进田、地皇、天合、天乙、玉皇、土曲、水星。

　　　●浮天空、入山空、翎毛禁向、入山刀砧、天命杀、六害。

酉山○进田、玉皇、朗耀、天台、天乙、右弼、太阴。

　　　●克山、独火、皇天灸退、天命煞。

辛山○青龙、天罡、黄罗、天魁、泰龙、贪狼。

　　　●皇天灸退、六十年空亡、天命煞。

戌山○青龙、天罡、天魁、泰龙、贪狼、武曲、丰龙。

　　　●傍阴府、地官符、金神、流财。

乾山○紫檀、天定、左辅、金轮、金星。

　　　●克山、支神退、头白空、隐伏血刃、流财。

亥山○地皇、天定、金轮、金星。

　　　●三煞、克山、金神、隐伏血刃、千斤血刃、小耗。

山　　酉丁乾亥山,变辛丑土运,忌纳音木年月日时,甲寅辰巽申变甲辰火。

龙　　卯艮巳山,变丁未水运,忌纳音土年月日时,戊坎辛庚运忌用水。

运　　午壬丙乙山,变庚戌金运,忌纳音火年月日时,丑癸坤未山年月日时。

壬午年开山立向修方月家紧要吉神定局

吉神	正	二	三	四	五	六	七	八	九	十	十一	十二
天尊星	艮	离	坎	坤	震	巽	乾	兑	艮	离	坎	坤
天帝星	坤	坎	离	艮	兑	乾	巽	震	坤	坎	离	艮
罗天进	乾	兑	艮	离	坎	坤	震	巽	中	天	天	天

	立春	春分	立夏	夏至	立秋	秋分	立冬	冬至
乙奇星	坤	乾	兑	乾	艮	巽	震	巽
丙奇星	震	兑	艮	中	兑	震	坤	中
丁奇星	巽	艮	离	巽	乾	坤	坎	乾

吉神	正	二	三	四	五	六	七	八	九	十	十一	十二
一白星	兑	艮	离	坎	坤	震	巽	中	乾	兑	震	离
六白星	震	巽	中	乾	兑	艮	离	坎	坤	震	巽	中
八白星	中	乾	兑	艮	离	坎	坤	震	巽	中	乾	兑
九紫星	乾	兑	艮	离	坎	坤	震	巽	中	乾	兑	艮
飞天德	坎	坎	巽	坤	坎	震	坎	坎	坤	离	坎	震
飞月德	离	乾	巽	坎	中	震	离	乾	坤	艮	中	震
飞天赦	中	巽	震	离	艮	兑	中	坎	离	离	艮	兑
飞解神	兑	艮	离	坎	坤	震	巽	中	乾	兑	中	乾
壬德星	中	中	巽	震	坤	坎	离	艮	兑	乾	中	中
癸德星	乾	中	中	巽	震	坤	坎	离	艮	兑	乾	中

（续表）

吉神	正	二	三	四	五	六	七	八	九	十	十一	十二
捉煞帝星	卯	辰	巳	午	未	申	酉	戌	亥	子	丑	寅
	乙	巽	丙	丁	坤	庚	辛	乾	壬	癸	艮	申
	午	未	申	酉	戌	亥	子	丑	寅	卯	辰	巳
	丁	坤	庚	辛	乾	壬	癸	艮	甲	乙	巽	丙
捉财帝星	酉	戌	亥	子	丑	寅	卯	辰	巳	午	未	申
	辛	乾	壬	癸	艮	甲	乙	巽	丙	丁	坤	庚
	子	丑	寅	卯	辰	巳	午	未	申	酉	戌	亥
	癸	艮	甲	乙	巽	丙	丁	坤	庚	辛	乾	壬
飞天禄	中	巽	震	坤	坎	离	艮	兑	乾	中	兑	乾
飞天马	坤	坎	离	艮	兑	乾	中	兑	乾	中	巽	震
催官使	艮	兑	乾	兑	乾	中	艮	兑	乾	兑	乾	中
阳贵人	乾	中	兑	乾	中	巽	震	坤	坎	离	艮	兑
阴贵人	艮	兑	乾	中	兑	乾	中	巽	震	坤	坎	离
天寿星	癸丑	震	巽	震	乙辰	离	坤	乙辰	离	坤	兑	乾
天喜星	未	年	巳	辰	卯	寅	丑	子	亥	戌	酉	申
天嗣星	丁未	兑	乾	兑	辛戌	坎	艮	辛戌	坎	艮	震	巽
催官星	丑	未	寅	申	卯	酉	辰	戌	巳	亥	午	子
进禄星	坤	亥壬	巽	坤	亥壬	巽	坤	亥壬	巽	坤	亥壬	巽
天富星	巽	巳丙	离	坤	申丙	兑	乾	癸壬	坎	艮	寅申	震
天财星	坎	艮	巽	离	坤	乾	坎	艮	巽	离	坤	乾

壬午年开山立向修方月家紧要凶神定局

凶神	正	二	三	四	五	六	七	八	九	十	十一	十二
天官符	艮	兑	乾	中	兑	乾	中	巽	震	坤	坎	离
地官符	巽	震	坤	坎	离	艮	兑	乾	中	兑	乾	中
罗天退	离	艮	兑	乾	中	天	天	天	巽	震	坤	坎
小儿煞	中	乾	兑	艮	离	坎	坤	震	巽	中	乾	兑
大月建	坤	坎	离	艮	兑	乾	中	巽	震	坤	坎	离
正阴府	离	震	艮巽	乾兑	坤坎	离	震	艮巽	乾兑	坤坎	离	震
傍阴府	壬	庚	丙	甲	乙	壬	庚	丙	甲	乙	壬	庚
	寅	亥		丁	癸	寅	亥		丁	癸	寅	亥
	寅	亥		巳	申	寅	亥		巳	申	寅	亥
	戌	未	辛	丑	辰	戌	未	辛	丑	辰	戌	未
月克山	离	离	水	土	震	震	无克	无克	乾	冬至	无克	无克
	壬	壬	十	三	艮	艮	无克	无克	亥	后	无克	无克
	丙	丙	十	三	艮	艮	无克	无克	兑	十三山	无克	无克
	乙	乙	山							丁	十三	山
打头火	离	艮	兑	乾	中	兑	乾	中	巽	震	坤	坎
月游火	坤	震	巽	中	乾	兑	艮	离	坎	坎	震	巽
飞独火	震	坤	坎	离	艮	兑	乾	中	兑	乾	中	巽
顺血刃	震	巽	中	乾	兑	艮	离	坎	坤	震	巽	中
逆血刃	中	巽	震	坤	坎	离	艮	兑	乾	中	巽	震

（续表）

吉神	正	二	三	四	五	六	七	八	九	十	十一	十二
月劫煞	亥	申	巳	寅	亥	申	巳	寅	亥	申	巳	寅
月灾煞	子	酉	午	卯	子	酉	午	卯	子	酉	午	卯
月的煞	丑	戌	未	辰	丑	戌	未	辰	丑	戌	未	辰
山朱雀	离	坎坤	巽	乾	艮兑		震离	坎坤	巽	乾	艮兑	
撞命煞	甲	壬	庚	丙	甲	壬	庚	丙	甲	壬	庚	丙
报怨煞	寅	亥	申	巳	寅	亥	申	巳	寅	亥	申	巳
剑锋煞	甲	乙	巽	丙	丁	坤	庚	辛	乾	壬	癸	艮
月入座	亥	子	丑	寅	卯	辰	巳	午	未	申	酉	戌
月崩腾	辛	巳	丙	寅	庚	甲	酉	丁	子	丑	坤	乾
流财退	亥	申	巳	寅	卯	午	子	酉	丑	未	辰	戌
丙独火	离	艮	兑	乾			巽	震	坤	坎	离	艮
丁独火	坎	离	艮	兑	乾			巽	震	坤	坎	离
巡山火	乾	坤	坎	坎	中	震	震	兑	艮	艮	巽	乾
灭门火	乙巳	壬子	丁未	壬寅	己酉	甲辰	辛亥	丙午	癸丑	戊申	癸卯	庚戌
祸凶日	辛亥	丙午	癸丑	戊申	癸卯	庚戌	乙巳	壬子	丁未	壬寅	己酉	甲辰

（20）癸未年

癸未年,通天窍云木之位,煞在西方申酉戌。忌甲庚乙辛四向,名坐煞、向煞。大利山壬丙巳乾巽,宜修造安葬,大吉。作主宜巳酉丑命,吉;忌戌丑

生人,不用。罗天退占酉山,忌修造葬埋,主退财,凶。九良星占僧堂、社庙;
煞在井水步。

癸未年二十四山吉凶神煞

壬山○进宝、天皇、天定、金轮、金星、五龙、人道、利道、驿马。

　　　●大利方。

子山○天皇、进宝、天定、金轮、金星、巨门、岁支德。

　　　●克山、金神、阴中煞、小耗。

癸山○库珠、传送、天皇、宝台、益龙、水轮、水星。

　　　●克山、山家火血、刀砧。

丑山○库珠、传送、天乙、宝台、益龙、水轮、水星。

　　　●无克山、岁破、金神七煞、隐伏血刃、千斤血刃、蚕室、大耗。

艮山○天乙、巨门、左辅、武曲。

　　　●六十年空亡、坐山罗睺、五鬼血刃、蚕官。

寅山○太乙、龙德、武库。

　　　●年克、天官符、穿山罗睺、天太岁、朱雀。

甲山○地皇、河魁、升龙、巨门、岁天德、天道。

　　　●克山、困龙、向煞、翎毛、入山刀砧。

卯山○河魁、紫檀、升龙、巨门、宝台、武曲。

　　　●正阴府、头白空、白虎煞、天禁、朱雀、隐伏血刃。

乙山○玉皇、黄罗、天帝、天乙、太乙。

　　　●浮天空、头白空、入山空、向煞、刀砧。

辰山○玉皇、天皇、天帝、天乙、太乙、福德。

　　　●克山、入座。

巽山○大吉、神后、天福、太乙、丰龙、武曲。

　　　●克山、逆血刃、小利方。

巳山○大吉、神后、天福、太乙、丰龙、武曲、五库、天定、青龙、生气、驿马。

　　　●大利方。

丙山○进田、天定、太阴、五库、太白、人道、利道、驿马。

　　　●六害、大利方。

午山○进田、天乙、天定、太阴、岁支德、贪狼。

●独火、皇天灸退。

丁山○青龙、功曹、萃龙、左辅、太乙、水轮、太阴。

　　　●皇天灸退、山家火血、刀砧、小利方。

未山○青龙、功曹、紫檀、太乙、萃龙、太阴、水轮。

　　　●克山、傍阴府、堆黄煞。

坤山○黄罗、八白、贪狼。

　　　●克山、巡山罗睺、六十年空亡。

申山○天皇、荣光、太阳、贵人、岁天德。

　　　●三煞、克山、金神、蚕命。

庚山○天罡、紫檀、壮龙、天定、右弼。

　　　●克山坐煞、傍阴府、翎毛禁向。

酉山○天罡、天定、朗耀、壮龙、右弼、左辅。

　　　●三煞、金神七煞。

辛山○天乙、天台、玉皇。

　　　●克山、坐煞、浮天空、头白空、入山、大祸。

戌山○玉皇、天乙、天台、太阴、木犀。

　　　●三煞、克山、流财煞。

乾山○迎财、胜光、地皇、天魁、太阴、太龙、右弼。

　　　●支神退、流财煞。大利方。

亥山○迎财、胜光、紫檀、天魁、太阴、泰龙、五龙、岁位合。

　　　●傍阴府、地官符。

山　　酉丁乾亥山，变癸丑木运，忌纳音金年月日时，甲寅辰巽申变丙辰土。

龙　　卯艮巳山，变己未火运，忌纳音水年月日时，戌坎辛庚运忌用木。

运　　午壬丙乙山，变壬戌水运，忌纳音土年月日时，丑癸坤未山年月日时。

癸未年开山立向修方月家紧要吉神定局

吉神	正	二	三	四	五	六	七	八	九	十	十一	十二
天尊星	艮	离	坎	坤	震	巽	乾	兑	艮	离	坎	坤
天帝星	坤	坎	离	艮	兑	乾	巽	震	坤	坎	离	艮
罗天进	天	乾	兑	艮	离	坎	坤	震	巽	中	天	天

吉神	立春	春分	立夏	夏至	立秋	秋分	立冬	冬至
乙奇星	坎	中	乾	兑	离	中	巽	震
丙奇星	坤	乾	兑	乾	艮	巽	震	巽
丁奇星	震	兑	艮	中	兑	震	坤	中

吉神	正	二	三	四	五	六	七	八	九	十	十一	十二
一白星	坎	坤	震	巽	中	乾	兑	艮	离	坎	坤	震
六白星	乾	兑	艮	离	坎	坤	震	巽	中	乾	兑	艮
八白星	艮	离	坎	坤	震	巽	中	乾	兑	艮	离	坎
九紫星	离	坎	坤	震	巽	中	乾	兑	艮	离	坎	坤
飞天德	艮	坎	坤	离	坎	坎	艮	坎	离	兑	坎	坎
飞月德	兑	中	坤	艮	巽	坎	兑	中	离	乾	巽	坎
飞天赦	坤	坎	离	乾	中	巽	艮	兑	乾	乾	中	坎
飞解神	乾	兑	艮	离	坎	坤	震	巽	中	乾	兑	中
壬德星	巽	震	坤	坎	离	艮	兑	乾	中	中	巽	震
癸德星	中	巽	震	坤	坎	离	艮	兑	乾	中	中	巽

（续表）

吉神	正	二	三	四	五	六	七	八	九	十	十一	十二
捉煞帝星	卯	辰	巳	午	未	申	酉	戌	亥	子	丑	寅
	乙	巽	丙	丁	坤	庚	辛	乾	壬	癸	艮	甲
	午	未	申	酉	戌	亥	子	丑	寅	卯	辰	巳
	丁	坤	庚	辛	乾	壬	癸	艮	甲	乙	巽	丙
捉財帝星	酉	戌	亥	子	丑	寅	卯	辰	巳	午	未	申
	辛	乾	壬	癸	艮	甲	乙	巽	丙	丁	坤	庚
	子	丑	寅	卯	辰	巳	午	木	申	酉	戌	亥
	癸	艮	甲	乙	巽	丙	丁	坤	庚	辛	乾	壬
飞天禄	乾	中	巽	震	坤	坎	离	艮	兑	乾	中	兑
飞天马	艮	兑	乾	中	兑	乾	中	巽	震	坤	坎	离
催官使	乾	中	中	中	中	巽	乾	中	中	中	中	巽
阳贵人	艮	兑	乾	中	兑	乾	中	巽	震	坤	坎	离
阴贵人	乾	中	兑	乾	中	巽	震	坤	坎	离	艮	兑
天寿星	癸丑	震	巽	震	乙辰	离	坤	乙辰	离	坤	兑	乾
天喜星	未	午	巳	辰	卯	寅	丑	子	亥	酉	戌	申
天嗣星	丁未	兑	乾	兑	辛戌	坎	艮	辛戌	坎	艮	震	巽
催官星	丑	未	寅	申	卯	酉	辰	戌	巳	亥	戌	子
进禄星	坤	亥壬	巽	坤	壬亥	巽	坤	亥丁	巽	坤	亥丁	巽
天富星	巽	巳丙	离	申壬	兑	乾	壬癸	癸壬	坎	艮	癸甲	震
天财星	坎	艮	巽	离	坤	乾	坎	艮	巽	离	坤	乾

癸未年开山立向修方月家紧要凶神定局

凶神	正	二	三	四	五	六	七	八	九	十	十一	十二
天官符	中	兑	乾	中	巽	震	坤	坎	离	艮	兑	乾
地官符	中	巽	震	坤	坎	离	艮	兑	乾	中	兑	乾
罗天退	坎	离	艮	兑	乾	中	天	天	天	巽	震	坤
小儿煞	离	坎	坤	震	巽	中	乾	兑	艮	离	坎	坤
大月建	艮	兑	乾	中	巽	震	坤	坎	离	艮	兑	乾
正阴府	艮巽	乾兑	坤坎	离	震	艮巽	乾兑	坤坎	离	震	艮巽	乾兑
傍阴府	丙	甲	申	壬	庚	丙	甲	申	壬	庚	丙	甲
		丁	癸	寅	亥		丁	癸	寅	亥		丁
		巳	乙	寅	亥		巳	乙	寅	亥		巳
	辛	丑	辰	戌	未	辛	丑	辰	戌	未	辛	丑
月克山	艮	震	离	离	无克	无克	水	土	艮	艮	无克	无克
	震	艮	壬	壬	无克	无克	十	三	震	巳	无克	无克
	震	艮	丙	丙	无克	无克	十	三	震	巳	无克	无克
	巳	巳	乙	乙	无克	无克	山		巳	震	无克	无克
打头火	乾	中	兑	乾	中	巽	震	坤	坎	离	艮	兑
月游火	坤	震	巽	中	乾	兑	艮	离	坎	坤	震	巽
飞独火	离	艮	兑	乾	中	兑	乾	中	巽	震	坤	坎
顺血刃	离	坎	坤	震	巽	中	乾	兑	艮	离	坎	坤
逆血刃	坤	坎	离	震	兑	乾	中	巽	震	坤	坎	离

（续表）

凶神	正	二	三	四	五	六	七	八	九	十	十一	十二
月劫煞	亥	申	巳	寅	亥	申	巳	寅	亥	申	巳	寅
月灾煞	子	酉	午	卯	子	酉	午	卯	子	酉	午	卯
月的煞	丑	戌	未	辰	丑	戌	未	辰	丑	戌	未	辰
山朱雀	离	坎坤	巽	乾	艮兑		震离	坎坤	巽	乾	艮兑	
撞命煞	甲	壬	庚	丙	甲	壬	庚	丙	甲	壬	庚	丙
报怨煞	寅	亥	申	巳	寅	亥	申	巳	寅	亥	申	巳
剑锋煞	甲	乙	巽	丙	丁	坤	庚	辛	乾	壬	癸	艮
月入座	亥	子	丑	寅	卯	辰	巳	午	未	申	酉	戌
月崩腾	辛	巳	丙	寅	庚	甲	酉	丁	子	丑	坤	乾
流财退	亥	申	己	寅	卯	午	子	酉	丑	未	辰	戌
丙独火	兑	乾			巽	震	坤	坎	离	艮	兑	乾
丁独火	艮	兑	乾			巽	震	坤	坎	离	艮	兑
巡山火	乾	坤	坎	坎	中	卯	卯	酉	艮	艮	巽	乾
灭门火	丁巳	甲子	己未	甲寅	辛酉	丙辰	癸亥	戊午	乙丑	庚申	乙卯	壬戌
祸凶日	癸亥	戊午	乙丑	庚申	乙卯	壬戌	丁巳	甲子	己未	甲寅	辛酉	丙辰

（21）甲申年

　　甲申年，通天窃云水之位，煞在南方巳午未。忌丙壬丁癸四向，名坐煞、向煞。大利山甲庚辰戌酉卯乾坤，宜造葬，大吉。作主宜申子辰酉丑生人，吉;忌寅巳生人,凶;罗天退占子山,忌修造安葬,主退财。九良星占桥、井;煞在中庭、厅堂。

甲申年二十四山吉凶神煞

壬山〇传送、天魁、壮龙、右弼。

　　●无克山、浮天空、头白空、入山空、六十年空、翎毛禁向、刀砧。

子山〇传送、紫微、天皇、天魁、壮龙、右弼、五龙。

　　●地官符、罗天大退、流财煞。

癸山〇天皇、天定、金轮、金星、五龙、岁天德。

　　●向煞、翎毛、入山刀砧。

丑山〇天定、金轮、金星、岁支德。

　　●流财煞、小耗、田官符。

艮山〇大吉、河魁、宝台、太乙、天阳、泰龙、水轮。

　　●正阴府、太岁、支神退。

寅山〇大吉、河魁、太乙、宝台、泰龙、太阳、水轮。

　　●岁破、岁刑、小利方。

甲山〇进田、紫檀、地皇、贵人、驿马临官。

　　●山家火血、六害、大利方。

卯山〇进田、紫檀、宝台、水轮、龙德、武库、巨门。

　　●皇天灸退、蚕命、小利方。

乙山〇青龙、神后、黄罗、益龙、贪狼、武库、寿星。

　　●克山、皇天灸退。

辰山〇青龙、神后、天皇、益龙、贪狼。

　　●白虎煞、蚕官、大利方。

巽山〇玉皇、天帝、天乙、左辅。

　　●正阴府、五鬼、隐伏血刃、蚕官。

巳山〇玉皇、天帝、太乙、福德、岁支合。

　　●三煞、入座。

丙山〇功曹、天福、天定、升龙、巨门。

　　●克山、傍阴府、入山空、头白空、六十年空、坐气。

午山〇功曹、天定、天福、天乙、升龙、巨门。

●三煞、克山、独火、头白空亡、金神。

丁山〇天定、太阴、五库、太白、岁天道。

　　●坐煞、翎毛禁向、入山刀砧。

未山〇紫檀、天定、太阴、五库、巨门。

　　●三煞、金神七煞、地太岁。

坤山〇迎财、天罡、黄罗、丰龙、水轮、武曲、太乙、太阳、八白、左辅。

　　●支神退、大利方。

申山〇迎财、天罡、天皇、荣光,丰龙、武曲、水轮、太乙、太阳。

　　●太岁、金神、千斤血刃。

庚山〇进宝、紫檀、巨门、驿马。

　　●逆血刃,小利方。

酉山〇进宝、太阳、朗耀、巨门、贵人、天福、天贵。

　　●金神、大利方。

辛山〇库珠、胜光、天乙、萃龙、左辅、贵人。

　　●傍阴府、巡山罗睺。

戌山〇库珠、胜光、天乙、萃龙、天定、左辅。

　　●穿山罗睺。小利方。

乾山〇玉皇、地皇、天台、天乙、贪狼、土曲、武曲。

　　●困龙、隐伏血刃、打劫血刃、天命煞。

亥山〇玉皇、天乙、天台、紫檀、木星、太阴。

　　●天官符、朱雀、千斤血刃、暗刀、杀天命煞。

山　　酉丁乾亥山,变乙丑金运,忌纳音火年月日时,甲巽辛癸申变戊
　　　辰土。

龙　　卯艮巳山,变辛未土运,忌纳音木年月日时,寅戌申庚运忌用金。

运　　午壬丙乙山,变甲戌火运,忌纳音水年月日时,辰坎丑山年月
　　　日时。

甲申年开山立向修方月家紧要吉神定局

吉神	正	二	三	四	五	六	七	八	九	十	十一	十二
天尊星	艮	离	坎	坤	震	巽	乾	兑	艮	离	坎	坤
天帝星	坤	坎	离	艮	兑	乾	巽	震	坤	坎	离	艮
罗天进	天	天	乾	兑	艮	离	坎	坤	震	巽	中	天

	立春	春分	立夏	夏至	立秋	秋分	立冬	冬至
乙奇星	坎	中	乾	兑	离	中	巽	震
丙奇星	坎	中	乾	兑	离	中	巽	震
丁奇星	坤	乾	兑	乾	艮	巽	震	巽

吉神	正	二	三	四	五	六	七	八	九	十	十一	十二
一白星	巽	中	乾	兑	艮	离	坎	坤	震	巽	中	乾
六白星	离	坎	坤	震	震	中	乾	兑	艮	离	坎	坤
八白星	坤	震	巽	中	乾	兑	艮	离	坎	震	坤	巽
九紫星	震	巽	中	乾	兑	艮	离	坎	坤	震	巽	中
飞天德	乾	坎	离	兑	坎	艮	乾	坎	兑	中	坎	艮
飞月德	中	震	离	乾	坤	艮	中	震	兑	中	坤	艮
飞天赦	艮	兑	乾	震	坤	坎	中	巽	震	离	艮	兑
飞解神	中	乾	兑	艮	离	坤	坎	震	巽	中	乾	兑
壬德星	坤	坎	离	艮	兑	乾	中	中	巽	震	坤	坎
癸德星	震	坤	坎	离	艮	兑	乾	中	中	巽	震	坤

（续表）

吉神	正	二	三	四	五	六	七	八	九	十	十一	十二
捉煞帝星	卯	辰	巳	午	未	申	酉	戌	亥	子	丑	寅
	乙	巽	丙	丁	坤	庚	辛	乾	壬	癸	艮	甲
	午	未	申	酉	戌	亥	子	丑	寅	卯	辰	巳
	丁	坤	庚	辛	乾	壬	癸	艮	甲	乙	巽	丙
捉财帝星	酉	戌	亥	子	丑	寅	卯	辰	巳	午	未	申
	辛	乾	壬	癸	艮	甲	乙	巽	丙	丁	坤	庚
	子	丑	寅	卯	辰	巳	午	未	申	酉	戌	亥
	癸	艮	甲	乙	巽	丙	丁	坤	庚	辛	乾	壬
飞天禄	中	兑	乾	中	巽	震	坤	坎	离	艮	兑	乾
飞天马	中	兑	乾	中	巽	震	坤	坎	离	艮	兑	离
催官使	中	巽	震	巽	震	坤	中	巽	震	巽	震	坤
阳贵人	坎	离	艮	兑	乾	中	兑	乾	中	巽	震	坤
阴贵人	兑	乾	中	巽	震	坤	坎	离	艮	兑	乾	中
天寿星	癸丑	震	巽	震	乙辰	离	坤	乙辰	离	兑	乾	坤
天喜星	未	午	巳	辰	卯	寅	丑	子	亥	戌	酉	申
天嗣星	丁未	兑	乾	兑	辛戌	坎	艮	辛戌	坎	艮	震	巽
催官星	丑	未	寅	申	卯	酉	辰	戌	己	亥	午	子
进禄星	坤	亥壬	巽	坤	亥壬	巽	坤	亥壬	巽	坤	亥壬	巽
天富星	巽	巳丙	离	坤	申庚	兑	乾	癸壬	坎	艮	申寅	震
天财星	坎	艮	巽	离	坤	乾	坎	艮	巽	离	坤	乾

甲申年开山立向修方月家紧要凶神定局

凶神	正	二	三	四	五	六	七	八	九	十	十一	十二
天官符	中	巽	震	坤	坎	离	艮	兑	乾	中	巽	震
地官符	乾	中	巽	震	坤	坎	离	艮	兑	乾	中	兑
罗天退	坤	坎	离	艮	兑	乾	中	天	天	天	巽	震
小儿煞	中	乾	兑	艮	离	坎	坤	震	巽	中	乾	兑
大月建	艮	兑	乾	中	巽	震	坤	坎	离	艮	兑	乾
正阴府	坤坎	离	震	艮巽	乾兑	坤坎	离	震	艮巽	乾兑	坤坎	离
傍阴府	乙	壬	庚	丙	甲	乙	壬	庚	丙	甲	癸	壬
	癸	寅	亥		丁	癸	寅	亥		丁	乙	寅
	申	寅	亥		巳	申	寅	亥		巳	申	寅
	辰	戌	未	辛	丑	辰	戌	未	辛	丑	辰	戌
月克山	乾	乾	震	震	无克	无克	水	水	乾	乾	离	离
	亥	亥	艮	艮	无克	无克	土	土	亥	亥	壬	壬
	兑	兑	艮	艮	无克	无克	十三	十三	兑	兑	丙	丙
	丁	丁	巳	巳	无克	无克	山	山	兑	兑	乙	乙
打头火	乾	中	巽	震	坤	坎	离	艮	兑	乾	中	兑
月游火	兑	艮	离	坎	坤	震	巽	中	乾	兑	艮	离
飞独火	乾	中	兑	乾	中	巽	震	坤	坎	离	艮	兑
顺血刃	兑	艮	离	坎	坤	震	巽	中	乾	兑	艮	离
逆血刃	离	艮	兑	乾	中	巽	震	坤	坎	离	艮	兑

（续表）

凶神	正	二	三	四	五	六	七	八	九	十	十一	十二
月劫煞	亥	申	巳	寅	亥	申	巳	寅	亥	申	巳	寅
月灾煞	子	酉	午	卯	子	酉	午	卯	子	酉	午	卯
月的煞	丑	戌	未	辰	丑	戌	未	辰	丑	戌	未	辰
山朱雀	离	坎坤	巽	乾	艮兑		震离	坎坤	巽	乾	艮兑	
撞命煞	甲	壬	庚	丙	甲	壬	庚	丙	甲	壬	庚	丙
报怨煞	寅	亥	申	巳	寅	亥	申	巳	寅	亥	申	巳
剑锋煞	甲	乙	巽	丙	丁	坤	庚	辛	乾	壬	癸	艮
月入腾	亥	子	丑	寅	卯	辰	巳	午	未	申	酉	戌
月崩座	辛	巳	丙	寅	庚	甲	酉	丁	子	丑	坤	乾
流财退	亥	申	巳	寅	卯	午	子	酉	丑	未	辰	戌
丙独火			巽	震	坤	坎	离	艮	兑	乾		
丁独火	乾			巽	震	坤	坎	离	艮	兑	乾	
巡山火	乾	坤	坎	坎	中	卯	卯	酉	艮	艮	巽	乾
灭门火	己巳	丙子	辛未	丙寅	癸酉	戊亥	乙辰	庚午	丁丑	壬申	丁卯	甲戌
祸凶日	乙亥	庚午	丁丑	壬申	丁卯	甲戌	己巳	丙子	辛未	丙寅	癸酉	戊辰

（22）乙酉年

乙酉年,通天窍云金之位,煞在东方寅卯辰。忌甲庚乙辛四向,名坐煞、向煞。大利山丙壬午子乾巽亥巳山,宜造葬,吉。作主宜申子辰巳丑生命,吉;忌卯酉生人,凶。罗天退占震山,忌修造、安葬、动土,主退财。九良星占道观;又云煞在寺神庙及南方。

乙酉年二十四山吉凶神煞

壬山○进田、玉皇、天乙、天台、黄罗、木星、驿马临官。

●翎毛禁向、六害、大利方。

子山○玉皇、进田、天台、地皇、太阴、武曲。

●头白空亡、皇天灸退、坐山罗睺。

癸山○青龙、河魁、地皇、天魁、壮龙、左辅。

●皇天灸退、浮天空、头白空、入山空、六十年空。

丑山○青龙、河魁、壮龙、房显、五龙、左辅、岁位合。

●傍阴府、地官符。

艮山○太乙、紫檀、五龙、岁天道、人道、一水。

●支神退、五鬼。

寅山○黄罗、太乙、朗耀、岁支德、水轮。

●三煞、千斤血刃、小耗、劫煞。

甲山○天皇、神后、天定、太乙、荣光、泰龙、太阴、右弼。

●傍阴府、坐煞。

卯山○神后、天定、太乙、泰龙、荣光、左辅、右弼、太阴。

●三煞、岁破、大耗。

乙山○天定、太阴、月德合。

●坐煞、山家火血、入山刀砧。

辰山○天定、地皇、太阴、龙德、武库。

●三煞、金神七煞、蚕官。

巽山○迎财、功曹、天乙、益龙、太阴、武库、右弼、天道。

●逆血刃、蚕室。

巳山○迎财、功曹、玉皇、益龙、太阴、天乙。

●傍阴府、金神、血刃、白虎煞、天命煞。

丙山○玉皇、紫檀、进宝、天帝、天乙、驿马。

●大利方。

午山○进宝、黄罗、天帝、天乙、福德、左辅、天禄。

●入座、朱雀天命煞、大利方。

丁山○库珠、天罡、天福、天乙、贪狼、升龙。

　　　●傍阴府、头白空、入山空亡、冬至后克山。

未山○库珠、天罡、天福、天乙、贪狼、升龙、青龙、华盖。

　　　●隐伏血刃、流财、天命、大利方。

坤山○水轮、武库、太白、岁天道、人道、贪狼。

　　　●独火、支神退、打劫血刃、暗刀煞。

申山○地皇、宝台、水轮、太白。

　　　●穿山罗睺、天官符、流财煞。

庚山○胜光、宝台、水轮、丰龙、金轮、水星、巨门。

　　　●困龙、翎毛禁向、向煞。

酉山○胜光、太乙、金轮、水轮、丰龙、巨门、天定。

　　　●正阴府、朱雀、冬至后克山。

辛山○天定、金轮、金星。

　　　●向煞、山家火血、山家刀砧、入山刀砧。

戌山○黄罗、太阳、金轮、金星、人仓。

　　　●阴中煞、小利方。

乾山○大吉、传送、天皇、萃龙、太乙、武曲、巨门、玉皇、贵人。

　　　●正阴府、巡山罗睺、至后克山。

亥山○玉皇、大吉、传送、紫微、天乙、太乙、萃龙、武曲、天德合、天德合、
　　　驿马临官。

　　　●至前大利至后克山。

山　　酉丁乾亥山，变丁丑水运，忌纳音土年月白时，甲寅辰辛申变庚
　　　辰金。

龙　　卯艮巳山，变癸未木运，忌纳音金年月日时，巽戌坎庚运忌用火。

运　　午壬丙乙山，变丙戌土运，忌纳音木年月日时，丑癸坤未山年月
　　　日时。

613

乙酉年开山立向修方月家紧要吉神定局

吉神	正	二	三	四	五	六	七	八	九	十	十一	十二
天尊星	震	巽	乾	兑	艮	离	坎	坤	震	巽	乾	兑
天帝星	兑	乾	巽	震	坤	坎	离	艮	兑	乾	巽	震
罗天退	天	天	天	乾	兑	艮	离	坎	坤	震	巽	中

	立春	春分	立夏	夏至	立秋	秋分	立冬	冬至
乙奇星	离	巽	中	艮	坎	乾	中	坤
丙奇星	坎	中	乾	兑	离	中	巽	震
丁奇星	坤	乾	兑	乾	艮	巽	震	巽

吉神	正	二	三	四	五	六	七	八	九	十	十一	十二
一白星	兑	艮	离	坎	坤	震	巽	中	乾	兑	震	离
六白星	震	巽	中	乾	兑	艮	离	坎	坤	震	巽	中
八白星	中	乾	兑	艮	离	坎	坤	震	巽	中	乾	兑
九紫星	乾	兑	艮	离	坎	坤	震	巽	中	乾	兑	艮
飞天德	中	坎	兑	中	坎	乾	中	坎	巽	巽	坎	乾
飞月德	巽	坎	兑	中	离	乾	巽	坎	中	震	离	乾
飞天赦	中	坎	离	离	艮	兑	坤	坎	离	乾	中	巽
飞解神	兑	中	乾	兑	艮	离	坎	坤	震	巽	中	乾
壬德星	离	艮	兑	乾	中	中	坎	艮	坤	坎	离	艮
癸德星	坎	离	艮	兑	乾	中	中	坎	艮	坤	坎	离

（续表）

吉神	正	二	三	四	五	六	七	八	九	十	十一	十二
捉煞帝星	卯	辰	巳	午	未	申	酉	戌	亥	子	丑	寅
	乙	巽	丙	丁	坤	庚	辛	乾	壬	癸	艮	甲
	午	未	申	酉	戌	亥	子	丑	寅	卯	辰	巳
	丁	坤	庚	辛	乾	壬	癸	艮	甲	乙	巽	丙
捉财帝星	酉	戌	亥	子	丑	寅	卯	辰	巳	午	未	申
	辛	乾	壬	癸	艮	甲	乙	巽	丙	丁	坤	庚
	了	丑	寅	卯	辰	巳	午	未	申	酉	戌	亥
	癸	艮	甲	乙	巽	丙	丁	坤	庚	辛	乾	
飞天禄	乾	中	兑	乾	中	巽	震	坤	坎	离	艮	兑
飞天马	中	巽	震	坤	坎	离	巽	兑	乾	中	兑	乾
催官使	震	坤	坎	坤	坎	离	震	坤	坎	坤	坎	离
阳贵人	坤	坎	离	艮	兑	乾	中	兑	乾	中	巽	震
阴贵人	乾	中	巽	震	坤	坎	离	艮	兑	乾	中	兑
天寿星	癸丑	震	巽	震	乙辰	离	坤	乙辰	离	坤	兑	乾
天喜星	未	午	巳	辰	卯	寅	丑	子	亥	戌	酉	申
天嗣星	丁未	兑	乾	兑	辛戌	坎	艮	辛戌	坎	艮	震	巽
催官星	丑	未	寅	申	卯	酉	辰	戌	巳	亥	午	子
进禄星	坤	亥壬	巽	坤	亥壬	巽	坤	亥壬	巽	坤	亥壬	巽
天富星	巽	巳丙	离	坤	申庚	兑	乾	壬癸	坎	艮	寅申	震
天财星	坎	艮	巽	离	坤	乾	坎	艮	巽	离	坤	乾

乙酉年开山立向修方月家紧要凶神定局

凶神	正	二	三	四	五	六	七	八	九	十	十一	十二
天官符	坤	坎	离	艮	兑	乾	中	兑	乾	中	巽	震
地官符	兑	乾	中	巽	震	坤	坎	离	艮	兑	乾	中
罗天退	震	坤	坎	离	艮	兑	乾	中	天	天	天	巽
小儿煞	离	坎	坤	震	巽	中	乾	兑	艮	离	坎	坤
大月建	中	巽	震	坤	坎	离	艮	兑	乾	中	巽	震
正阴府	震	艮巽	乾兑	坤坎	离	震	艮巽	乾兑	坤坎	离	震	艮巽
傍阴府	庚	丙	甲	乙	壬	庚	丙	甲	乙	壬	庚	丙
	亥		丁	癸	寅	亥		丁	癸	寅	亥	
	亥		巳	申	寅	亥		巳	申	寅	亥	
	未	辛	丑	辰	戌	未	辛	丑	辰	戌	未	辛
月克山	乾	乾	震	震	离	离	无克	无克	乾	乾	水	土
	亥	亥	艮	艮	壬	壬	无克	无克	亥	亥	十	三
			艮	艮			无克	无克			十	三
	丁	丁	巳	巳	乙	乙	无克	无克	丁	丁	山	
打头火	震	坤	坎	离	艮	兑	乾	中	兑	乾	中	巽
月游火	乾	兑	艮	离	坎	坤	震	巽	中	乾	兑	艮
飞独火	乾	中	巽	震	坤	坎	离	艮	兑	乾	中	兑
顺血刃	巽	中	乾	兑	艮	离	坎	坤	震	巽	中	乾
逆血刃	乾	中	巽	震	坤	坎	离	艮	兑	乾	中	巽

（续表）

凶神	正	二	三	四	五	六	七	八	九	十	十一	十二
月劫煞	亥	申	巳	寅	亥	申	巳	寅	亥	申	巳	寅
月灾煞	子	酉	午	卯	子	酉	午	卯	子	酉	午	卯
月的煞	丑	戌	未	辰	丑	戌	未	辰	丑	戌	未	辰
山朱雀	离	坎坤	巽	乾	艮兑		震离	坎坤	巽	乾	艮兑	
撞命煞	甲	壬	庚	丙	甲	壬	庚	丙	甲	壬	庚	丙
报怨煞	寅	亥	申	巳	寅	亥	申	巳	寅	亥	申	巳
剑锋煞	甲	乙	巽	丙	丁	坤	庚	辛	乾	壬	癸	艮
月入座	亥	子	丑	寅	卯	辰	巳	午	未	申	酉	戌
月崩腾	辛	巳	丙	寅	庚	甲	酉	丁	子	丑	坤	乾
流财退	亥	申	巳	寅	卯	午	子	酉	丑	未	辰	戌
丙独火	巽	震	坤	坎	离	艮	兑	乾			巽	震
丁独火		巽	震	坤	坎	离	艮	兑	乾			巽
巡山火	乾	坤	坎	坎	中	震	震	兑	艮	艮	巽	乾
灭门火	辛巳	戊子	癸未	戊寅	乙酉	庚辰	丁亥	壬午	己丑	甲申	己卯	丙戌
祸凶日	丁亥	壬午	己丑	甲申	己卯	丙戌	辛巳	戊子	癸未	戊寅	乙酉	庚辰

（23）丙戌年

丙戌年,通天窍云火之位,煞在北方亥子丑。忌丙壬丁癸四向,坐煞、向煞。大利山卯酉甲庚山,宜造葬吉,作主宜申子辰命,吉;忌丑未生人,不可用。罗天退在艮山,忌修造、葬埋,主退财,凶。九良星在天,煞在僧堂、社庙及北方。

丙戌年二十四山吉凶神煞

壬山○河魁、天定、地皇、升龙、武曲、岁天道。

    ●坐煞、山家火血、入山刀砧。

子山○河魁、天定、黄罗、武曲、萃龙、左辅。

    ●三煞、正阴府、年克山、金神七煞、千斤血刃。

癸山○黄罗、太吉、太乙。

    ●克山、傍阴府、巡山罗睺坐煞。

丑山○紫檀、天台、太乙、太阴、水轮。

    ●三煞、克山、金神七煞、九天朱雀。

艮山○迎财、神后、天定、天魁、太乙、太阳、左辅。

    ●罗天大退、逆血刃、小利方。

寅山○迎财、神后、地皇、天魁、天定、太乙、五龙、朗耀、太阳、左辅。

    ●克山、地官符、金神、隐伏血刃、天命杀、千斤血刃。

卯山○进宝、荣光、太阴、天定、右弼、岁支德合、贪狼、天禄。

    ●金神、小耗、大利方。

乙山○库珠、功曹、天皇、天乙、太龙、右弼。

    ●傍阴府、头白空、浮天空、入山、六十年空。

辰山○库珠、功曹、黄罗、天乙、太龙、右弼、玉皇。

    ●克山、傍阴府、岁破、蚕官。

巽山○玉皇、天乙、龙德、贪狼。

    ●克山、头白空、六十年空、坐山罗睺、蚕室。

巳山○紫檀、天乙、龙德、贪狼、武库、岁位德。

    ●天官符、蚕官。

丙山○天罡、益龙、太阳、武曲、岁天道、天德、岁位德。

    ●向煞、山家火血、入山刀砧。

午山○天罡、地皇、益龙、太阳、武曲。

●穿山罗睺、支神退、金神、白虎、血刃。

丁山○紫檀、天帝、水轮。

　　●向煞、困山、入山刀砧。

未山○天帝、宝台、福德、水轮。

　　●克山、金神、流财、八座。

坤山○大吉、胜光、天皇、宝台、水轮、升龙、天福、天乙、贪狼。

　　●克山、傍阴府、流财煞。

庚山○进田、天定、金轮、金星、五库、太白。

　　●克山、翎毛禁向、六害。

酉山○进田、紫檀、太乙、金轮、金星。

　　●皇天灸退、阴中煞。

辛山○青龙、传送、丰龙、玉皇、巨门、天乙。

　　●克山、浮天空、皇天灸退、头白空、入山空。

戌山○玉皇、青龙、传送、丰龙、地皇、天乙。

　　●克山、大岁、隐伏血刃。

乾山○玉皇、天乙、木星。

　　●独火、六十年空亡。

亥山○玉皇、紫微、太阳。

　　●三煞。

山　酉丁乾亥山,变巳丑火运,忌纳音水年月日时,甲寅辰午申变壬辰水。

龙　卯艮巳山,变乙未金运,忌纳音火年月日时,巽戌坎庚运忌用土。

运　午壬丙乙山,变戊戌木运,忌纳音金年月日时,丑癸坤未山年月日时。

619

丙戌年开山立向修方月家紧要吉神定局

吉神	正	二	三	四	五	六	七	八	九	十	十一	十二
天尊星	震	巽	乾	兑	坎	离	坎	坤	震	巽	乾	兑
天帝星	兑	乾	巽	震	坤	坎	离	艮	兑	乾	巽	震
罗天进	中	天	天	天	乾	兑	艮	离	坎	坤	震	巽

	立春		春分		立夏		夏至		立秋		秋分		立冬		冬至	
乙奇星	艮		震		巽		离		坤		兑		乾		坎	
丙奇星	离		巽		中		艮		坎		乾		中		坤	
丁奇星	坎		中		乾		兑		离		中		巽		震	

吉神	正	二	三	四	五	六	七	八	九	十	十一	十二
一白星	坎	坤	震	巽	中	乾	兑	艮	离	坎	坤	震
六白星	乾	兑	艮	离	坎	坤	震	巽	中	乾	兑	艮
八白星	艮	离	坎	坤	震	巽	中	乾	兑	艮	离	坎
九紫星	离	坎	坤	震	巽	中	乾	兑	艮	离	坎	坤
飞天德	震	坎	中	巽	坎	中	震	坎	巽	坤	坎	中
飞月德	坤	艮	中	震	兑	中	坤	艮	巽	坎	兑	中
飞天赦	艮	兑	乾	乾	中	坎	艮	兑	乾	震	坤	坎
飞解神	乾	兑	中	乾	兑	艮	离	坎	坤	震	巽	中
壬德星	兑	乾	中	中	巽	震	坤	坎	离	艮	兑	乾
癸德星	艮	兑	乾	中	中	巽	震	坤	坎	离	艮	兑

（续表）

吉神	正	二	三	四	五	六	七	八	九	十	十一	十二
捉煞帝星	卯	辰	巳	午	未	申	酉	戌	亥	子	丑	寅
	乙	巽	丙	丁	坤	庚	辛	乾	壬	癸	艮	甲
	午	未	申	酉	戌	亥	子	丑	寅	卯	辰	巳
	丁	坤	庚	辛	乾	壬	癸	艮	甲	乙	巽	丙
捉财帝星	酉	戌	亥	子	丑	寅	卯	辰	巳	午	未	坤
	辛	乾	壬	癸	艮	甲	乙	巽	丙	丁	坤	庚
	子	丑	寅	卯	辰	巳	午	未	申	酉	戌	亥
	癸	甲	乙	艮	巽	丙	丁	坤	庚	辛	乾	壬
飞天禄	艮	兑	乾	中	兑	乾	中	巽	震	坤	坎	离
飞天马	坤	坎	离	艮	兑	乾	中	兑	乾	中	巽	震
催官使	坎	离	艮	离	艮	兑	坎	离	艮	离	艮	兑
阳贵人	震	坤	坎	离	艮	兑	乾	中	兑	乾	中	巽
阴贵人	中	巽	震	坤	坎	离	艮	兑	乾	中	兑	乾
天寿星	癸丑	震	巽	震	乙辰	离	坤	乙辰	离	坤	兑	乾
天喜星	未	午	巳	辰	卯	寅	丑	子	亥	戌	酉	申
天嗣星	丁未	兑	乾	兑	辛戌	坎	艮	辛戌	坎	艮	震	巽
催官星	丑	未	寅	申	卯	酉	辰	戌	巳	亥	午	子
进禄星	坤	亥壬	巽	坤	亥壬	巽	坤	亥壬	巽	坤	亥壬	巽
天富星	巽	巳丙	离	坤	申庚	兑	乾	癸壬	坎	艮	庚申	震
天财星	坎	艮	巽	离	坤	乾	坎	艮	巽	离	坤	乾

丙戌年开山立向修方月家紧要凶神定局

凶神	正	二	三	四	五	六	七	八	九	十	十一	十二
天官符	艮	兑	乾	中	兑	乾	中	巽	震	坤	坎	离
地官符	中	兑	乾	中	巽	震	坤	坎	离	艮	兑	乾
罗天退	巽	震	坤	坎	离	艮	兑	乾	中	天	天	天
小儿煞	中	乾	兑	艮	离	坎	坤	震	巽	中	乾	兑
大月建	坤	坎	离	艮	兑	乾	中	巽	震	坤	坎	离
正阴府	乾兑	坤坎	离	震	艮巽	乾兑	坤坎	离	震	艮巽	乾兑	坤坎
傍阴府	甲	乙	壬	庚	丙	甲	乙	壬	庚	丙	甲	乙
	丁	癸	寅	亥		丁	癸	寅	亥		丁	癸
	巳	申	寅	亥		巳	申	寅	亥		巳	申
	丑	辰	戌	未	辛	丑	辰	戌	未	辛	丑	辰
月克山	无克	无克	乾	乾	辛	辛	艮	艮	无克	无克	水	土
	无克	无克	亥	亥	壬	壬	卯	卯	无克	无克	十	三
	无克	无克	兑	兑	丙	丙	卯	卯	无克	无克		
	丁	丁	乙	乙	巳	巳			山			
打头火	离	艮	兑	乾	中	兑	乾	中	巽	艮	坤	坎
月游火	乾	兑	艮	离	坎	坤	震	巽	中	乾	兑	艮
飞独火	震	坤	坎	离	艮	兑	乾	中	兑	乾	中	巽
顺血刃	坎	坤	震	巽	中	乾	兑	艮	离	坎	坤	震
逆血刃	震	坤	兑	离	艮	兑	乾	中	巽	震	坤	坎

（续表）

凶神	正	二	三	四	五	六	七	八	九	十	十一	十二
月劫煞	亥	申	巳	寅	亥	申	巳	寅	亥	申	巳	寅
月灾煞	子	酉	午	卯	子	酉	午	卯	子	酉	午	卯
月的煞	丑	戌	未	辰	丑	戌	未	辰	丑	戌	未	辰
山朱雀	离	坎坤	巽	乾	艮兑		震离	坎坤	巽	乾	艮兑	
撞命煞	甲	壬	庚	丙	甲	壬	庚	丙	甲	壬	庚	丙
报怨煞	寅	亥	申	巳	寅	亥	申	巳	寅	亥	申	巳
剑锋煞	甲	乙	巽	丙	丁	坤	庚	辛	乾	壬	癸	艮
月入座	亥	子	丑	寅	卯	辰	巳	午	未	申	酉	戌
月崩腾	辛	巳	丙	寅	庚	甲	酉	丁	子	丑	坤	乾
流财退	亥	申	巳	寅	卯	午	子	酉	丑	未	辰	戌
丙独火	坤	坎	离	艮	兑	乾			巽	震	坤	坎
丁独火	震	坤	坎	离	艮	兑	乾		巽	震	坤	
巡山火	乾	坤	坎	坎	中	震	震	兑	艮	艮	巽	乾
灭门火	癸巳	庚子	乙未	庚寅	丁酉	壬辰	己亥	甲午	辛丑	丙申	辛卯	戊戌
祸凶日	己亥	甲午	辛丑	丙申	辛卯	戊戌	癸巳	庚子	乙未	庚寅	丁酉	壬辰

（24）丁亥年

丁亥年，通天窍云木之位，煞在西方申酉戌。忌甲庚乙辛四向，名坐煞、向煞。大利山癸丁子丑巽坤山，宜修造葬埋吉。作主宜申子辰卯未生，吉；忌巳亥生人,凶。罗天退在艮山,忌修造安葬,主退财,凶。九良星占船、大门、僧寺巳方;煞在厅、寺观。

丁亥年二十四山吉凶神煞

壬山○正宝、地皇、贪狼。

　　　●傍阴府、翎毛禁向。

子山○进宝、紫微、黄罗、左辅、太阳、天禄、贵人。

　　　●头白空亡、利方。

癸山○库珠、神后、天乙、黄罗、萃龙、贵人、武曲、天道。

　　　●山家火血、刀砧、大利方。

丑山○库珠、神后、紫檀、天乙、武曲。

　　　●利方。

艮山○玉皇、天台、天乙、武曲、土曲、水星。

　　　●克山、罗天灸退方。

寅山○玉皇、天台、天乙、太乙、地皇、太阴、水星。

　　　●天官符、傍阴府、金神七煞。

甲山○功曹、天魁、壮龙、左辅、房显。

　　　●向煞、浮天空、白头空、入山空、六十年空、刀砧。

卯山○功曹、天魁、宝台、壮龙、左辅、贪狼。

　　　●克山、地官符、金神、五鬼。

乙山○天皇、天定、金轮、金星、岁天德、五龙。

　　　●坐煞、向煞、入山刀砧。

辰山○黄罗、天定、金轮、金星、岁天德。

　　　●坐山、官符、千斤血刃、小耗。

巽山○大吉、天罡、太乙、泰龙、水轮、宝台、水星、巨门、右弼、贪狼。

　　　●困龙、血刃。

巳山○紫檀、大吉、天罡、太乙、泰龙、宝台、水轮、水星。

　　　●克山、岁破、天禁、朱雀、血刃。

丙山○进田、右弼、贵人。

　　　●瓴毛禁向、血刃、六害。

午山○进田、地皇、天皇、龙德、武曲、右弼。

●正阴府、皇天炙退、支神退。

丁山○青龙、胜光、紫檀、益龙、太阳、武库、天道。

　　●皇天炙退、山家火血、刀砧。

未山○青龙、胜光、益龙、太阳。

　　●白虎煞、流财暗刃煞、天命煞。

坤山○玉皇、天帝、天皇、天乙、右弼、左辅。

　　●天命煞、蚕室、小利方。

申山○玉皇、天帝、黄罗、天乙、荣光、福德。

　　●三煞、九天朱雀、流财、阴中太岁、入座、天命煞。

庚山○传送、天定、天福、升龙、贪狼。

　　●坐煞、浮天空、入山、头白空、巡山罗睺、六十年空。

酉山○传送、天定、天福、升龙、贪狼、朗耀、五库。

　　●三煞、蚕命、田官符。

辛山○太阴、太阴、岁天道。

　　●坐煞、入山刀砧。

戌山○地皇、天定、太阴。

　　●三煞、傍阴府。

乾山○迎财、河魁、丰龙、水轮、太乙、太阳、巨门。

　　●独火、隐伏血刃,利埋葬。

亥山○迎财、河魁、丰龙、水轮、太乙、太阳、巨门。

　　●太岁、金神、隐伏、千斤血刃。

山　　酉丁乾亥山,变辛丑土运,忌纳音木年月日时,甲寅艮巽申变甲
　　　辰火。

龙　　卯艮巳山,变丁未水运,忌纳音土年月日时,戊坎辛庚运忌用火。

运　　午壬丙乙山,变庚戌金运,忌纳音火灯月日时,丑癸坤未山年月
　　　日时。

丁亥年开山立向修方月家紧要吉神定局

吉神	正	二	三	四	五	六	七	八	九	十	十一	十二
天尊星	艮	离	坎	坤	震	巽	乾	兑	艮	离	坎	坤
天帝星	坤	坎	离	艮	兑	乾	巽	震	坤	坎	离	艮
罗天进	巽	中	天	天	天	乾	兑	艮	离	坎	坤	震

	立春	春分	立夏	夏至	立秋	秋分	立冬	冬至
乙奇星	兑	坤	震	坎	震	艮	兑	离
丙奇星	艮	震	巽	离	坤	兑	乾	坎
丁奇星	离	巽	中	艮	坎	乾	中	坤

	正	二	三	四	五	六	七	八	九	十	十一	十二
一白星	巽	中	乾	兑	艮	离	坎	坤	震	巽	中	乾
六白星	巽	中	乾	兑	艮	离	坎	坤	震	巽	中	乾
八白星	坤	震	巽	中	乾	兑	艮	离	坎	坤	震	巽
九紫星	震	巽	中	乾	兑	艮	离	坎	坤	震	巽	中
飞天德	坎	坎	巽	坤	坎	震	坎	坎	坤	离	坎	震
飞月德	离	乾	巽	坎	中	震	离	乾	坤	艮	中	震
飞天赦	中	巽	震	离	艮	兑	中	坎	离	离	艮	兑
飞解神	中	乾	兑	中	乾	兑	艮	离	坎	坤	震	巽
壬德星	中	中	中	震	坤	坎	离	艮	兑	乾	中	中
癸德星	乾	中	巽	巽	坎	坤	坎	离	艮	兑	乾	中

（续表）

吉神	正	二	三	四	五	六	七	八	九	十	十一	十二
捉煞帝星	卯	辰	巳	午	未	申	酉	戌	亥	子	丑	寅
	乙	巽	丙	丁	坤	庚	辛	乾	壬	癸	艮	甲
	午	未	申	酉	戌	亥	子	丑	寅	卯	辰	巳
	丁	坤	庚	辛	乾	壬	癸	艮	甲	乙	巽	丙
捉财帝星	酉	戌	亥	子	丑	寅	卯	辰	巳	午	未	申
	辛	乾	壬	癸	艮	甲	乙	巽	丙	丁	坤	庚
	子	丑	寅	卯	辰	巳	午	未	申	酉	戌	亥
	癸	艮	甲	乙	巽	丙	丁	坤	庚	辛	乾	壬
飞天禄	离	艮	兑	乾	中	兑	乾	中	巽	震	坤	坎
飞天马	艮	兑	乾	中	兑	乾	中	巽	震	坤	坎	离
催官使	艮	兑	乾	兑	乾	中	艮	兑	乾	兑	乾	中
阳贵人	中	巽	震	坤	坎	离	艮	兑	乾	中	兑	乾
阴贵人	震	坤	坎	离	艮	兑	乾	中	兑	乾	中	巽
天寿星	癸丑	震	巽	震	乙辰	离	坤	乙辰	离	坤	兑	乾
天喜星	未	午	巳	辰	卯	寅	丑	子	亥	戌	酉	申
天嗣星	丁未	兑	乾	兑	辛戌	坎	艮	辛戌	坎	艮	震	巽
催官星	丑	未	寅	申	卯	酉	辰	戌	巳	亥	午	子
进禄星	坤	亥壬	巽	坤	亥壬	巽	坤	亥壬	巽	坤	亥壬	巽
天富星	巽	巳丙	离	坤	申庚	兑	乾	癸壬	坎	艮	寅申	震
天财星	坎	艮	巽	离	坤	乾	坎	艮	巽	离	坤	乾

丁亥年开山立向修方月家紧要凶神定局

凶神	正	二	三	四	五	六	七	八	九	十	十一	十二
天官符	中	兑	乾	中	巽	震	坤	坎	离	艮	兑	乾
地官符	乾	中	兑	乾	中	巽	震	坤	坎	离	艮	兑
罗天退	天	巽	震	坤	坎	离	艮	兑	乾	中	天	天
小儿煞	离	坎	坤	震	巽	中	乾	兑	艮	离	坎	坤
大月建	艮	兑	乾	中	巽	震	坤	坎	离	艮	兑	乾
正阴府	离	震	艮巽	乾兑	坤坎	离	震	艮巽	乾兑	坤坎	离	震
傍阴府	壬	庚	丙	甲	乙	壬	庚	丙	甲	乙	壬	庚
	寅	亥		丁	癸	寅	亥		丁	癸	寅	亥
	寅	亥		巳	申	寅	亥		巳	申	寅	亥
	戌	未	辛	丑	辰	戌	未	辛	丑	辰	戌	未
月克山	无克	无克	离	离	水	土	震	震	无克	无克	乾	冬至
	无克	无克	壬	壬	十	三	艮	艮	无克	无克	亥	后
	无克	无克	丙	丙	土				无克	无克	兑	十三
	无克	无克	乙	乙	山		巳	巳	无克	无克	丁	山
打头火	乾	中	兑	乾	中	巽	震	坤	坎	离	艮	兑
月游火	离	坎	坤	震	巽	中	乾	兑	艮	离	坎	坤
飞独火	离	艮	兑	乾	中	兑	乾	中	巽	震	坤	坎
顺血刃	震	巽	中	乾	兑	艮	离	坎	坤	震	巽	中
逆血刃	中	巽	震	坤	坎	离	艮	兑	乾	中	巽	震

（续表）

凶神	正	二	三	四	五	六	七	八	九	十	十一	十二
月劫煞	亥	申	巳	寅	亥	申	巳	寅	亥	申	巳	寅
月灾煞	子	酉	午	卯	子	酉	午	卯	子	酉	午	卯
月的煞	丑	戌	未	辰	丑	戌	未	辰	丑	戌	未	辰
山朱雀	离	坎坤	巽	乾	艮兑		震离	坎坤	巽	乾	艮兑	
撞命煞	甲	壬	庚	丙	甲	壬	庚	丙	甲	壬	庚	丙
报怨煞	寅	亥	申	巳	寅	亥	申	巳	寅	亥	申	巳
剑锋煞	甲	乙	巽	丙	丁	坤	庚	辛	乾	壬	癸	艮
月入座	亥	子	丑	寅	卯	辰	巳	午	未	申	酉	戌
月崩腾	辛	巳	丙	寅	庚	甲	酉	丁	子	丑	乾	坤
流财退	亥	申	巳	寅	卯	午	子	酉	丑	未	辰	戌
丙独火	离	艮	兑	乾			巽	震	坤	坎	离	艮
丁独火	坎	离	艮	兑	乾			巽	震	坤	坎	离
巡山火	乾	坤	坎	坎	中	震	震	兑	艮	艮	巽	乾
灭门火	乙巳	壬子	丁未	壬寅	己酉	甲辰	辛亥	丙午	癸丑	戊申	癸卯	庚戌
祸凶日	辛亥	丙午	癸丑	戊申	癸卯	庚戌	乙巳	壬子	丁未	壬寅	己酉	甲辰

（25）戊子年

戊子年，通天窍云水之位，煞在南方巳午未。忌丙壬丁癸四向，名坐煞、向煞。大利山丑巽申戌乾甲子山，宜竖造、安葬，吉。作主宜申子辰亥卯未生人,大吉;卯午生人,凶。罗天退在坤山,忌竖造、安葬,主退财,凶。九良星占厨、灶;煞在中庭及神庙。

戊子年二十四山吉凶神煞

壬山○神后、太乙、水轮、丰龙、太阳、巨门、武曲。

　　　●向煞、翎毛禁向、刀砧。

子山○神后、紫微、太乙、水轮、丰龙、太阳、巨门、武曲。

　　　●太岁、金神

小利方。

癸山○巨门、武曲。

　　　●向煞、头白、入山空亡。

丑山○天皇、太阴贵人、岁支合、人仓、天贵。

　　　●金神、隐伏血刃、小利方。

艮山○大吉、功曹、太乙、武曲、萃龙、天道。

　　　●独火、安葬、大利方。

寅山○大吉、功曹、太乙、武曲、萃龙、

　　　●穿山罗睺、血刃、小利方。

甲山○玉皇、进田、天乙、天台、驿马临官。

　　　●困龙、翎毛、火血、六害、小利方。

卯山○玉皇、进田、天乙、天台、黄罗、太阴、宝台。

　　　●正阴府、皇天灸退、朱雀、血刃。

乙山○青龙、天罡、天魁、紫檀、壮龙、左辅、房显。

　　　●皇天退、巡山罗睺、六十年空亡。

辰山○青龙、天罡、天魁、壮龙、左辅、岁位合。

　　　●地官符、暗刀煞。

巽山○地皇、天定、金轮、金星、右弼、九紫。

　　　●支神退、小利方。

巳山○天皇、天定、金轮、金星、五龙。

　　　●三煞、千斤血刃。

丙山○胜光、天乙、天定、宝台、泰龙、水轮、右弼。

　　　●坐煞、翎毛禁向。

午山○胜光、天乙、天定、宝台、泰龙、右弼。

　　●三煞、岁破、五鬼、大耗。

丁山○天皇、弼星。

　　●坐煞、冬至后克山、头白空、入山空、岁煞、浮天空。

未山○黄罗、龙德、辅星。

　　●三煞、傍阴府、阴中煞、蚕官。

坤山○迎财、传送、益龙、荣光、太阳。

　　●罗天灸退、打劫血刃、蚕官。

申山○迎财、传送、益龙、荣光、太阳、天德合。

　　●金神七煞、白虎煞、大利方。

庚山○玉皇、宝进、天帝、天乙、黄罗、宝库。

　　●傍阴府、翎毛禁向、火血、天命煞。

酉山○玉皇进宝、天皇、天帝、天乙、朗耀、福德。

　　●冬至后克山、天命煞、金神七煞、支神退、入座。

辛山○库珠、河魁、地皇、天福、天乙、贪狼、升龙。

　　●六十年空亡、逆血刃、刀砧、天命煞。

戌山○库珠、河魁、天福、天乙、贪狼、升龙、华盖、青龙。

　　●流财煞、大利方。

乾山○天定、太阴、巨门、五库、岁天道、人道。

　　●冬至后克山、至后小利。

亥山○黄罗、天定、太阴、岁德。

　　●天官符、傍阴府、冬至后克山。

山　　酉丁乾亥山，变癸丑木运，忌纳音金年月日时，甲寅辰巽坤变丙
　　　辰土。

龙　　卯艮巳山，变巳未火运，忌纳音水年月日时，戌坎辛庚运忌用木。

运　　壬丙乙山，变壬戌水运，忌纳音土年月日时，丑癸坤未山年月
　　　日时。

戊子年开山立向修方紧要吉神定局

吉神	正	二	三	四	五	六	七	八	九	十	十一	十二
天尊星	艮	离	坎	坤	震	巽	乾	兑	艮	离	坎	坤
天帝星	坤	坎	离	艮	兑	乾	巽	震	坤	坎	离	艮
罗天进	震	巽	中	天	天	天	乾	兑	艮	离	坎	坤

吉神	立春	春分	立夏	夏至	立秋	秋分	立冬	冬至
乙奇星	乾	坎	坤	坤	巽	离	艮	艮
丙奇星	兑	坤	震	坎	震	艮	兑	离
丁奇星	艮	震	巽	离	坤	兑	乾	坎

吉神	正	二	三	四	五	六	七	八	九	十	十一	十二
一白星	兑	艮	离	坎	坤	震	巽	中	乾	兑	震	离
六白星	震	巽	中	乾	兑	艮	离	坎	坤	震	巽	中
八白星	中	乾	兑	艮	离	坎	坤	震	巽	中	乾	兑
九紫星	乾	兑	艮	离	坎	坤	震	巽	中	乾	兑	艮
飞天德	艮	坎	坤	离	坎	坎	艮	坎	离	兑	坎	坎
飞月德	兑	中	坤	艮	巽	坎	兑	中	离	乾	巽	坎
飞天赦	坤	坎	离	乾	中	巽	艮	兑	乾	乾	中	坎
飞解神	中	乾	兑	中	乾	兑	艮	离	坎	坤	震	巽
壬德星	巽	震	坤	坎	离	艮	兑	乾	中	中	巽	震
癸德星	中	巽	震	坤	坎	离	艮	兑	乾	中	中	巽

（续表）

吉神	正	二	三	四	五	六	七	八	九	十	十一	十二
捉煞帝星	卯	辰	巳	午	未	申	酉	戌	亥	子	丑	寅
	乙	巽	丙	丁	坤	庚	辛	乾	壬	癸	辰	甲
	午	未	甲	酉	戌	亥	子	丑	寅	卯	辰	巳
	丁	坤	庚	辛	乾	壬	癸	艮	甲	乙	巽	丙
捉财帝星	酉	戌	亥	子	丑	寅	卯	辰	巳	午	未	申
	辛	乾	壬	癸	艮	甲	乙	巽	丙	丁	坤	庚
	子	丑	寅	卯	辰	巳	午	未	申	酉	戌	亥
	癸	艮	甲	乙	巽	丙	丁	坤	庚	辛	乾	壬
飞天禄	艮	兑	乾	中	兑	乾	中	巽	震	坤	坎	离
飞天马	中	兑	乾	中	巽	震	坤	坎	离	艮	兑	离
催官使	乾	中	中	中	中	巽	乾	中	中	中	中	巽
阳贵人	兑	乾	中	巽	震	坤	坎	离	艮	兑	乾	中
阴贵人	坎	离	艮	兑	乾	中	兑	乾	中	巽	震	坤
天寿星	癸丑	震	巽	震	乙辰	离	坤	乙辰	离	坤	兑	乾
天喜星	未	午	巳	辰	卯	寅	丑	子	亥	戌	酉	申
天嗣星	丁未	兑	乾	兑	辛戌	坎	艮	辛戌	坎	艮	震	巽
催官星	丑	未	申	寅	卯	酉	辰	戌	巳	亥	午	子
进禄星	坤	亥壬	巽	坤	亥壬	巽	坤	亥壬	巽	坤	亥壬	巽
天富星	巽	巳丙	离	坤	申庚	兑	乾	癸壬	坎	艮	申壬	震
天财星	坎	艮	巽	离	坤	乾	坎	艮	巽	离	坤	乾

戊子年开山立向修方月家紧要凶神定局

凶神	正	二	三	四	五	六	七	八	九	十	十一	十二
天官符	中	巽	震	坤	坎	离	艮	兑	乾	中	巽	震
地官符	兑	乾	中	兑	乾	中	巽	震	坤	坎	离	艮
罗天退	天	天	巽	震	坤	坎	离	艮	兑	乾	中	天
小儿煞	中	乾	兑	艮	离	坎	坤	震	巽	中	乾	兑
大月建	中	巽	震	坤	坎	离	艮	离	兑	中	巽	震
正阴府	艮巽	乾兑	坤坎	离	中	艮巽	乾兑	坤坎	离	中	巽	兑
傍阴府	丙	甲	申	壬	庚	丙	甲	申	壬	庚	丙	甲
		丁	癸	寅	亥		丁	癸	寅	亥		丁
		巳	乙	寅	亥		巳	乙	寅	亥		己
	辛	丑	辰	戌	未	辛	丑	辰	戌	未	辛	丑
月克山	艮	震	离	离	无克	无克	水	土	艮	艮	无克	无克
	震	震	壬	壬	无克	无克	十	三	震	巳	无克	无克
	震	震	丙	丙	无克	无克					无克	无克
	巳	己	乙	乙	无克	无克	山	无克	无克	巳	震	
打头火	乾	中	巽	震	坤	坎	离	艮	兑	乾	中	兑
月游火	艮	离	坎	中	震	巽	中	乾	兑	艮	离	坎
飞独火	乾	中	兑	乾	中	巽	震	坤	坎	离	艮	兑
顺血刃	离	坎	坤	震	巽	中	乾	兑	艮	离	坎	坤
逆血刃	坤	坎	离	艮	兑	乾	中	巽	震	坤	坎	离

（续表）

凶神	正	二	三	四	五	六	七	八	九	十	十一	十二
月劫煞	亥	申	巳	寅	亥	甲	巳	寅	亥	申	巳	寅
月灾煞	子	酉	午	卯	子	酉	午	卯	子	酉	午	卯
月的煞	丑	戌	未	辰	丑	戌	未	辰	丑	戌	未	辰
山朱雀	离	坎坤	巽	乾	艮兑		震离	坎坤	巽	乾	艮兑	
撞命煞	甲	壬	庚	丙	甲	壬	庚	丙	甲	壬	庚	丙
报怨煞	寅	亥	申	巳	寅	亥	申	巳	寅	亥	申	巳
剑锋煞	甲	乙	巽	丙	丁	坤	庚	辛	乾	壬	癸	艮
月入座	亥	子	丑	寅	卯	辰	巳	午	未	申	酉	戌
月崩腾	甲	巳	丙	寅	庚	甲	酉	丁	子	丑	坤	乾
流财退	亥	申	巳	寅	卯	午	子	酉	丑	未	辰	戌
丙独火	兑	乾			巽	震	坤	坎	离	艮	兑	乾
丁独火	艮	兑	乾			巽	震	坤	坎	离	艮	兑
巡山火	乾	坤	坎	坎	中	卯	卯	酉	艮	艮	巽	乾
灭门火	丁巳	甲子	己未	甲寅	辛酉	丙辰	癸亥	戊午	乙丑	庚申	乙卯	壬戌
祸凶日	癸亥	戊午	乙丑	庚申	乙卯	壬戌	丁巳	甲子	己未	甲寅	辛酉	丙辰

（26）己丑年

己丑年,通天窍云金之位,煞在东方寅卯辰。忌甲庚乙辛四向,名坐煞、向煞。大利山癸丑午,小利壬子丁,宜竖造葬埋,吉。作主宜亥卯申子生人,吉;忌丑未生人,凶。罗天退在坤方,忌修造安葬,主退财,凶。九良星占僧堂、城隍、社庙;煞在厨及庚方。

己丑年二十四山吉凶神煞

壬山○进田、天定、太阴、人道、利道、五库。

　　　●入山空、头白空、巡山罗睺、辛害。

子山○进田、紫微、天定、太阴、支德合、左辅。

　　　●皇天灸退、破败、五鬼、小利方。

癸山○青龙、功曹、丰龙、太乙、水轮、太阳、贪狼。

　　　●大利方。

丑山○青龙、功曹、丰龙、地皇、太乙、水轮、太阳、贪狼。

　　　●太岁、堆黄、小利方。

艮山○黄罗。

　　　●正阴府、逆血刃、打劫血刃、六十年空亡。

寅山○紫檀、太乙、太阳。

　　　●三煞。

甲山○天罡、天定、巨门、太乙、贵人、岁天道。

　　　●坐煞、翎毛、山家刀砧、天命煞。

卯山○天罡、宝台、天定、萃龙、巨门、右弼。

　　　●三煞独火、支神退、打劫血刃、暗刀煞、天命煞。

乙山○天皇、天台、天乙、木星、天月德合。

　　　●坐煞、翎毛禁向、山家火血。

辰山○玉皇、天台、天乙、太阳。

　　　●三煞、千斤血刃。

巽山○迎财、胜光、天皇、天魁、壮龙、贪狼、武曲。

　　　●正阴府、支神退、打劫血刃。

巳山○迎财、胜光、地皇、天魁、壮龙、武曲。

　　　●地官符、地太岁。

丙山○进宝、黄罗、天定、金轮、金星、五龙。

　　　●傍阴府、头白空、入山空。

午山○进宝、紫檀、天乙、天定、金轮、金星、武曲。

●金神、阴中煞、小耗、蚕官。

丁山○库珠、传送、地皇、宝台、水轮、泰龙、天乙、左辅。

　　　●克山、翎毛禁向。

未山○库珠、传送、宝台、天乙、泰龙、水轮、左辅。

　　　●岁破、金神、流财煞、蚕官。

坤山○左辅。

　　　●六十年空亡、罗天大退。

申山○荣光、龙德、武库。

　　　●天官符、金神七煞、千斤血刃、流财煞。

庚山○河魁、益龙、右弼、岁天道、岁天德。

　　　●向煞、翎毛禁向、山家刀砧。

酉山○河魁、益龙、地皇、朗耀、右弼、金匮。

　　　●克山、支神退、金神、头白空亡、白虎煞。

辛山○玉皇、天皇、天帝、太乙。

　　　●向煞、傍阴府、翎毛、火血、刀砧。

戌山○玉皇天帝、天乙、紫檀、福德。

　　　●坐山官符、九天朱雀、八座。

乾山○大吉、天福、神后、天乙、太阳、升龙。

　　　●克山、困龙、浮天空亡、隐伏血刃。

亥山○大吉、神后、太乙、天福、升龙、太阳。

　　　●克山、天禁、朱雀。

山　　西丁乾亥山,变乙丑金运,忌纳音火年月日时,甲巽辛癸坤变戊辰木。

龙　　卯艮巳山,变辛未土运,忌纳音木年月日时,寅戌申庚运忌用金。

运　　午壬丙乙山,变甲戌火运,忌纳音水年月日时,辰坎丑未山年月日时。

己丑年开山立向修方月家紧要吉神定局

吉神	正	二	三	四	五	六	七	八	九	十	十一	十二
天尊星	艮	离	坎	坤	震	巽	乾	兑	艮	离	坎	坤
天帝星	坤	坎	离	艮	兑	乾	巽	震	坤	坎	离	艮
罗天进	坤	震	巽	中	天	天	天	乾	兑	艮	离	坎

吉神	立春	春分	立夏	夏至	立秋	秋分	立冬	冬至
乙奇星	乾	坎	坤	坤	巽	离	艮	艮
丙奇星	乾	坎	坤	坤	巽	离	艮	艮
丁奇星	兑	坤	震	坎	震	艮	兑	离

吉神	正	二	三	四	五	六	七	八	九	十	十一	十二
一白星	坎	坤	震	巽	中	乾	兑	艮	离	坎	坤	震
六白星	乾	兑	艮	离	坎	坤	震	巽	中	乾	兑	艮
八白星	艮	离	坎	坤	震	巽	中	乾	兑	艮	离	坎
九紫星	离	坎	坤	震	巽	中	乾	兑	艮	离	坎	坤
飞天德	乾	坎	离	兑	坎	艮	乾		坎兑	中	坎	艮
飞月德	中	震	离	乾	坤	艮	中	震	兑	中	坤	艮
飞天赦	艮	兑	乾	中	坤	坎	离	巽	震	离	艮	兑
飞解神	震	巽	中	乾	兑	乾	中	兑	艮	离	坎	坤
壬德星	艮	坎	离	震	兑	乾	中	中	巽	震	坤	坎
癸德星	震	艮	坎	离	震	兑	乾	中	中	巽	震	坤

（续表）

吉神	正	二	三	四	五	六	七	八	九	十	十一	十二
捉煞帝星	卯	辰	巳	午	未	申	酉	戌	亥	子	丑	寅
	乙	巽	丙	丁	坤	庚	辛	乾	壬	癸	艮	甲
	午	未	申	酉	戌	亥	子	丑	寅	卯	辰	巳
	丁	坤	庚	辛	乾	壬	癸	艮	乙	甲	巽	丙
捉财帝星	酉	戌	亥	子	丑	寅	卯	辰	己	午	未	申
	辛	乾	壬	癸	艮	甲	乙	巽	丙	丁	坤	庚
	子	丑	寅	卯	辰	巳	午	未	申	酉	戌	亥
	癸	艮	甲	乙	巽	丙	丁	坤	庚	辛	乾	壬
飞天禄	离	艮	兑	乾	中	兑	乾	中	巽	震	坤	坎
飞天马	中	巽	震	坤	坎	离	艮	兑	乾	中	兑	乾
催官使	中	巽	震	巽	震	坤	中	巽	震	巽	震	坤
阳贵人	乾	中	巽	震	坤	坎	离	艮	兑	乾	中	兑
阴贵人	坤	坎	离	艮	兑	乾	中	兑	乾	中	巽	乾
天寿星	癸丑	震	巽	震	乙辰	离	坤	乙辰	离	坤	兑	乾
天喜星	未	午	巳	辰	卯	寅	丑	子	亥	戌	酉	申
天嗣星	艮	兑	乾	兑	辛戌	坎	艮	辛戌	坎	艮	巽	震
催官星	丑	未	寅	申	卯	酉	辰	戌	巳	亥	午	子
进禄星	坤	亥壬	巽	坤	亥壬	巽	坤	亥壬	巽	坤	亥壬	巽
天富星	巽	巳丙	离	坤	申辰	兑	乾	癸壬	坎	艮	寅申	震
天财星	坎	艮	巽	离	坤	乾	坎	艮	巽	离	坤	乾

己丑年开山立向修方月家紧要凶神定局

凶神	正	二	三	四	五	六	七	八	九	十	十一	十二
天官符	坤	坎	离	艮	兑	乾	中	兑	乾	中	巽	震
地官符	艮	兑	乾	中	兑	乾	中	巽	震	坤	坎	离
罗天退	天	天	天	巽	辰	坤	坎	离	艮	兑	乾	中
小儿煞	离	坎	坤	震	巽	中	乾	兑	艮	离	坎	坤
大月建	坤	坎	离	艮	兑	乾	中	巽	震	坤	坎	离
正阴府	坤坎	离	艮巽	乾兑	坤坎	离	震	艮巽	乾兑	坤坎	离	震
傍阴府	乙	壬	庚	丙	甲	乙	壬	庚	丙	甲	乙	壬
	癸	寅	亥		丁	癸	寅	亥		丁	癸	寅
	申	寅	亥		巳	申	寅	亥		巳	申	寅
	辰	戌	未	辛	丑	辰	戌	未	辛	丑	辰	戌
月克山	乾	乾	震	震			水	水	乾	乾	离	离
	亥	亥	艮	艮	无克	无克	土	土	亥	亥	壬	壬
	兑	兑	艮	艮	无克	无克	十三	十三	丁	丁	丙	丙
	丁	丁	巳	巳	无克	无克	山	山	兑	兑	乙	乙
打头火	震	坤	坎	离	艮	兑	乾	中	兑	艮	离	坎
月游火	艮	离	坎	坤	震	巽	中	乾	兑	艮	离	坎
飞独火	乾	中	巽	震	坤	坎	离	艮	兑	乾	中	兑
顺血刃	兑	艮	离	坎	坤	震	巽	中	乾	兑	艮	离
逆血刃	离	艮	兑	乾	中	巽	震	坤	坎	离	艮	兑

（续表）

凶神	正	二	三	四	五	六	七	八	九	十	十一	十二
月劫煞	申	亥	巳	寅	亥	申	巳	寅	亥	申	巳	寅
月灾煞	子	酉	午	卯	子	酉	午	卯	子	酉	午	卯
月的煞	丑	戌	未	辰	丑	戌	未	辰	丑	戌	未	辰
山朱雀	离	坎坤	巽	乾	艮兑		震离	坎坤	巽	乾	艮兑	
撞命煞	甲	壬	庚	丙	甲	壬	庚	丙	甲	壬	庚	丙
报怨煞	寅	亥	申	巳	寅	亥	申	巳	寅	亥	申	巳
剑锋煞	甲	乙	巽	丙	丁	坤	庚	辛	乾	壬	癸	艮
月入座	亥	子	丑	寅	卯	辰	巳	午	未	申	酉	戌
月崩腾	辛	巳	丙	寅	庚	甲	酉	丁	子	丑	坤	乾
流财退	亥	甲	巳	寅	卯	午	子	酉	丑	未	辰	戌
内独火			巽	震	坤	坎	离	艮	兑	乾		
丁独火	乾			巽	震	坤	坎	离	艮	兑	乾	
巡山火	乾	坤	坎	坎	中	卯	卯	酉	亥	艮	巽	乾
灭门火	己巳	丙子	辛未	丙寅	癸酉	戊辰	乙亥	庚午	丁丑	壬申	丁卯	甲戌
祸凶日	乙亥	庚午	丁丑	壬申	丁卯	甲戌	己巳	丙子	辛未	丙寅	癸酉	戊辰

（27）庚寅年

庚寅年,通天窍云火之位,煞在北方亥子丑。忌丙壬丁癸四向,名坐煞、向煞。大利山辰戌未坤辛山,宜修造、安葬,吉。作主利寅午戌子辰生人,吉;

忌申巳生人,凶。罗天退大巽方,忌修造、安葬,主退财,凶。九良星占桥、井、门、路、午方;煞在后堂、子丑方。

庚寅年二十四山吉凶神煞定局

壬山○功曹、天定、天乙、天福、紫擅、升龙、右弼。

　　●克山、坐煞、六十年空、火血、力砧。

子山○功曹、天定、天乙、天福、玉皇、左辅、右弼、升龙。

　　●三煞、支神退、流财煞、血刃。

癸山○天皇、天乙、五库、六白岁、天道。

　　●坐煞、头白空、入山空、刀砧。

丑山○地皇、天乙、武曲。

　　●三煞、傍阴府、血刃、流财煞。

艮山○迎财、天罡、黄罗、丰龙、太阴、武曲。

　　●巡山罗睺、升玄燥火。

寅山○迎财、天罡、紫檀、朗耀、丰龙、太阴。

　　●太岁、堆黄、千斤血刃、破败、五鬼。

甲山○进宝、水轮、驿马临官。

　　●傍阴府、山家刀砧。

卯山○进宝、荣光、宝台、水轮、太阳、贵人、贪狼。

　　●独火、都天太岁。

乙山○库珠、胜光、宝台、水轮、天乙、贪狼、金轮、天道、贵人。

　　●克山。

辰山○库珠、胜光、天乙、天定、萃龙、金轮、水轮、贪狼。

　　●金神七煞、大利方。

巽山○天皇、天定、天台、金轮、金星、巨门。

　　●罗天大退。

巳山○天乙、天皇、地皇、太阴、金轮、金星。

　　●傍阴府、天官、天符、金神、阴中煞。

丙山○传送、玉皇、黄罗、天魁、壮龙、巨门、岁位德。

　　●克山、向煞、火血、刀砧、六十年空。

午山○传送、玉皇、天魁、天乙、紫檀、壮龙、巨门

●克山、地官符。

丁山○玉皇、地皇、天乙、五龙、水星。

●浮天空、头白空、入山空、坐煞、向煞、傍阴府。

未山○玉皇、水星、岁支德、人仓。

●隐伏血刃、小耗、小利方。

坤山○大吉、河魁、太乙、泰龙、武曲、右弼。

●头白空、小利方。

申山○大吉、河魁、宝台、太乙、泰龙、武曲、贵人。

●穿山罗睺、岁破、大耗。

庚山○进田、太乙。

●闲龙、刀砧、六害。

酉山○进田、地皇、太乙、水轮、龙德。

●正阴府、天皇灸退、天禁、朱雀、五鬼。

辛山○青龙、神后、天定、太乙、太阳、益龙、左辅。

●皇天灸退、逆血刃。

戌山○青龙、神后、天皇、水轮、天定、太乙、太阳、益龙、左辅、紫擅。

●白虎、天命煞、大利方。

乾山○天帝、天定、太阴。

●正阴府、天命煞、血刃、蚕官。

亥山○紫微、天帝、天定、太阴、福德。

●三煞、入座、暗刀煞、天命煞、蚕官。

山　酉丁乾亥山，变丁丑水运忌纳音土年月日时，甲寅辰辛坤变庚辰金。

龙　卯辰巳山，变癸未木运，忌纳音金年月日时，巽戌坎庚运忌用火。

运　壬午丙乙山，变丙戌土运，忌纳音木年丹日时，丑癸坤未山年月日时。

643

庚寅年开山立向倍方月家紧要吉神定局

吉神	正	二	三	四	五	六	七	八	九	十	十一	十二
天尊星	巽	震	乾	兑	艮	离	坎	坤	震	巽	乾	兑
天帝星	兑	乾	巽	震	坤	坎	离	艮	兑	乾	巽	震
罗天进	坎	坤	震	巽	中	天	天	天	乾	兑	艮	离

	立春	春分	立夏	夏至	立秋	秋分	立冬	冬至
乙奇星	中	离	坎	震	中	坎	离	兑
丙奇星	乾	坎	外	坤	巽	离	艮	艮
丁奇星	兑	坤	震	坎	震	艮	兑	离

吉神	正	二	三	四	五	六	七	八	九	十	十一	十二
一白星	巽	中	乾	兑	艮	离	坎	坤	震	巽	中	乾
六白星	离	坎	坤	震	巽	中	乾	兑	艮	离	坎	坤
八白星	震	震	兑	中	乾	兑	艮	离	坎	坤	震	巽
九紫星	震	兑	中	乾	兑	艮	离	坎	坤	震	巽	中
飞天德	中	乾	兑	中	坎	乾	中	兑	中	巽	坎	乾
飞月德	巽	坎	兑	中	离	乾	巽	坎	中	震	离	乾
飞天赦	中	坎	离	离	艮	兑	坤	坎	离	乾	中	巽
飞解神	坤	震	巽	中	乾	兑	中	乾	兑	艮	离	坎
壬德星	离	艮	兑	乾	中	中	巽	震	坤	坎	离	艮
癸德星	坎	离	艮	兑	乾	中	中	巽	震	坤	坎	离

（续表）

吉神	正	二	三	四	五	六	七	八	九	十	十一	十二
捉煞帝星	卯	辰	巳	午	未	申	酉	戌	亥	子	丑	寅
	乙	巽	丙	丁	坤	庚	宰	乾	壬	癸	艮	甲
	午	未	甲	酉	戌	亥	子	丑	寅	卯	辰	巳
	丁	坤	庚	辛	乾	壬	癸	艮	甲	乙	巽	丙
捉财帝星	酉	戌	亥	子	丑	寅	卯	辰	巳	午	未	申
	辛	乾	壬	癸	艮	甲	乙	巽	丙	丁	坤	庚
	子	丑	寅	卯	辰	巳	午	未	申	酉	戌	亥
	癸	艮	甲	乙	巽	丙	丁	坤	庚	辛	乾	壬
飞天禄	坤	坎	离	艮	兑	乾	中	兑	乾	中	巽	震
飞天马	坤	坎	离	艮	兑	乾	中	兑	乾	中	巽	震
催官使	震	坤	坎	坤	坎	离	震	坤	坎	坤	坎	离
阳贵人	兑	乾	中	巽	震	坤	坎	离	艮	兑	乾	中
阴贵人	坎	离	艮	兑	乾	中	兑	乾	中	巽	震	坤
天寿星	癸丑	震	巽	震	乙辰	离	坤	乙辰	离	坤	兑	乾
天喜星	未	午	巳	辰	卯	寅	丑	子	亥	戌	酉	申
天嗣星	丁未	兑	乾	兑	辛戌	坎	艮	辛戌	坎	艮	震	巽
催官星	丑	未	寅	申	卯	酉	辰	戌	巳	亥	午	子
进禄星	坤	壬亥	巽	坤	壬亥	巽	坤	壬亥	巽	坤	壬亥	巽
天富星	巽	巳丙	离	坤	申寅	兑	乾	癸壬	坎	艮	申寅	震
天财星	坎	艮	巽	离	坤	乾	坎	艮	巽	离	坤	乾

庚寅年开山立向修方月家紧要凶神定局

凶神	正	二	三	四	五	六	七	八	九	十	十一	十二
天官符	艮	兑	乾	中	兑	乾	中	巽	震	坤	坎	离
地官符	离	艮	兑	乾	中	兑	乾	中	震	巽	坤	坎
罗天退	中	天	天	天	巽	震	坤	坎	离	艮	兑	乾
小儿煞	中	乾	兑	艮	离	坎	坤	震	巽	中	乾	兑
大月建	艮	兑	乾	中	巽	震	坤	坎	离	艮	兑	乾
正阴府	震	艮巽	乾兑	坤坎	离	震	艮巽	乾兑	坤坎	离	震	艮巽
傍阴府	庚	丙	甲	乙	壬	庚	丙	甲	乙	壬	庚	丙
	亥		丁	癸	寅	亥		丁	癸	寅	亥	
	亥		巳	申	寅	亥		巳	申	寅	亥	
	未	辛	丑	辰	戌	未	辛	丑	辰	戌	未	辛
月克山	乾	乾	震	震	离	离	无克	无克	乾	乾	水	土
	亥	亥	艮	艮	壬	壬	无克	无克	亥	亥	十	三
	兑	兑			丙	丙	无克	无克	兑	兑	十	三
	丁	丁	巳	巳	乙	乙	无克	无克	丁	丁	山	
打头火	离	艮	兑	乾	中	兑	乾	中	震	巽	坤	坎
月游火	震	巽	中	乾	兑	艮	离	坎	坤	震	巽	中
飞独火	震	坤	坎	离	艮	兑	乾	中	兑	巽	中	巽
顺血刃	巽	中	乾	兑	艮	离	坎	坤	震	乾	中	乾
逆血刃	乾	中	巽	震	坤	坎	离	艮	兑	乾	中	巽

（续表）

凶神	正	二	三	四	五	六	七	八	九	十	十一	十二
月劫煞	亥	申	巳	寅	亥	申	巳	寅	亥	甲	巳	寅
月灾煞	子	酉	午	卯	子	酉	午	卯	子	酉	午	卯
月的煞	丑	戌	未	辰	丑	戌	未	辰	丑	戌	未	辰
山朱雀	离	坤坎	巽	乾	艮兑		离震	坤坎	巽	乾	艮兑	
撞命煞	甲	壬	庚	丙	甲	壬	庚	丙	甲	壬	庚	丙
报怨煞	寅	亥	申	巳	寅	亥	申	巳	寅	辛	申	巳
剑锋煞	甲	乙	巽	丙	丁	坤	庚	辛	乾	壬	癸	艮
月入座	亥	子	丑	寅	卯	辰	巳	午	未	申	酉	戌
月崩腾	辛	巳	丙	寅	庚	甲	酉	丁	子	丑	坤	乾
流财退	亥	申	巳	寅	卯	午	子	酉	丑	未	辰	戌
丙独火	巽	震	坤	坎	离	艮	兑	乾			巽	震
丁独火		震	巽	坤	坎	离	艮	兑	乾			巽
巡山火	乾	坤	坎	坎	中	震	震	兑	艮	艮	巽	乾
灭门火	辛巳	戊子	癸未	戊寅	乙酉	庚辰	丁亥	壬午	己丑	甲申	己卯	丙戌
祸凶日	丁亥	壬午	己丑	申申	己卯	丙戌	辛巳	戊子	癸未	戊寅	乙酉	庚辰

（28）辛卯年

　　辛卯年，通天窍云木之位，煞在西方申酉戌。忌甲庚乙辛四向，名坐煞、向煞。大利山宜下乾巽巳亥丑艮，竖造、安葬，吉。作主宜寅午戌亥卯未生人,吉;忌子酉生人,凶。罗天退在巽方,忌修造、葬埋,主退财。九良星占道观,又云在天煞、在后堂、后门、寺庙。

辛卯年二十四山吉凶神煞

壬山○玉皇、进宝、天皇、天帝、天乙。

　　　　●头白空、入山空、翎毛禁向。

子山○进宝、天帝、天乙、福德、右弼。

　　　　●正阴府、独火、支神退、八座。

癸山○库珠、天罡、天福、天乙、升龙、左辅。

　　　　●傍阴府、六十年空亡、刀砧、火血。

丑山○库珠、天罡、天福、天乙、升龙、左辅。

　　　　●金神七煞、流财退、小利方。

艮山○五库、水轮、岁天道、人道。

　　　　●头白空、山家血刃、小利方。

寅山○天皇、宝台、朗耀、水轮。

　　　　●天官符、金神、隐伏血刃。

甲山○胜光、黄罗、丰龙、宝台、金轮、水轮、水星。

　　　　●向煞、巡山罗睺、入山刀砧。

卯山○胜光、天定、荣光、水轮、金轮、水星、巨门。

　　　　●金神七煞、太岁、堆黄煞。

乙山○地皇、天定、金轮、金星。

　　　　●向煞、傍阴府、入山刀砧。

辰山○太阳、金轮、金星、贵人。

　　　　●傍阴府、阴中太岁。

巽山○大吉、传送、玉皇、太乙、太阳、紫檀、萃龙、天道。

　　　　●罗天大退、小利方。

巳山○大吉、传送、玉皇、太乙、太阳、萃龙、天乙、天德合、支德合。

　　　　●天命煞、大利方。

丙山○进田、玉皇、天乙、天台。

　　　　●浮天空、入山、头白空、翎毛、六煞。

午山○玉皇、天皇、进田、天合、太阴、左辅。

●穿山罗睺、天皇炙退、金神、天命煞。

丁山〇青龙、河魁、天魁、壮龙、贪狼。

　　　●困龙、皇天炙退、六十年空亡、冬至后克山。

未山〇青龙、河魁、天魁、太乙、宝台、贪狼、壮龙。

　　　●地官符、金神、朱雀、天命煞。

坤山〇地皇、五龙、太乙。

　　　●地官符、打劫血刃、暗刀煞。

申山〇宝台、水轮、太乙。

　　　●三煞、傍阴府、小耗、血刃。

庚山〇神后、天定、水轮、太乙、太阳、泰龙、巨门。

　　　●坐煞、入山刀砧。

酉山〇神后、天定、宝台、水轮、太乙、泰龙、太阳、巨门。

　　　●三煞、岁破、大耗、冬至后克山。

辛山〇紫檀、天定、太阴。

　　　●坐煞、入山刀砧。

戌山〇天皇、天定、龙德、太阴。

　　　●三煞、隐伏血刃。

乾山〇迎财、功曹、天乙、黄罗、武库、武曲。

　　　●冬至后克山、血刃、白虎、五鬼。

亥山〇迎财、功曹、玉皇、紫微、武曲、天乙、冬至前利。

　　　●冬至后克山、血刃、白虎煞。

山　　酉丁乾亥山,变己丑火运,忌纳音水年月日时,甲寅辰辛申变壬
　　　辰水。

龙　　卯艮巳山,变乙未金运,忌纳音火年月日时,巽戌坎庚运忌用土。

运　　午壬丙乙山,变戊戌木运,忌纳音金年月日时,丑癸坤未山年月
　　　日时。

649

辛卯年开山立向修方月家紧要吉神定局

吉神	正	二	三	四	五	六	七	八	九	十	十一	十二
天尊星	震	巽	乾	兑	艮	离	坎	坤	震	巽	乾	兑
天帝星	兑	乾	巽	震	坤	坎	离	艮	兑	乾	巽	震
罗天进	离	乾	坤	震	巽	中	天	天	天	乾	兑	艮
		立春		春分		立夏		夏至		立秋		秋分		立冬		冬至
乙奇星		巽		艮		离		巽		乾		坤		坎		乾
丙奇星		中		离		坎		震		中		坎		离		兑
丁奇星		乾		坎		坤		坤		巽		离		艮		艮
一白星	兑	艮	离	坎	坤	震	巽	中	乾	兑	震	离
六白星	震	巽	中	乾	兑	艮	离	坎	坤	震	巽	中
八白星	中	乾	兑	艮	离	坎	坤	震	巽	中	乾	兑
九紫星	乾	兑	艮	离	坎	坤	震	巽	中	乾	兑	艮
飞天德	震	坎	中	巽	坎	中	震	坎	巽	坤	坎	中
飞月德	坤	艮	中	震	兑	中	坤	艮	巽	坤	兑	中
飞天赦	艮	兑	乾	乾	中	坎	艮	兑	乾	震	坤	坎
飞解神	坎	坤	震	巽	中	乾	兑	中	乾	兑	艮	离
壬德星	兑	乾	中	中	巽	震	坤	坎	离	艮	兑	乙
癸德星	艮	兑	乾	中	中	巽	震	坤	坎	离	艮	兑

（续表）

吉神	正	二	三	四	五	六	七	八	九	十	十一	十二
捉煞帝星	卯	辰	巳	午	未	申	酉	戌	亥	子	丑	寅
	乙	巽	丙	丁	坤	庚	辛	乾	壬	癸	艮	甲
	午	未	申	酉	戌	亥	子	丑	寅	卯	辰	巳
	丁	坤	庚	辛	乾	壬	癸	艮	甲	乙	巽	丙
捉财帝星	酉	戌	亥	子	丑	寅	卯	辰	巳	午	未	申
	辛	乾	壬	癸	艮	甲	乙	巽	丙	丁	坤	庚
	子	丑	寅	卯	辰	巳	午	未	申	酉	戌	亥
	癸	艮	甲	乙	巽	丙	丁	坤	庚	辛	乾	壬
飞天禄	艮	兑	乾	中	兑	乾	中	巽	震	坤	坎	离
飞天马	坤	坎	离	艮	兑	乾	中	兑	中	巽	震	乾
催官使	坎	离	艮	离	艮	兑	坎	离	艮	离	艮	兑
阳贵人	震	坤	坎	离	艮	兑	乾	中	兑	乾	中	巽
阴贵人	中	震	巽	坤	坎	离	艮	兑	乾	中	兑	乾
天寿星	癸丑	震	巽	震	乙辰	离	坤	乙辰	离	坤	兑	乾
天喜星	未	午	巳	辰	卯	寅	丑	子	亥	戌	酉	申
天嗣星	丁未	兑	乾	兑	辛戌	坎	艮	辛戌	坎	艮	震	巽
催官星	丑	未	寅	申	卯	酉	辰	戌	巳	亥	午	子
进禄星	坤	亥壬	巽	坤	亥壬	巽	坤	亥壬	巽	坤	亥壬	巽
天富星	巽	巳丙	离	坤	申寅	兑	乾	癸子	坎	艮	寅申	震
天财星	坎	艮	巽	离	坤	乾	坎	艮	巽	离	坤	乾

651

辛卯年开山立向修方月家紧要凶神定局

凶神	正	二	三	四	五	六	七	八	九	十	十一	十二
天官符	中	兑	乾	中	巽	震	坤	坎	离	艮	兑	乾
地官符	坎	离	艮	兑	乾	中	兑	乾	中	巽	震	坤
罗天退	乾	中	天	天	天	巽	震	坤	坎	离	艮	兑
小儿煞	离	坎	坤	震	巽	中	乾	兑	艮	离	坎	坤
大月建	中	巽	震	坤	坎	离	艮	兑	乾	中	巽	震
正阴府	乾兑	坤坎	离	震	艮巽	乾兑	坤坎	离	震	艮巽	乾兑	坤坎
傍阴府	甲丁巳丑	乙癸申辰	壬寅寅戌	庚亥亥未	丙 辛	甲丁巳丑	乙癸申辰	壬寅寅戌	庚亥亥未	丙 辛	甲丁巳丑	乙癸申辰
月克山	无克 无克 无克 无克	无克 无克 无克 无克	乾 亥 兑 丁	乾 亥 兑 丁	午 壬 丙 乙	午 壬 丙 乙	艮 卯 卯 巳	艮 卯 卯 巳	无克 无克 无克 无克	无克 无克 无克 无克	水 十 山	土 三
打头火	乾	中	兑	乾	中	巽	震	坤	坎	离	艮	兑
月游火	巽	中	乾	兑	艮	离	坎	坤	震	巽	中	乾
飞独火	离	艮	兑	乾	中	兑	乾	中	巽	震	坤	坎
顺血刃	坎	坤	震	巽	中	乾	兑	艮	离	坎	坤	震
逆血刃	震	坤	坎	离	艮	兑	乾	中	巽	震	坤	坎

（续表）

凶神	正	二	三	四	五	六	七	八	九	十	十一	十二
月劫煞	亥	申	巳	寅	亥	申	巳	寅	亥	申	巳	寅
月灾煞	子	酉	午	卯	子	酉	午	卯	子	酉	午	卯
月的煞	丑	戌	未	辰	丑	戌	未	辰	丑	戌	未	辰
山朱雀	离	坎坤	巽	震	艮兑		震离	坎坤	巽	乾	艮兑	
撞命煞	甲	壬	庚	丙	甲	壬	庚	丙	甲	壬	庚	丙
报怨煞	寅	亥	申	巳	寅	亥	申	巳	寅	亥	申	巳
剑锋煞	甲	乙	巽	丙	丁	坤	庚	辛	乾	壬	癸	艮
月入座	亥	子	丑	寅	卯	辰	巳	午	未	申	酉	戌
月崩腾	辛	巳	丙	寅	庚	甲	酉	丁	子	丑	坤	乾
流财退	亥	申	巳	寅	卯	午	子	酉	丑	未	辰	戌
丙独火	坤	坎	离	艮	兑	乾			巽	震	坤	坎
丁独火	震	坤	坎	离	艮	兑	乾			巽	震	坤
巡山火	乾	坤	坎	坎	中	震	震	兑	艮	艮	巽	乾
灭门火	癸巳	庚子	乙未	庚寅	丁酉	壬辰	己亥	甲午	辛丑	丙申	辛卯	戊戌
祸凶日	己亥	甲午	辛丑	丙申	辛卯	戊戌	癸巳	庚子	乙未	庚寅	丁酉	壬辰

（29）壬辰年

　　壬辰年，通天窍云水位，煞在南方巳午未。忌丙壬丁癸四向，名坐煞、向煞。大利山艮坤乙辛，宜修造、葬埋吉。作主宜寅午申子生人，吉；忌丑戌生人,不用。罗天退在酉方,忌修造安葬,主退财。九良星占气在天;煞在寺观、社庙、井及寅辰方。

壬辰年二十四山吉凶神煞

壬山○天罡、益龙、武库、武曲、福寿、岁天德。

　　　●傍阴府、向煞、入山刀砧。

子山○天罡、紫微、紫檀、益龙、武曲、贪狼。

　　　●克山、支神退、白虎煞、流财煞。

癸山○玉皇、天皇、天乙、紫檀。

　　　●克山坐煞、头白空、翎毛禁向。

丑山○玉皇、天帝、天乙、黄罗、福德。

　　　●克山、天命煞、暗刀煞、流财煞、入座。

艮山○大吉、胜光、地皇、天福、升龙、太乙、左辅。

　　　●天命煞、大利方。

寅山○大吉、胜光、天福、太乙、升龙、左辅。

　　　●傍阴府、金神、天命煞。

甲山○进田、天定、太阴、人道、利道。

　　　●克山、浮天空、翎毛、山家刀砧、火血、入山空亡、六害。

卯山○进田、天定、太阴、天皇、宝台。

　　　●金神七煞、皇天灸退、阴中太岁。

乙山○青龙、传送、太乙、水轮、太阳、丰龙、右弼、驿马。

　　　●皇天灸退。

辰山○青龙、传送、紫檀、丰龙、太乙、太阳、右弼。

　　　●克山、太岁、堆黄煞、空山罗睺。

巽山○支德合、天乙贵人。

　　　●克山、困龙、巡山罗睺、独火、六十年空亡。

巳山○黄罗、太阳、贵人。

　　　●三煞、朱雀、千斤血刃、蚕官。

丙山○河魁、地皇、天定、萃龙、太阳、贪狼。

　　　●坐煞、向煞。

午山○河魁、天乙、天台、太阳、萃龙、右弼。

●三煞、正阴府、打劫血刃。

丁山○玉皇、天台、太乙、黄罗、木星。

　　●坐煞、头白空、翎毛禁向。

未山○天皇、玉皇、天台、太乙、太阴。

　　●三煞、克山。

坤山○迎财、神后、天魁、壮龙、巨门、贪狼。

　　●克山。

申山○迎财、神后、紫檀、天魁、荣光、壮龙、贪狼。

　　●年克山、地官符。

庚山○皇天、进宝、天定、金轮、五龙、金星。

　　●克山、入山空、翎毛、刀砧、血刃。

酉山○进田、黄罗、郎耀、天定、金轮、天禄、左辅。

　　●罗天大退、小耗。

辛山○库珠、功曹、宝台、水轮、泰龙、天乙、巨门、天禄、天华。

　　●克山。

戌山○库珠、功曹、天乙、宝台、泰龙、水轮、巨门。

　　●克山、傍阴府、岁破、蚕官。

乾山○武曲、弼星。

　　●头白空、六十年空亡、隐伏血刃。

亥山○天皇、龙德、辅星。

　　●天官符、金神、千斤血刃、隐伏血刃。

山　　酉丁乾亥山,变辛丑土运,忌纳音木年月日时,甲寅辰巽申变甲
　　　辰火。

龙　　卯艮巳山,变丁未水运,忌纳音土年月日时,戌坎辛庚运忌用水。

运　　午壬丙乙山,变庚戌金运,忌纳音火年月日时,丑癸坤未山年月
　　　日时。

壬辰年开山立向方月家紧要吉神定局

吉神	正	二	三	四	五	六	七	八	九	十	十一	十二
天尊星	艮	离	坎	坤	震	巽	乾	兑	艮	离	坎	坤
天帝星	坤	坎	离	艮	兑	乾	巽	震	坤	坎	离	艮
罗天进	艮	离	坎	坤	震	巽	中	天	天	天	乾	兑

	立春	春分	立夏	夏至	立秋	秋分	立冬	冬至
乙奇星	震	兑	艮	中	兑	震	坤	中
丙奇星	巽	艮	离	巽	乾	坤	坎	乾
丁奇星	中	离	坎	震	中	坎	离	兑

吉神	正	二	三	四	五	六	七	八	九	十	十一	十二
一白星	坎	坤	震	巽	中	乾	兑	艮	离	坎	坤	震
六白星	乾	兑	艮	离	坎	坤	震	巽	中	乾	兑	艮
八白星	艮	离	坎	坤	震	巽	中	乾	兑	艮	离	坎
九紫星	离	坎	坤	震	巽	中	乾	兑	艮	离	坎	坤
飞天德	坎	坎	巽	坤	坎	震	坎	坎	坤	离	坎	震
飞月德	离	乾	巽	坎	中	震	离	乾	坤	艮	中	震
飞天赦	中	巽	震	离	艮	兑	中	坎	离	离	艮	兑
飞解神	离	坎	坤	震	巽	中	乾	兑	中	乾	兑	艮
壬德星	中	中	巽	震	坤	坎	离	艮	兑	乾	中	中
癸德星	乾	中	中	巽	震	坤	坎	离	艮	兑	乾	中

（续表）

吉神	正	二	三	四	五	六	七	八	九	十	十一	十二
捉煞帝星	卯	辰	巳	午	未	申	酉	戌	亥	子	丑	寅
	乙	巽	丙	丁	坤	庚	辛	乾	壬	癸	艮	甲
	午	未	申	酉	戌	亥	子	丑	寅	卯	辰	巳
	丁	坤	庚	辛	乾	壬	癸	艮	甲	乙	巽	丙
捉财帝星	酉	戌	亥	子	丑	寅	卯	辰	巳	午	未	申
	辛	乾	壬	癸	艮	甲	乙	巽	丙	丁	坤	庚
	子	丑	寅	卯	辰	巳	午	未	申	酉	戌	亥
	癸	艮	甲	乙	巽	丙	丁	坤	庚	辛	乾	壬
飞天禄	离	艮	兑	乾	中	兑	乾	中	巽	震	坤	坎
飞天马	艮	兑	乾	中	兑	乾	中	巽	震	坤	坎	离
催官使	艮	兑	乾	中	兑	乾	艮	兑	乾	中	兑	乾
阳贵人	中	巽	震	坤	坎	离	艮	兑	乾	中	兑	乾
阴贵人	震	坤	坎	离	艮	兑	乾	中	兑	乾	中	巽
天寿星	丁丑	震	巽	震	乙辰	离	坤	乙辰	离	坤	兑	乾
天喜星	未	午	巳	辰	卯	寅	丑	子	亥	戌	酉	申
天嗣星	丁未	兑	乾	兑	辛戌	坎	艮	辛戌	坎	艮	震	巽
催官星	丑	未	寅	申	卯	酉	辰	戌	巳	亥	午	子
进禄星	坤	亥壬	巽	坤	亥壬	巽	坤	亥壬	巽	坤	亥壬	巽
天富星	巽	巳丙	离	坤	申庚	兑	乾	癸壬	坎	艮	寅申	震
天财星	坎	艮	巽	离	坤	乾	坎	艮	巽	离	坤	乾

壬辰年开山立向修方月家紧要凶神定局

凶神	正	二	三	四	五	六	七	八	九	十	十一	十二
天官符	中	巽	震	坤	坎	离	艮	兑	乾	中	兑	乾
地官符	坤	坎	离	艮	兑	乾	中	兑	乾	中	巽	震
罗天退	兑	乾	中	天	天	天	巽	震	坤	坎	离	艮
小儿煞	中	乾	兑	艮	离	坎	坤	震	巽	中	乾	兑
大月建	坤	坎	离	艮	兑	乾	中	巽	震	坤	坎	离
正阴府	离	震	艮巽	乾兑	坤坎	离	震	艮巽	乾兑	坤坎	离	震
傍阴府	壬	庚	丙	甲	乙	壬	庚	丙	甲	乙	壬	庚
	寅	亥		丁	癸	寅	亥		丁	癸	寅	亥
	寅	亥		巳	申	寅	亥		巳	申	寅	亥
	戌	未	辛	丑	辰	戌	未	辛	丑	辰	戌	未
月克山	无克	无克	离	离	水	土	震	震	无克	无克	乾	冬至
	无克	无克	壬	壬	十	三	艮	艮	无克	无克	亥	后
	无克	无克	丙	丙			艮	艮	无克	无克	兑	十三山
		乙	乙	山	巳	巳				丁	十三	山
打头火	乾	中	巽	震	坤	坎	离	艮	兑	乾	中	兑
月游火	巽	中	乾	兑	艮	离	坎	坤	震	巽	中	乾
飞独火	乾	中	兑	乾	中	巽	震	坤	坎	离	艮	兑
顺血刃	震	巽	中	乾	兑	艮	离	坎	坤	震	巽	中
逆血刃	中	巽	震	坤	坎	离	艮	兑	乾	中	巽	震

（续表）

凶神	正	二	三	四	五	六	七	八	九	十	十一	十二
月劫煞	亥	申	巳	寅	亥	申	巳	寅	亥	申	巳	寅
月灾煞	子	酉	午	卯	子	酉	午	卯	子	酉	午	卯
月的煞	丑	戌	未	辰	丑	戌	未	辰	丑	戌	未	辰
山朱雀	离	坎坤	巽	乾	艮兑		震坎	离坤	巽	乾	艮兑	
撞命煞	甲	壬	庚	丙	甲	壬	庚	丙	甲	壬	庚	丙
报怨煞	寅	亥	巳	申	寅	亥	巳	申	寅	亥	巳	申
剑锋煞	甲	乙	巽	丙	丁	坤	庚	辛	乾	壬	癸	艮
月入座	亥	子	丑	寅	卯	辰	巳	午	未	申	酉	戌
月崩腾	辛	巳	丙	寅	庚	甲	酉	丁	子	丑	坤	乾
流财退	亥	申	巳	寅	卯	午	子	酉	丑	未	辰	戌
丙独火	离	艮	兑	乾			巽	震	坤	坎	离	艮
丁独火	坎	离	艮	兑	乾			巽	震	坤	坎	离
巡山火	乾	坤	坎	坎	中	震	震	兑	艮	艮	巽	乾
灭门火	乙巳	壬子	丁未	壬寅	己酉	甲辰	辛亥	丙午	癸丑	戊申	癸卯	庚戌
祸凶日	辛亥	丙午	癸丑	戊申	癸卯	庚戌	乙巳	壬子	丁未	壬寅	己酉	甲辰

（30）癸巳年

　　癸巳年，通天窍云金之位，煞在东方寅卯辰。忌甲庚乙辛四向，名坐煞、向煞。大利山午丁壬丙坤乾山，宜造葬、修方吉。作主宜寅午戌巳酉丑生，吉;忌申亥生人,凶。罗天退在西方忌修造、安葬凶,主退财。九良星占寺、大门、船;煞在门及寺观。

癸巳年二十四山吉凶神煞

壬山○进田、右弼、贵人、贪狼。

　　●翎毛、六害、小利方。

子山○进田、紫微、紫檀、巨门、龙德。

　　●金神七煞、皇天灸退、支神退。

癸山○青龙、胜光、紫檀、益龙、武曲、巨门、福寿。

　　●皇天灸退、翎毛、刀砧、小利方。

丑山○青龙、胜光、黄罗、武曲、益龙、左辅。

　　●金神七煞、白虎煞、隐伏血刃。

艮山○玉皇、地皇、天帝、天乙、右弼。

　　●年克山、破败、五鬼、蚕官。

寅山○玉皇、天帝、天乙、福德。

　　●三煞、穿山罗睺、八座、阴中煞、千斤血刃。

甲山○传送、天定、天福、升龙、左辅。

　　●困龙、坐煞、向煞、逆血刃、六十年空。

卯山○传送、天皇、天福、天定、宝台、升龙、左辅。

　　●克山、正阴府、三煞、头白空亡、隐伏血刃。

乙山○天皇、太阴、七宿、贪狼。

　　●浮天空、入山空、头白空、坐煞、向煞。

辰山○紫檀、天定、天阴、巨门。

　　●三煞、岁煞。

巽山○迎财、河魁、丰龙、水轮、太乙、太阳。

　　●独火、打劫血刃,葬大利。

巳山○迎财、河魁、黄罗、丰龙、水轮、太乙、太阳、右弼。

　　●克山、太岁、千斤血刃。

丙山○进宝、地皇、左辅、右弼、宝台。

　　●巡山罗睺、翎毛禁向、小利方。

午山○进宝、天乙、天禄、天贵、贪狼、贵胜、太阳。

丁山○库珠、神后、黄罗、天乙、萃龙、太阳、右弼、天道、驿马。

●翎毛、山家刀砧、大利方。

未山○库珠、神后、天皇、天乙、萃龙、太阳。

●傍阴府、暗刀煞、天命煞。

坤山○玉皇、天乙、天台、木星、土曲、一白、贪狼。

●坐山罗睺、天命煞、小利方。

申山○天乙、天台、荣光、紫檀、玉皇、巨门、太阴。

●天官符、金神七煞、天命煞。

庚山○功曹、天皇、天魁、壮龙、贪狼、岁德。

●傍阴府、向煞、六十年空亡。

酉山○功曹、黄罗、天魁、朗耀、壮龙、贪狼、太阴、岁位合。

●地官符、金神七煞。

辛山○天定、金轮、金星、岁天德、岁天道、人道。

●头白空、入山空、向煞火血。

戌山○岁支德、天定、金轮、金星、人仓。

●流财、小耗、净栏煞。

乾山○大吉、天罡、太乙、宝台、巨门、泰龙、天华、武曲。

●流财煞。

亥山○大吉、天罡、太乙、宝台、巨门、水轮、水星、泰龙。

●傍阴府、岁破。

山　酉丁乾亥山,变癸丑木运,忌纳音金年月日时,甲寅辰巽申变丙辰土。

龙　卯艮巳山,变己未火运,忌纳音水年月日时,戌坎辛庚运忌用木。

运　午壬丙乙山,变壬戌水运,忌纳音土年月日时,丑癸坤未山年月日时。

癸巳年开山立向修方月家紧要吉神定局

吉神	正	二	三	四	五	六	七	八	九	十	十一	十二
天尊星	艮	离	坎	坤	震	巽	乾	兑	艮	离	坎	坤
天帝星	坤	坎	离	艮	兑	乾	巽	震	坤	坎	离	艮
罗天进	兑	艮	离	坎	坤	震	巽	中	天	天	天	乾

	立春	春分	立夏	夏至	立秋	秋分	立冬	冬至
乙奇星	坤	乾	兑	乾	艮	巽	震	巽
丙奇星	震	兑	艮	中	兑	震	坤	中
丁奇星	巽	艮	离	巽	乾	坤	坎	乾

吉神	正	二	三	四	五	六	七	八	九	十	十一	十二
一白星	巽	中	乾	兑	艮	离	坎	坤	震	巽	中	乾
六白星	离	坎	坤	震	巽	中	乾	兑	艮	离	坎	坤
八白星	坤	震	巽	中	乾	兑	艮	离	坎	坤	震	巽
九紫星	震	巽	中	乾	兑	艮	离	坎	坤	震	巽	中
飞天德	艮	坎	坤	离	坎	坎	艮	坎	离	兑	坎	坎
飞月德	兑	中	坤	艮	巽	坎	兑	中	离	乾	巽	坎
飞天赦	坤	坎	离	乾	中	巽	艮	兑	乾	乾	中	坎
飞解神	艮	离	坎	坤	震	巽	中	乾	兑	艮	乾	兑
壬德星	巽	震	坤	坎	离	艮	兑	乾	中	中	巽	震
癸德星	中	巽	震	坤	坎	离	艮	兑	乾	中	中	巽

（续表）

吉神	正	二	三	四	五	六	七	八	九	十	十一	十二
捉煞帝星	卯	辰	巳	午	未	申	酉	戌	亥	子	丑	寅
	乙	巽	丙	丁	坤	庚	辛	乾	壬	癸	艮	甲
	午	未	申	酉	戌	亥	子	丑	寅	卯	辰	巳
	丁	坤	庚	辛	乾	壬	癸	艮	甲	乙	巽	丙
捉财帝星	酉	戌	亥	子	丑	寅	卯	辰	巳	午	未	申
	辛	乾	壬	癸	艮	甲	乙	巽	丙	丁	坤	庚
	子	丑	寅	卯	辰	巳	午	未	申	酉	戌	亥
	巽	甲	乙	巽	丙	丁	坤	庚	辛	乾	壬	癸
飞天禄	中	兑	乾	中	巽	震	坤	坎	离	艮	兑	乾
飞天马	坤	坎	离	艮	兑	乾	中	兑	乾	中	巽	震
催官使	乾	中	中	中	中	巽	乾	中	中	中	中	巽
阳贵人	坎	离	艮	兑	乾	中	兑	乾	中	巽	震	坤
阴贵人	兑	乾	中	巽	震	坤	坎	离	艮	兑	乾	中
天寿星	癸丑	震	巽	震	乙辰	离	坤	乙辰	离	坤	兑	乾
天喜星	未	午	巳	辰	卯	寅	丑	子	亥	戌	酉	申
天嗣星	丁未	兑	乾	兑	辛戌	坎	艮	辛戌	坎	艮	震	巽
催官星	丑	未	寅	申	卯	酉	辰	戌	巳	亥	午	子
进禄星	坤	亥壬	巽	坤	亥壬	巽	坤	亥壬	巽	坤	亥壬	巽
天富星	巽	巳丙	离	坤	申庚	兑	乾	癸壬	坎	艮	寅申	震
天财星	坎	艮	巽	离	坤	乾	坎	艮	巽	离	坤	乾

癸巳年开山立向修方月家紧要凶神定局

凶神	正	二	三	四	五	六	七	八	九	十	十一	十二
天官符	坤	坎	离	艮	兑	乾	中	兑	乾	中	巽	震
地官符	震	坤	坎	离	艮	兑	乾	中	兑	乾	中	巽
罗天退	震	兑	乾	中	天	天	天	巽	震	坤	坎	离
小儿煞	离	坎	坤	震	巽	中	乾	兑	艮	离	坎	坤
大月建	艮	兑	乾	中	巽	震	坤	坎	离	艮	兑	乾
正阴府	艮巽	乾兑	坤坎	离	震	艮巽	乾兑	坤坎	离	震	艮巽	乾兑
傍阴府	丙	甲	申	壬	寅	丙	甲	申	壬	庚	丙	甲
		丁	癸	寅	亥		丁	癸	寅	亥		丁
		巳	乙	寅	亥		巳	乙	寅	亥		巳
	辛	丑	辰	戌	未	辛	丑	辰	戌	未	辛	丑
月克山	艮	震	离	离	无克	无克	水	土	艮	艮	无克	无克
	震	艮	壬	壬	无克	无克	十	三	震	巳	无克	无克
	震	艮	丙	丙	无克	无克					无克	无克
	巳	巳	乙	乙	无克	无克	山		巳	震	无克	无克
打头火	震	坤	坎	离	艮	兑	乾	中	兑	乾	中	巽
月游火	离	坎	坤	震	巽	中	乾	兑	艮	离	坎	坤
飞独火	乾	中	巽	震	坤	坎	离	艮	兑	乾	中	兑
顺血刃	离	坎	坤	震	巽	中	乾	兑	艮	离	坎	坤
逆血刃	坤	坎	离	震	兑	乾	中	巽	震	坤	坎	离

（续表）

凶神	正	二	三	四	五	六	七	八	九	十	十一	十二
月劫煞	亥	申	巳	寅	亥	申	巳	寅	亥	申	巳	寅
月灾煞	子	酉	午	卯	子	酉	午	卯	子	酉	午	卯
月的煞	丑	戌	未	辰	丑	戌	未	辰	丑	戌	未	辰
山朱雀	离	坎坤	巽	乾	艮兑		震离	坤坤	巽	乾	艮兑	
撞命煞	甲	壬	庚	丙	甲	壬	庚	丙	甲	壬	庚	丙
报怨煞	寅	亥	申	巳	寅	亥	申	巳	寅	亥	中	巳
剑锋煞	甲	乙	巽	丙	丁	坤	庚	辛	乾	壬	癸	艮
月入座	亥	子	丑	寅	卯	辰	巳	午	未	申	酉	戌
月崩腾	辛	巳	丙	寅	庚	甲	酉	丁	子	丑	坤	乾
流财退	亥	申	巳	寅	卯	午	子	酉	丑	未	戌	辰
丙独火	兑	乾			巽	震	坤	坎	离	艮	兑	乾
丁独火	艮	兑	乾			巽	震	坤	坎	离	艮	兑
巡山火	乾	坤	坎	坎	中	卯	卯	酉	艮	艮	巽	乾
灭门火	丁巳	甲子	己未	甲寅	辛酉	丙辰	癸亥	戊午	乙丑	庚申	乙卯	壬戌
祸凶日	癸亥	戊午	乙丑	庚申	乙卯	壬戌	丁巳	甲子	己未	甲寅	辛酉	丙辰

（31）甲午年

甲午年,通天窍云火之位,煞在北方亥子丑。忌丙壬丁癸四向,名坐煞、向煞。大利山卯乙乾坤山,宜造葬大吉。作主宜寅戌巳,酉丑生人,吉;忌子午生人,凶。罗天退在子方,忌修造安葬,主退财。九良星占厨、灶;煞在神庙、戌亥方。

甲午年二十四山吉凶神煞

壬山〇胜光、天定、宝台、水轮、壮龙、巨门、天华。

●浮天空、入山空、头白空、坐煞、翎毛禁向、火血、刀砧。

子山〇胜光、紫微、天定、宝台、水轮、壮龙、巨门。

●三煞、克山、罗天大退、岁破、大耗。

癸山〇天定、武曲、弼星。

●克山、坐煞、向煞、入山刀砧。

丑山〇龙德、贪狼、左辅、武库。

●三煞、克山、阴中煞、蚕官。

艮山〇迎财、传送、天皇、泰龙、武曲、贪狼、寿星。

●正阴府、太岁。

寅山〇迎财、传送、太乙、泰龙、宝库、武曲。

●克山、白虎煞、蚕官。

甲山〇玉皇、天帝、进宝、天乙、紫檀、左辅。

●克山、翎毛禁向、山家刀砧。

卯山〇玉皇、天帝、进宝、天皇、宝台、天乙、福德、大利方。

乙山〇库珠、河魁、天乙、天福、益龙、左辅、天禄、利道。

●六十年空亡、大利方。

辰山〇库珠、河魁、天魁、天福、益龙、左辅、右弼。

●克山、千斤血刃、暗刀煞。

巽山〇黄罗、天定、太阴、武星、七星、右弼。

●克山、正阴府、隐伏血刃、破败、五鬼。

巳山〇天定、太阴、贪狼、右弼。

●天官符、天太岁、帝辂。

丙山〇神后、天皇、水轮、太乙、升龙、太阳、右弼。

●傍阴府、入山空、头白空、翎毛禁向、坐煞、向煞。

午山〇神后、天乙、太乙、水轮、升龙、巨门、太阳。

●太岁、金神七煞、头白空亡。

丁山〇贪狼、财库。

    ●坐煞、向煞、巡山睺、逆血刃。

未山〇地皇、天贵、金库、巨门、太阳。

    ●克山、金神七煞。

坤山〇大吉、功曹、太乙、丰龙、金库、太阳。

    ●克山。

申山〇大吉、功曹、丰龙、太乙、荣光、太阳贵人

    ●克山、金神、千斤、打劫血刃。

庚山〇玉皇、地皇、进田、天乙、荣光、天台。

    ●克山、翎毛禁向、山家刀砧。

酉山〇玉皇、进田、天乙、朗耀、贪狼、右弼、太阴。

    ●皇天灸退、金神、独火、天命煞。

辛山〇青龙、天罡、黄罗、天魁、萃龙、贪狼。

    ●克山、傍阴府、皇天灸退、六十年空亡。

戌山〇青龙、天罡、天魁、萃龙、贪狼。

    ●克山、地官符、穿山罗睺、流财煞。

乾山〇紫檀、天定、金轮、金星、岁天道、天德、人道。

    ●困龙、流财煞、支神退、隐伏血刃、利方。

亥山〇天定、地皇、金轮、金星、巨门。

    ●三煞、朱雀、小耗、净栏煞。

山	酉丁乾亥山,变乙丑金运,忌纳音火年月日时,甲巽辛癸坤变戌辰木。
龙	卯艮巳山,变辛未土运,忌纳音木年月日时,寅戌甲庚运忌用金。
运	午壬丙乙山,变甲戌火运,忌纳音水年月日时,辰坎丑未山年月日时。

甲午年开山立向修方紧要吉神定局

吉神	正	二	三	四	五	六	七	八	九	十	十一	十二
天尊星	艮	离	坎	坤	震	巽	乾	兑	艮	离	坎	坤
天帝星	坤	坎	离	艮	兑	乾	巽	震	坤	坎	离	艮
罗天进	乾	兑	艮	离	坎	坤	震	巽	中	天	天	天
	立春		春分		立夏		夏至		立秋		秋分		立冬		冬至	
乙奇星	坤		乾		兑		乾		艮		巽		震		巽
丙奇星	坤		乾		兑		乾		艮		巽		震		巽
丁奇星	震		兑		艮		中		兑		震		坤		中
一白星	兑	艮	离	坎	坤	震	巽	中	乾	兑	震	离
六白星	震	巽	中	乾	兑	艮	离	坎	坤	震	巽	中
八白星	中	乾	兑	艮	离	坎	坤	震	巽	中	乾	兑
九紫星	乾	兑	艮	离	坎	坤	震	巽	中	乾	兑	艮
飞天德	乾	坎	离	兑	坎	艮	乾	坎	兑	中	坎	艮
飞月德	中	震	离	乾	坤	艮	中	震	兑	中	坤	艮
飞天赦	艮	兑	乾	震	坤	坎	中	巽	震	离	艮	兑
飞解神	兑	艮	离	坎	坤	震	巽	中	乾	兑	中	乾
壬德星	坤	坎	离	艮	兑	乾	中	中	巽	震	坤	坎
癸德星	震	坤	坎	离	艮	兑	乾	中	中	巽	震	坤

（续表）

吉神	正	二	三	四	五	六	七	八	九	十	十一	十二
捉煞帝星	卯	辰	巳	午	未	申	酉	戌	亥	子	丑	寅
	乙	巽	丙	丁	坤	庚	辛	乾	壬	癸	艮	甲
	午	未	申	酉	戌	亥	子	丑	寅	卯	辰	巳
	丁	坤	庚	辛	乾	壬	癸	艮	甲	乙	巽	丙
捉財帝星	酉	戌	亥	子	丑	寅	卯	辰	巳	午	未	申
	辛	乾	壬	癸	艮	甲	乙	巽	丙	丁	坤	庚
	了	丑	寅	卯	辰	巳	午	未	申	酉	戌	亥
	癸	艮	甲	乙	巽	丙	丁	坤	庚	辛	乾	壬
飞天禄	中	兑	乾	中	巽	震	坤	坎	离	艮	兑	乾
飞天马	坤	坎	离	艮	兑	乾	中	兑	乾	中	巽	震
催官使	中	巽	震	巽	震	坤	中	巽	震	巽	震	坤
阳贵人	坎	离	艮	兑	乾	中	兑	乾	中	巽	震	坤
阴贵人	兑	乾	中	巽	震	坤	坎	离	艮	兑	乾	中
天寿星	癸丑	震	巽	震	乙辰	离	坤	乙辰	离	坤	兑	乾
天喜星	未	午	巳	辰	卯	寅	丑	子	亥	戌	酉	申
天嗣星	丁未	兑	乾	兑	辛戌	坎	艮	辛戌	坎	艮	震	巽
催官星	丑	未	寅	申	卯	酉	辰	戌	巳	亥	午	子
进禄星	坤	亥壬	巽	坤	亥壬	巽	坤	亥壬	巽	坤	亥壬	巽
天富星	巽	巳丙	离	坤	申庚	兑	乾	癸壬	坎	艮	寅申	震
天财星	坎	艮	巽	离	坤	乾	坎	艮	巽	离	坤	乾

甲午年开山立向修方月家紧要凶神定局

凶神	正	二	三	四	五	六	七	八	九	十	十一	十二
天官符	艮	兑	乾	申	巽	乾	中	巽	震	坤	坎	离
地官符	巽	震	坤	坎	离	艮	兑	乾	中	兑	乾	中
罗天退	离	艮	兑	乾	中	天	天	天	巽	震	坤	坎
小儿煞	中	乾	兑	艮	离	坎	坤	震	巽	中	乾	兑
大月建	艮	兑	乾	中	巽	震	坤	坎	离	艮	兑	乾
正阴府	坤坎	离	震	艮巽	乾兑	坤坎	离	震	艮巽	乾兑	坤坎	离
傍阴府	乙	壬	庚	丙	甲	乙	壬	庚	丙	甲	乙	壬
	癸	寅	亥		丁	癸	寅	亥		丁	癸	寅
	申	寅	亥		巳	申	寅	亥		巳	申	寅
	辰	戌	未	辛	丑	辰	戌	未	辛	丑	辰	戌
月克山	乾	乾	震	震	无克	无克	水	水	乾	乾	离	离
	亥	亥	艮	艮	无克	无克	土	土	亥	亥	壬	壬
	兑	兑	艮	艮	无克	无克	十三	十三	兑	兑	丙	丙
	丁	丁			无克	无克	山	山	丁	丁	乙	乙
打头火	离	艮	兑	乾	中	兑	乾	中	巽	震	坤	坎
月游火	坤	震	巽	中	乾	兑	艮	离	坎	坤	震	巽
飞独火	震	坤	坎	离	艮	兑	乾	中	兑	乾	中	巽
顺血刃	兑	艮	离	坎	坤	震	巽	中	乾	兑	艮	离
逆血刃	离	艮	兑	乾	中	巽	震	坤	坎	离	艮	兑

（续表）

凶神	正	二	三	四	五	六	七	八	九	十	十一	十二
月劫煞	亥	申	巳	寅	亥	申	巳	寅	亥	申	巳	寅
月灾煞	子	酉	午	卯	子	酉	午	卯	子	酉	午	卯
月的煞	丑	戌	未	辰	丑	戌	未	辰	丑	戌	未	辰
山朱雀	离	坎坤	巽	乾	艮兑		震离	坎坤	巽	乾	艮兑	
撞命煞	甲	壬	庚	丙	甲	壬	庚	丙	甲	壬	庚	丙
报怨煞	寅	亥	申	巳	寅	亥	申	巳	寅	亥	申	巳
剑锋煞	甲	乙	巽	丙	丁	坤	庚	辛	乾	壬	癸	艮
月入座	亥	子	丑	寅	卯	辰	巳	午	未	申	酉	戌
月崩腾	辛	巳	丙	寅	庚	甲	酉	丁	子	丑	坤	乾
流财退	亥	申	巽	寅	卯	午	子	酉	丑	未	辰	戌
丙独火			巽	震	坤	坎	离	艮	兑	乾		
丁独火	乾			巽	震	坤	坎	离	艮	兑	乾	
巡山火	乾	坤	坎	坎	中	卯	卯	酉	艮	艮	巽	乾
灭门火	己巳	丙子	辛未	丙寅	癸酉	戊辰	乙亥	庚午	丁丑	壬申	丁卯	甲戌
祸凶日	乙亥	庚午	丁丑	壬申	丁卯	甲戌	己巳	丙子	辛未	丙寅	癸酉	戊辰

（32）乙未年

乙未年，通天窍云木之位，煞在西方申酉戌。忌甲庚乙辛四向，名坐煞、向煞。大利壬丙辰巽未坤六山，宜造葬、修方，吉。作主宜巳酉亥卯生命，

671

大吉;忌丑戌生人,凶。罗天退在震方,忌修造、安葬,主退财,凶。九良星占僧堂、城隍、社庙及水步亥并方;煞在水路。

乙未年二十四山吉凶神煞

壬山○进宝、天定、金轮、宝库、金星、左辅、人道、利道、驿马。

　　●大利方。

子山○天皇、进宝、天定、金轮、天禄、金星。

　　●困龙、头白空、隐伏血刃、阴中煞、小耗。

癸山○库珠、神后、天乙、天皇、壮龙、贪狼。

　　●浮天空、入山空、头白空。

丑山○玉皇、库珠、神后、天乙、壮龙、贪狼、武曲。

　　●傍明府、岁破、千斤血刃、蚕官。

艮山○玉皇、天乙、贪狼、武曲、玉皇、木星。

　　●克山、破败五鬼、打劫血刃。

寅山○朗耀、龙德、武曲、玉皇、木星、武库。

　　●天官符、千斤血刃。

甲山○河魁、地皇、泰龙、巨门、岁天德、岁天道。

　　●傍阴府、向煞、翎毛禁向、天命煞。

卯山○河魁、紫檀、荣光、泰龙、巨门、武曲。

　　●克山、白虎煞、罗天大退、暗刃煞天命。

乙山○天皇、太乙、黄罗、左辅、贪狼。

　　●坐煞、向煞、入山刀砧。

辰山○天皇、天帝、太乙、水轮、金库、福德。

　　●金神七煞、入座、九天朱雀。

巽山○大吉、神后、天福、太乙、天定、益龙、水轮、武曲、巨门、太阳。

　　●四大金星、血刃。大利。

巳山○大吉、神后、天乙、天福、天定、水轮、益龙、天阳、武曲。

　　●克山、傍阴府、金神。

丙山○进田、天定、太阴、五库、贪狼、贵人、利道、人道。

　　●六害、大利方。

午山○进田、天定、太阴、岁德、贪狼、岁支德。

●独火、皇天灸退。

丁山○青龙、功曹、天乙、升龙、左辅、武曲。

　　　●傍阴府、入山空、头白空、刀砧、皇天灸退、山家火血。

未山○青龙、功曹、天乙、玉皇、升龙、左辅。

　　　●太岁、堆黄、隐伏血刃、小利方。

坤山○玉皇、黄罗、天乙、左辅、右弼。

　　　●巡山罗睺、六十年空亡、小利方。

申山○天皇、宝台、天乙、贵人、太阳。

　　　●三煞、穿山罗睺、逆血刃、蚕官。

庚山○天罡、紫檀、天定、丰龙、右弼、岁天道。

　　　●坐煞、翎毛禁向。

酉山○天罡、天定、太乙、丰龙、贪狼、右弼。

　　　●三煞、正阴府、天禁、朱雀。

辛山○天台、水轮、巨门、土曲星。

　　　●坐煞、入山刀砧。

戌山○天台、宝台、水轮、太阴。

　　　●三煞、岁煞、流财煞。

乾山○迎财、胜光、地皇、天魁、宝台、萃龙、太阳、水轮。

　　　●正阴府、流财煞、支神退。

亥山○迎财、胜光、紫檀、天魁、紫微、水轮、天定、太阳。

　　　●地官符。

山　酉丁乾亥山，变丁丑水运，忌纳音土年月日时，甲寅辰辛变庚辰金。

龙　卯艮巳山，变癸未水运，忌纳音金年月日时，巽戌坎庚运忌用火。

运　午壬丙乙山，变丙戌土运，忌纳音木年月日时，丑癸坤未山年月日时。

乙未年开山立向修方月家紧要吉神定局

吉神	正	二	三	四	五	六	七	八	九	十	十一	十二
天尊星	震	巽	乾	兑	艮	离	坎	坤	震	巽	乾	兑
天帝星	兑	乾	巽	震	坤	坎	离	艮	兑	乾	巽	震
罗天进	天	乾	兑	艮	离	坎	坤	震	巽	中	天	天

	立春	春分	立夏	夏至	立秋	秋分	立冬	冬至
乙奇星	坎	中	乾	兑	离	中	巽	震
丙奇星	坤	乾	兑	乾	艮	巽	震	巽
丁奇星	震	兑	艮	中	兑	震	坤	中

吉神	正	二	三	四	五	六	七	八	九	十	十一	十二
一白星	坎	坤	震	巽	中	乾	兑	艮	离	坎	坤	震
六白星	乾	兑	艮	离	坎	坤	震	巽	中	乾	兑	艮
八白星	艮	离	坎	坤	震	巽	中	乾	兑	艮	离	坎
九紫星	离	坎	坤	震	巽	中	乾	兑	艮	离	坎	坤
飞天德	中	坎	兑	中	兑	坎	乾	中	坎	巽	坎	乾
飞月德	巽	坎	兑	中	离	乾	巽	坎	中	震	离	乾
飞天赦	中	坎	离	离	艮	兑	坤	坎	离	乾	中	巽
飞解神	乾	兑	艮	离	坎	坤	震	巽	中	乾	兑	艮
壬德星	离	艮	兑	乾	中	中	巽	震	坤	坎	离	艮
癸德星	坎	离	艮	兑	乾	中	中	巽	震	坤	坎	离

674

（续表）

吉神	正	二	三	四	五	六	七	八	九	十	十一	十二
捉煞帝星	卯	辰	巳	午	未	申	酉	戌	亥	子	丑	寅
	乙	巽	丙	丁	坤	庚	辛	乾	壬	壬	艮	甲
	午	未	申	酉	戌	亥	子	丑	寅	卯	辰	巳
	丁	坤	庚	辛	乾	壬	癸	艮	甲	乙	巽	丙
捉財帝星	酉	戌	亥	子	丑	寅	卯	辰	巳	午	未	坤
	辛	乾	壬	癸	艮	甲	乙	巽	丙	丁	坤	庚
	子	丑	寅	卯	辰	巳	午	未	申	酉	戌	亥
	癸	艮	甲	乙	巽	丙	丁	坤	庚	辛	乾	壬
飞天禄	乾	中	兑	乾	中	巽	震	坤	坎	离	艮	兑
飞天马	艮	兑	乾	中	兑	乾	中	巽	震	坤	坎	离
催官使	震	坤	坎	坤	坎	离	震	坤	坎	坤	坎	离
阳贵人	坤	坎	离	艮	兑	乾	中	兑	乾	中	巽	震
阴贵人	乾	中	巽	震	坤	坎	离	艮	兑	乾	中	兑
天寿星	癸丑	震	巽	震	乙辰	离	坤	乙辰	离	坤	兑	乾
天喜星	未	午	巳	辰	卯	寅	丑	子	亥	戌	申	酉
天嗣星	丁未	兑	乾	兑	辛戌	坎	艮	辛戌	坎	艮	震	巽
催官星	丑	未	寅	申	卯	酉	辰	戌	巳	亥	午	子
进禄星	坤	亥壬	巽	坤	亥壬	巽	坤	亥壬	巽	坤	亥壬	巽
天富星	巽	巳丙	离	坤	申庚	兑	乾	癸壬	坎	艮	申寅	震
天财星	坎	艮	巽	离	坤	坎	乾	艮	巽	离	坤	乾

乙未年开山立向修方月家紧要凶神定局

凶神	正	二	三	四	五	六	七	八	九	十	十一	十二
天官符	中	兑	乾	中	巽	震	坤	坎	离	艮	兑	乾
地官符	中	巽	震	坤	坎	离	艮	兑	乾	中	兑	乾
罗天退	坎	离	艮	兑	乾	中	天	天	天	巽	震	坤
小儿煞	离	坎	坤	震	巽	中	乾	兑	艮	离	坎	坤
大月建	中	巽	震	坤	坎	离	艮	兑	乾	中	巽	震
正阴府	震	艮巽	乾兑	坤坎	离	震	艮巽	乾兑	坤坎	离	震	艮巽
傍阴府	庚	丙	甲	乙	壬	庚	丙	甲	乙	壬	庚	丙
	亥		丁	癸	寅	亥		丁	癸	寅	亥	
	亥		巳	申	寅	亥		巳	申	寅	亥	
	未	辛	丑	辰	戌	未	辛	丑	辰	戌	未	辛
月克山	乾	乾	震	震	离	离	无克	无克	乾	乾	水	土
	亥	亥	艮	艮	壬	壬	无克	无克	亥	亥	十	三
	兑	兑	艮	艮	丙	丙	无克	无克	兑	兑	十	三
	丁	丁	巳	巳	乙	乙	无克	无克	丁	丁	山	
打头火	乾	中	兑	乾	中	巽	震	坤	坎	离	艮	兑
月游火	坤	震	巽	中	乾	兑	艮	离	坎	坤	震	巽
飞独火	乾	艮	兑	乾	中	兑	乾	中	离	震	坤	坎
顺血刃	巽	中	乾	兑	艮	离	坎	坤	震	巽	中	乾
逆血刃	乾	中	巽	震	坤	坎	离	艮	兑	乾	中	巽

（续表）

凶神	正	二	三	四	五	六	七	八	九	十	十一	十二
月劫煞	亥	申	巳	寅	亥	申	巳	寅	亥	申	巳	寅
月灾煞	子	酉	午	卯	子	酉	午	卯	子	酉	午	卯
月的煞	丑	戌	未	辰	丑	戌	未	辰	丑	戌	未	辰
山朱雀	离	坎坤	巽	乾	艮兑		震离	坎坤	巽	乾	艮兑	
撞命煞	甲	壬	庚	丙	甲	壬	庚	丙	甲	壬	庚	丙
报怨煞	寅	亥	申	巳	寅	亥	申	巳	寅	亥	申	巳
剑锋煞	甲	乙	巽	丙	丁	坤	庚	辛	乾	壬	癸	艮
月入座	亥	子	丑	寅	卯	辰	巳	午	未	申	酉	戌
月崩腾	辛	巳	丙	寅	庚	申	酉	丁	子	丑	坤	乾
流财退	亥	申	巳	寅	卯	午	子	酉	丑	未	辰	戌
丙独火	巽	震	坎	坤	离	艮	兑	乾			巽	震
丁独火		巽	震	坎	坤	离	艮	兑	乾			巽
巡山火	乾	坤	坎	坎	中	震	震	兑	艮	艮	巽	乾
灭门火	辛巳	戊子	癸未	戊寅	乙酉	庚辰	丁亥	壬午	己丑	甲申	己卯	丙戌
祸凶日	丁亥	壬午	己丑	甲申	己卯	丙戌	辛巳	戊子	癸未	戊寅	乙酉	庚辰

（33）丙申年

丙申年，通天窍云水之位，煞在南方巳午未。忌丙壬丁癸四向，名坐煞、向煞。大利山庚甲酉戌乾巽六山，大利，丑寅山，小利。作主利申子辰巳酉丑生人,吉;忌寅巳生人。罗天退在艮方,忌修造葬,主退财,凶。九良星无占在天;煞在中庭及北方。

丙申年二十四山吉凶神煞

壬山○玉皇、传送、天魁、萃龙、左辅、右弼。

　　　●向煞、翎毛禁向、逆血刃、刀砧、六十年空亡。

子山○玉皇、天皇、传送、天魁、萃龙、紫微、天乙。

　　　●正阴府、地官符、千斤血刃、金神、流财。

癸山○天皇、玉皇、天乙、木星、岁德、天德、人道。

　　　●傍阴府、翎毛禁向、向煞、刀砧。

丑山○玉皇、岁支德、人仓、巨门、宝库。

　　　●金神、流财、小耗、小利方。

艮山○大吉、河魁、太乙、壮龙、左辅、太阳。

　　　●克山、罗天大退、支神退。

寅山○大吉、河魁、朗耀、太乙、壮龙、太阳。

　　　●岁破、金神、隐伏血刃、小利方。

甲山○进田、地皇、太乙、右弼、贵人、驿马临官。

　　　●六害、火血。大利方。

卯山○进田、紫檀、水轮、荣光、太乙、龙德、武库。

　　　●克山、皇天灸退、金神、蚕官。

乙山○青神、神后、黄罗、泰龙、水轮、天定、太乙、太阳。

　　　●傍阴府、入山空、头白空亡。

辰山○青龙、神后、天皇、天定、太乙、泰龙、太阳、贪狼。

　　　●傍阴府、白虎煞、蚕官。

巽山○天帝、天定、左辅、太阴、武曲、贪狼。

　　　●头白空、蚕室、大利方。

巳山○天帝、天乙、天定、龙德、太阴、福德。

　　　●三煞、克山、黄帝、入座。

丙山○功曹、天定、福德、益龙、巨门。

　　　●坐煞、六十年空亡、翎毛禁向、刀砧。

午山○玉皇、功曹、天定、天福、益龙、巨门。

●三煞、穿山罗睺、独火、金神七煞。

丁山○紫檀、天乙、贪狼、太阴、巨门。

　　●坐煞、困龙、翎毛禁向、入山刀砧。

未山○玉皇、天乙、武曲。

　　●三煞、金神七煞、天禁、朱雀。

坤山○迎财、天罡、黄罗、升龙、水轮、武曲。

　　●正阴府、支神退、破败五鬼。

申山○天皇、迎财、天罡、宝台、升龙、水轮、武曲。

　　●傍阴府、太岁、堆黄煞。

庚山○进宝、紫檀、水轮、贪狼。

　　●山家火血,利造葬。

酉山○进宝、太乙、宝台、巨门、水轮、贵人、太阳、天禄。

　　●大利方。

辛山○库珠、胜光、天乙、宝台、金轮、水轮、丰龙。

　　●浮天入山、头白空、巡山罗睺。

戌山○库珠、胜光、天乙、天定、金轮、水轮、车轮、丰龙。

　　●隐伏血刃、天命煞、大利方。

乾山○地皇、天定、天台、贪狼、金轮、金星、武曲。

　　●打劫血刃、天命煞、大利方。

亥山○紫微、紫檀、天台、贪狼、金轮、太阴、金星。

　　●天官符、阴中煞、暗刀煞、天命煞、血刃。

山　　酉丁乾亥山,变巳丑火运,忌纳音水年月日时,甲寅辰辛申变壬辰水。

龙　　卯艮巳山,变乙未金运,忌纳音火年月日时,巽戌坎庚运忌用土。

运　　午壬丙乙山,变戌戌木运,忌纳音金年月日时,丑癸坤未山年月日时。

丙申年开山立向修方月家紧要吉神定局

吉神	正	二	三	四	五	六	七	八	九	十	十一	十二
天尊星	震	巽	乾	兑	艮	离	坎	坤	震	巽	乾	兑
天帝星	兑	乾	巽	震	坤	坎	离	艮	兑	乾	巽	震
罗天进	天	天	乾	兑	艮	离	坎	坤	震	巽	中	天

	立春	春分	立夏	夏至	立秋	秋分	立冬	冬至
乙奇星	离	巽	中	艮	坎	乾	中	坤
丙奇星	坎	中	乾	兑	离	中	巽	震
丁奇星	坤	乾	兑	乾	艮	巽	震	巽

吉神	正	二	三	四	五	六	七	八	九	十	十一	十二
一白星	巽	中	乾	兑	艮	离	坎	坤	震	巽	中	乾
六白星	离	坎	坤	震	巽	中	乾	兑	艮	离	坎	坤
八白星	坤	震	巽	中	乾	兑	艮	离	坎	坤	震	巽
九紫星	震	巽	中	乾	兑	艮	离	坎	坤	震	巽	中
飞天德	震	坎	中	巽	坎	中	震	坎	巽	坤	坎	中
飞月德	坤	艮	中	震	兑	中	坤	艮	巽	坎	兑	中
飞天赦	艮	兑	乾	乾	中	坎	艮	兑	乾	震	坤	坎
飞解神	中	乾	兑	艮	离	坎	坤	震	巽	中	乾	兑
壬德星	兑	乾	中	中	巽	震	坤	坎	离	艮	兑	乾
癸德星	艮	兑	乾	中	中	巽	震	坤	坎	离	艮	兑

（续表）

吉神	正	二	三	四	五	六	七	八	九	十	十一	十二
捉煞帝星	卯	辰	巳	午	未	申	酉	戌	亥	子	丑	寅
	乙	巽	丙	丁	坤	庚	辛	乾	壬	癸	艮	甲
	午	未	申	酉	戌	亥	子	丑	寅	卯	辰	巳
	丁	坤	庚	辛	乾	壬	癸	艮	甲	乙	巽	丙
捉财帝星	酉	戌	亥	子	丑	寅	卯	辰	巳	午	未	坤
	辛	乾	壬	癸	艮	甲	乙	巽	丙	丁	坤	庚
	子	丑	寅	卯	辰	巳	午	未	甲	酉	戌	亥
	癸	艮	甲	乙	巽	丙	丁	坤	庚	辛	乾	壬
飞天禄	艮	兑	乾	中	兑	乾	中	巽	震	坤	坎	离
飞天马	中	乾	兑	中	巽	震	坤	坎	离	艮	兑	乾
催官使	坎	离	艮	离	艮	兑	坎	离	艮	离	艮	兑
阳贵人	震	坤	坎	离	艮	兑	乾	中	兑	乾	中	巽
阴贵人	中	巽	震	坤	坎	离	艮	兑	乾	中	兑	乾
天寿星	丑癸	震	巽	震	乙辰	离	坤	乙辰	离	坤	兑	乾
天喜星	未	午	巳	辰	卯	寅	丑	子	亥	戌	酉	坤
天嗣星	丁未	兑	乾	兑	辛戌	坎	艮	辛戌	坎	艮	震	巽
催官星	丑	未	寅	申	卯	酉	辰	戌	巳	亥	午	子
进禄星	坤	亥壬	巽	坤	亥壬	巽	坤	亥壬	巽	坤	亥壬	巽
天富星	巽	巳丙	离	坤	申庚	兑	乾	癸壬	坎	艮	寅申	震
天财星	坎	艮	巽	离	坤	乾	坎	艮	巽	离	坤	乾

丙申年开山立向修方月家紧要凶神定局

凶神	正	二	三	四	五	六	七	八	九	十	十一	十二
天官符	中	巽	震	坤	坎	离	艮	兑	乾	中	兑	乾
地官符	乾	中	巽	震	坤	坎	离	艮	兑	乾	中	兑
罗天退	坤	坎	离	艮	兑	乾	中	天	天	天	巽	震
小儿煞	中	乾	兑	艮	离	坎	坤	震	巽	中	乾	兑
大月建	坤	坎	离	艮	兑	乾	中	巽	震	坤	坎	离
正阴府	乾兑	坤坎	离	震	艮巽	乾兑	坤坎	离	震	艮巽	乾兑	坤坎
傍阴府	甲	乙	壬	庚	丙	甲	乙	壬	庚	丙	甲	乙
	丁	癸	寅	亥		丁	癸	寅	亥		丁	癸
	巳	申	寅	亥		巳	申	寅	亥		巳	申
	丑	辰	戌	未	辛	丑	辰	戌	未	辛	丑	辰
月克山	无克	无克	乾	乾	午	午	艮	艮	无克	无克	水	土
	无克	无克	亥	亥	壬	壬	卯	卯	无克	无克	十	三
	无克	无克	兑	兑	丙	丙	卯	卯	无克	无克	十	三
	无克	无克	丁	丁	乙	乙	巳	巳	无克	无克	山	
打头火	乾	中	巽	震	坤	坎	离	艮	兑	乾	中	兑
月游火	兑	艮	离	坎	坤	震	巽	中	乾	兑	艮	离
飞独火	乾	中	兑	乾	中	巽	震	坤	坎	离	艮	兑
顺血刃	坎	坤	震	巽	中	乾	兑	艮	离	坎	坤	震
逆血刃	震	坤	坎	离	艮	兑	乾	中	巽	震	坤	坎

（续表）

凶神	正	二	三	四	五	六	七	八	九	十	十一	十二
月劫煞	亥	申	巳	寅	亥	申	巳	寅	亥	申	巳	寅
月灾煞	子	酉	午	卯	子	酉	午	卯	子	酉	午	卯
月的煞	丑	戌	未	辰	丑	戌	未	辰	丑	戌	未	辰
山朱雀	离	坎坤	巽	乾	艮兑		震离	坎坤	巽	乾	艮兑	
撞命煞	甲	壬	庚	丙	甲	壬	庚	丙	甲	壬	庚	丙
报怨煞	寅	亥	申	巳	寅	亥	申	巳	寅	亥	申	
剑锋煞	甲	乙	巽	丙	丁	坤	庚	辛	乾	壬	癸	艮
月入座	亥	子	丑	寅	卯	辰	巳	午	未	申	酉	戌
月崩腾	辛	巳	丙	寅	庚	甲	酉	丁	子	丑	坤	乾
流财退	亥	申	巳	寅	卯	午	子	酉	丑	未	辰	戌
丙独火	坤	坎	离	艮	兑	乾			巽	震	坤	坎
丁独火	震	坤	坎	离	艮	兑	乾			巽	震	坤
巡山火	乾	坤	坎	坎	中	震	震	兑	艮	艮	巽	乾
灭门火	癸巳	庚子	乙未	庚寅	丁酉	壬辰	己亥	甲午	辛丑	丙申	辛卯	戊戌
祸凶日	己亥	甲午	辛丑	丙申	辛卯	戊戌	癸巳	庚子	乙未	庚寅	丁酉	壬辰

（34）丁酉年

丁酉年,通天窍云金之位,煞在东方寅卯辰。忌甲庚乙辛四向,名坐煞、向煞。大利山亥巳丁未巽乾,造葬吉,癸山小利。作主宜申子辰巳丑生命,吉;忌卯酉生人,凶。罗天退在艮方,忌修造、葬埋,主退财,凶。九良星占道观;煞在寺观、神庙及南方。

丁酉年二十四山吉凶神煞

壬山〇玉皇、进宝、黄罗、天乙、天台、武曲、驿马临官。

　　　●克山、傍阴府、翎毛、六害。

子山〇玉皇、紫微、进宝、地皇、天乙、天台、武曲、太阴。

　　　●皇天灸退、头白空亡。

癸山〇青龙、河魁、地皇、天魁、萃龙、左辅、右弼、房显。

　　　●天皇灸退、六十年空亡。

丑山〇青龙、河魁、天魁、萃龙、左辅、岁位合。

　　　●地官符。

艮山〇紫檀、天定、金轮、金星、岁天道、人道。

　　　●罗天大退、支神迟。

寅山〇黄罗、岁支德、天定、金轮、金星、太乙、武曲。

　　　●三煞、傍阴府、金神、小耗。

甲山〇天皇、神后、宝台、壮龙、水轮、水星、右弼。

　　　●坐煞、入山空、头白空亡。

卯山〇天定、神后、宝台、壮龙、水轮右弼、水星。

　　　●三煞、金神、岁破、破败五鬼。

乙山〇月德合、巨门。

　　　●克山、坐煞、逆血刃、山火血、刀砧。

辰山〇地皇、龙德、岁支合。

　　　●三煞、穿山罗睺、刀砧、蚕命。

巽山〇迎财、功曹、泰龙、武库、右弼、太阳、福寿、天道。

　　　●困龙、蚕室、大利方。

巳山〇迎财、功曹、泰龙、太阳。

　　　●天禁、朱雀、白虎煞、千斤血刃、天命煞、小利方。

丙山〇进宝、紫檀、天帝、玉皇、天乙、驿马。

　　　●克山。

午山〇玉皇、天帝、进宝、天乙、黄罗、福德。

　　●克山、正阴府、入座、天命煞。

丁山○库珠、天罡、天福、天乙、贪狼、益龙、天禄。

　　●六十年空亡、大利方。

未山○库珠、天罡、天乙、天福、益龙、贪狼、五库、青龙、华盖。

　　●流财煞、天命煞、大利方。

坤山○天定、太阴、五库、岁天道、贪狼、人道。

　　●独火、支神退、打劫血刃、暗刀煞。

申山○地皇、天定、荣光、太阴、太白。

　　●天官符、流财煞。

庚山○胜光、太乙、升龙、太阳、巨门、水轮。

　　●浮天空、向煞、入山空、头白空亡。

酉山○胜光、朗耀、太乙、升龙、太阳、水轮、巨门、武曲。

　　●太岁、堆黄煞。

辛山○天定、武曲。

　　●向煞、山家火血、入山刀砧。

戌山○黄罗、贵人、太阳、人仓、胜光、傍阴府、金神七煞、阴中太岁。

乾山○大吉、传送、太乙、巨门、贵人、武曲、天道。

　　●巡山罗睺、隐伏血刃。

亥山○大吉、传送、太乙、丰龙、武曲、天德合、支德合。

　　●金神、隐伏、千斤血刃、大利方。

山　　酉丁乾亥山,变辛丑土运,忌纳音木年月日时,甲寅辰巽申变甲
　　　　辰火。

龙　　卯艮巳山,变丁未水运,忌纳音土年月日时,戌坎辛庚运忌用水。

运　　午壬丙乙山,变庚戌金运,忌纳音火年月日时,丑癸坤未山年月
　　　　日时。

丁酉年开山立向修方月家紧要吉神

吉神	正	二	三	四	五	六	七	八	九	十	十一	十二
天尊星	艮	离	坎	坤	震	巽	乾	兑	艮	离	坎	坤
天帝星	坤	坎	离	艮	兑	乾	巽	震	坤	坎	离	艮
罗天进	天	天	天	乾	兑	艮	离	坎	坤	震	巽	中

	立春	春分	立夏	夏至	立秋	秋分	立冬	冬至
乙奇星	艮	震	巽	离	坤	兑	乾	坎
丙奇星	离	巽	中	艮	坎	乾	中	坤
丁奇星	坎	中	乾	兑	离	中	巽	震

吉神	正	二	三	四	五	六	七	八	九	十	十一	十二
一白星	兑	艮	离	坎	坤	震	巽	中	乾	兑	震	离
六白星	震	巽	中	乾	兑	艮	离	坎	坤	震	巽	中
八白星	中	乾	兑	艮	离	坎	坤	震	巽	中	乾	兑
九紫星	乾	兑	艮	离	坎	坤	震	巽	中	乾	兑	艮
飞天德	坎	坎	巽	坤	坎	震	坎	坎	坤	离	坎	震
飞月德	离	乾	巽	坎	中	震	离	乾	坤	艮	中	震
飞天赦	中	巽	震	离	艮	兑	中	坎	离	离	艮	兑
飞解神	兑	中	乾	兑	艮	离	坎	坤	震	巽	中	乾
壬德星	中	中	巽	震	坤	坎	离	艮	兑	乾	中	中
癸德星	乾	中	中	巽	震	坤	坎	离	艮	兑	乾	中

（续表）

吉神	正	二	三	四	五	六	七	八	九	十	十一	十二
捉煞帝星	卯	辰	巳	午	未	申	酉	戌	亥	子	丑	寅
	乙	巽	丙	丁	坤	庚	辛	乾	壬	癸	艮	甲
	午	未	申	酉	戌	亥	子	丑	寅	卯	辰	巳
	丁	坤	庚	辛	乾	壬	癸	艮	甲	乙	巽	丙
捉财帝星	酉	戌	亥	子	丑	寅	卯	辰	巳	午	未	申
	辛	乾	壬	癸	艮	甲	乙	巽	丙	丁	坤	庚
	子	丑	寅	卯	辰	巳	午	木	申	酉	戌	亥
	癸	艮	甲	乙	巽	丙	丁	坤	庚	辛	乾	壬
飞天禄	离	艮	兑	乾	中	兑	乾	中	巽	震	坤	坎
飞天马	中	巽	震	坤	坎	离	艮	兑	乾	中	兑	乾
催官使	艮	兑	乾	兑	乾	中	艮	兑	乾	兑	乾	中
阳贵人	中	巽	震	坤	坎	离	艮	兑	乾	中	兑	乾
阴贵人	震	坤	坎	离	艮	兑	乾	中	兑	乾	中	巽
天寿星	癸丑	震	巽	震	乙辰	离	坤	乙辰	离	坤	兑	乾
天喜星	未	午	巳	辰	卯	寅	丑	子	亥	戌	酉	申
天嗣星	丁未	兑	乾	兑	辛戌	坎	艮	辛戌	坎	艮	震	巽
催官星	丑	未	寅	申	卯	酉	辰	戌	巳	亥	午	子
进禄星	坤	亥壬	巽	坤	亥壬	巽	坤	亥壬	巽	坤	亥壬	巽
天富星	巽	巳丙	离	坤	申庚	兑	乾	癸壬	坎	艮	寅申	震
天财星	坎	艮	巽	离	坤	乾	坎	艮	巽	离	坤	乾

丁酉年开山立向修方月家紧要凶神定局

凶神	正	二	三	四	五	六	七	八	九	十	十一	十二
天官符	坤	坎	离	艮	兑	乾	中	兑	乾	中	巽	震
地官符	兑	乾	中	巽	震	坤	坎	离	艮	兑	乾	中
罗天退	震	坤	坎	离	艮	兑	乾	中	天	天	天	巽
小儿煞	离	坎	坤	震	巽	中	乾	兑	艮	离	坎	坤
大月建	艮	兑	乾	中	巽	震	坤	坎	离	艮	兑	乾
正阴府	离	震	艮巽	乾兑	坤坎	离	震	艮巽	乾兑	坤坎	离	震
傍阴府	壬	庚	丙	甲	乙	壬	庚	丙	甲	乙	壬	庚
	寅	亥		丁	癸	寅	亥		丁	癸	寅	亥
	寅	亥		巳	申	寅	亥		巳	申	寅	亥
	戌	未	辛	丑	辰	戌	未	辛	丑	辰	戌	未
月克山	无克	无克	离	离	水	土	震	震	无克	无克	乾	冬至
	无克	无克	壬	壬	十	三	艮	艮	无克	无克	亥	后
	无克	无克	丙	丙	十	三	艮	艮	无克	无克	兑	克
	无克	无克	乙	乙		巳	巳		无克	无克	丁	十三山
打头火	震	坤	坎	离	艮	兑	乾	中	兑	乾	中	兑
月游火	乾	兑	艮	离	坎	坤	震	巽	中	乾	兑	艮
飞独火	乾	中	巽	震	坤	坎	离	艮	兑	乾	中	兑
顺血刃	震	巽	中	乾	兑	艮	离	坎	坤	震	巽	中
逆血刃	中	巽	震	坤	坎	离	艮	兑	乾	中	巽	震

（续表）

凶神	正	二	三	四	五	六	七	八	九	十	十一	十二
月劫煞	亥	申	巳	寅	亥	申	巳	寅	亥	申	巳	寅
月灾煞	子	酉	午	卯	子	酉	午	卯	子	酉	午	卯
月的煞	丑	戌	未	辰	丑	戌	未	辰	丑	戌	未	辰
山朱雀	离	坎坤	巽	乾	艮兑		震离	坎坤	巽	乾	艮兑	
撞命煞	甲	壬	庚	丙	甲	壬	庚	丙	甲	壬	庚	丙
报怨煞	寅	亥	申	巳	寅	亥	申	巳	寅	亥	申	
剑锋煞	甲	乙	巽	丙	丁	坤	庚	辛	乾	壬	癸	艮
月入座	亥	子	丑	寅	卯	辰	巳	午	未	申	酉	戌
月崩腾	辛	巳	丙	寅	庚	甲	酉	丁	子	丑	坤	乾
流财退	亥	申	巳	寅	卯	午	子	酉	丑	未	辰	戌
丙独火	离	艮	兑	乾			巽	震	坤	坎	离	艮
丁独火	坎	离	艮	兑	乾			巽	震	坤	坎	离
巡山火	乾	坤	坎	坎	中	震	震	兑	艮	艮	巽	乾
灭门火	乙巳	壬子	丁未	壬寅	己酉	甲辰	辛亥	丙午	癸丑	戊申	癸卯	庚戌
祸凶日	辛亥	丙午	癸丑	戊申	癸卯	庚戌	乙巳	壬子	丁未	壬寅	己酉	甲辰

（35）戊戌年

戊戌年，通天窍云火之位，煞在北方亥子丑。忌丙壬癸四向，名坐煞、向煞。大利山艮乙酉山，宜修造、葬埋，大吉。作主宜申子亥生命，吉；忌丑未辰生人,凶。罗天退占坤方,忌修造、葬埋,主退财。九良星占僧堂、城隍、社庙;煞在庙堂北方。

戊戌年二十四山吉凶神煞定局

壬山○河魁、天定、地皇、武曲、贵人、岁天道。

　　●坐煞、山家火血、刀砧、入山刀砧。

子山○紫微、黄罗、河魁、天定、丰龙、武曲。

　　●三煞、克山、金神七煞、蚕命。

癸山○玉皇、天台、紫檀、天乙、木星。

　　●克山、巡山罗睺、坐煞、入山空、头白空亡。

丑山○玉皇、紫檀、天乙、天台、太阴。

　　●三煞克山、金神七煞、暗刀煞、天命煞、隐伏血刃。

艮山○迎财、神后、天魁、左辅、房显、武曲、萃龙、进气。

　　●大利方。

寅山○迎财、神后、天魁、太乙、左辅、地皇、萃龙、岁位合。

　　●克山、地官符、穿山罗睺、天命煞、千斤血刃。

甲山○进宝、天定、金轮、五龙、金星、武曲、人道、利道、驿马。

　　●克山困龙、小利方。

卯山○进宝、天定、金轮、宝台、金星、右弼。

　　●正阴府、朱雀、隐伏血刃、净栏煞。

乙山○库珠、功曹、天皇、天乙、宝台、壮龙、水轮、水星、右弼、驿马临
　　官煞。

　　●大利方。

辰山○库珠、功曹、黄罗、天乙、宝台、壮龙、右弼、水轮。

　　●克山、岁破、蚕官、小利方。

巽山○贪狼。

　　●克山、六十年空亡、蚕室。

巳山○紫檀、龙德、武库、岁德。

　　●天官符、千斤血刃、蚕室。

丙山○天罡、泰龙、太阳、武库、福寿、岁天道。

●坐煞、向煞、山家刀砧、火血、入山刀砧。

午山○天罡、地皇、天乙、泰龙、太阳、金匮。

●支神退、白虎煞、打劫血刃、五鬼。

丁山○玉皇、天帝、紫檀、天乙。

●坐煞、向煞、入山空、头白空亡。

未山○玉皇、天乙、天帝、福德、人仓。

●克山、傍阴府、流财煞、入座。

坤山○天皇、大吉、太乙、胜光、天福、贪狼、左辅、益龙。

●克山、罗天大退、浮天空、逆血刃。

申山○大吉、胜光、黄罗、天乙、太乙、益龙、贪狼、荣光、青龙、左辅、生气。

●克山、金神、小利方。

庚山○进田、天定、太阴、五库、人道、利道。

●克山、傍阴府、翎毛禁向、六害。

酉山○进田、紫檀、天定、郎耀、太阴。

●皇天灸退、金神七煞、阴中太岁。

辛山○青龙、传送、升龙、太乙、水轮、太阳、巨门、天德合、月德合。

●克山、翎毛、灸退。

戌山○青龙、传送、升龙、太乙、水轮、太阳、巨门、支德合。

●克山、太岁、堆黄煞。

乾山○天乙、武曲。

●独火、六十年空亡

亥山○太阳、贵人。

●三煞、傍阴府、太岁。

山　　酉丁乾亥山,变癸丑木运,忌纳音金年月日时,甲寅辰巽申变丙辰木。

龙　　卯艮巳山,变己未火运,忌纳音水年月日时,戌坎辛庚运忌用水。

运　　午壬丙乙山,变壬戌水运,忌纳音土年月日时,丑癸坤未山年月日时。

戊戌年开山立向修方月家紧要吉神定局

吉神	正	二	三	四	五	六	七	八	九	十	十一	十二
天尊星	艮	离	坎	坤	旋	巽	乾	兑	艮	离	坎	坤
天帝星	坤	坎	离	艮	兑	乾	巽	震	坤	坎	离	艮
罗天退	中	天	天	天	乾	兑	艮	离	坎	坤	震	巽

吉神	立春		春分		立夏		夏至		立秋		秋分		立冬		冬至	
乙奇星	兑		坤		震		坎		震		艮		兑		离	
丙奇星	艮		震		巽		离		坤		兑		乾		坎	
丁奇星	离		巽		中		艮		坎		乾		中		坤	

吉神	正	二	三	四	五	六	七	八	九	十	十一	十二
一白星	坎	坤	震	巽	中	乾	兑	艮	离	坎	坤	震
六白星	乾	兑	艮	离	坎	坤	震	巽	中	乾	兑	艮
八白星	艮	离	坎	坤	震	巽	中	乾	兑	艮	离	坎
九紫星	离	坎	坤	震	巽	中	乾	兑	艮	离	坎	坤
飞天德	艮	坎	坤	离	坎	坎	艮	坎	离	兑	坎	坎
飞月德	兑	中	坤	兑	巽	坎	兑	中	离	乾	巽	坎
飞天赦	坤	坎	离	乾	中	巽	艮	兑	乾	乾	中	坎
飞解神	乾	兑	中	乾	兑	艮	离	坎	坤	震	巽	中
壬德星	巽	震	坤	坎	离	艮	兑	乾	中	中	巽	震
癸德星	中	巽	震	坤	坎	离	艮	兑	乾	中	中	巽

（续表）

吉神	正	二	三	四	五	六	七	八	九	十	十一	十二
捉煞帝星	卯	辰	巳	午	未	申	酉	戌	亥	子	丑	寅
	乙	巽	丙	丁	坤	庚	辛	乾	壬	癸	艮	甲
	午	未	申	酉	戌	亥	子	丑	寅	卯	辰	巳
	丁	坤	庚	辛	乾	壬	癸	艮	甲	乙	巽	丙
捉財帝星	酉	戌	亥	子	丑	寅	卯	辰	巳	午	未	申
	辛	乾	壬	癸	艮	甲	乙	巽	丙	丁	坤	庚
	子	丑	寅	卯	辰	巳	午	未	申	酉	戌	亥
	癸	艮	甲	乙	巽	丙	丁	坎	庚	辛	乾	壬
飞天禄	艮	兑	乾	中	兑	乾	中	巽	震	坤	坎	离
飞天马	坤	坎	离	艮	兑	乾	中	兑	乾	中	巽	震
催官使	乾	中	中	中	中	巽	乾	中	中	中	中	巽
阳贵人	兑	乾	中	巽	震	坤	坎	离	艮	兑	乾	中
阴贵人	坎	离	艮	兑	乾	中	兑	乾	中	巽	震	坤
天寿星	癸丑	震	巽	震	乙辰	离	坤	乙辰	离	坤	兑	乾
天喜星	未	午	巳	辰	卯	寅	丑	子	亥	戌	酉	申
天嗣星	丁未	兑	乾	兑	辛戌	坎	艮	辛戌	坎	艮	震	巽
催官星	丑	未	寅	申	卯	酉	辰	戌	巳	亥	午	子
进禄星	坤	亥壬	巽	坤	亥壬	巽	坤	亥壬	巽	坤	亥壬	巽
天富星	巽	巳丙	离	坤	申庚	兑	乾	癸壬	坎	艮	寅甲	震
天财星	坎	艮	巽	离	坤	乾	坎	艮	巽	离	坤	乾

戊戌年开山立向修方月家紧要凶神定局

凶神	正	二	三	四	五	六	七	八	九	十	十一	十二
天官符	艮	兑	乾	中	兑	乾	中	巽	震	坤	坎	离
地官符	中	兑	乾	中	巽	震	坤	坎	离	艮	兑	乾
罗天退	巽	震	坤	坎	离	艮	兑	乾	中	天	天	天
小儿煞	中	乾	兑	艮	离	坎	坤	震	巽	中	乾	兑
大月建	中	巽	震	坤	坎	离	艮	兑	乾	中	巽	震
正阴府	艮巽	乾兑	坤坎	离	震	艮巽	乾兑	坤坎	离	震	艮巽	乾兑
傍阴府	丙	甲	申	壬	庚	丙	甲	申	壬	庚	丙	甲
		丁	癸	寅	亥		丁	癸	寅	亥		丁
		巳	乙	寅	亥		巳	乙	寅	亥		巳
	辛	丑	辰	戌	未	辛	丑	辰	戌	未	辛	丑
月克山	艮	震	离	离	无克	无克	水	土	艮	艮	无克	无克
	震	艮	壬	壬	无克	无克	十	三	震	巳	无克	无克
	震	艮	丙	丙	无克	无克	十	三			无克	无克
	巳	巳	乙	乙	无克	无克	山	巳	震	无克	无克	
打头火	离	艮	兑	乾	中	兑	乾	中	巽	震	坤	坎
月游火	乾	兑	艮	离	坎	坤	震	巽	中	乾	兑	艮
飞独火	震	坤	坎	离	艮	兑	乾	中	兑	乾	中	巽
顺血刃	离	坎	坤	震	巽	中	乾	兑	艮	离	坎	坤
逆血刃	坤	坎	离	震	兑	乾	中	巽	震	坤	坎	离

（续表）

凶神	正	二	三	四	五	六	七	八	九	十	十一	十二
月劫煞	亥	申	巳	寅	亥	申	巳	寅	亥	申	巳	寅
月灾煞	子	酉	午	卯	子	酉	午	卯	子	酉	午	卯
月的煞	丑	戌	未	辰	丑	戌	未	辰	丑	戌	未	辰
山朱雀	离	坎坤	巽	乾	艮兑		震离	坎震	巽	乾	艮兑	
撞命煞	甲	壬	庚	丙	甲	壬	庚	丙	甲	壬	庚	丙
报怨煞	寅	亥	申	巳	寅	亥	申	巳	寅	亥	申	巳
剑锋煞	甲	乙	巽	丙	丁	坤	庚	辛	乾	壬	癸	艮
月入座	亥	子	丑	寅	卯	辰	巳	午	未	申	酉	戌
月崩腾	辛	巳	丙	寅	庚	甲	酉	丁	子	丑	坤	乾
流财退	亥	申	巳	寅	卯	午	子	酉	丑	未	辰	戌
丙独火	兑	乾			中	巽	震	坎	离	艮	兑	乾
丁独火	艮	兑	乾			巽	震	坤	坎	离	艮	兑
巡山火	乾	坤	坎	坎	中	卯	卯	酉	艮	艮	巽	乾
灭门火	丁巳	甲子	己未	甲寅	辛酉	丙辰	癸亥	戊午	乙丑	庚申	乙卯	壬戌
祸凶日	癸亥	戊午	乙丑	庚申	乙卯	壬戌	丁巳	甲子	己未	甲寅	辛酉	丙艮

（36）己亥年

己亥年,通天窍云木之位,煞在西方申酉戌。忌甲庚乙辛四向,名坐煞、向煞。大利山子癸丑乾甲,辰未亥三山,小利。作主宜申子辰亥卯未生命,吉;忌巳亥生人,凶。罗天退在坤方,忌修造、葬埋,主退财,凶。九良星占寺观、船;煞在寺观、厅及巳方。

己亥年二十四年山吉凶神煞定局

壬山〇进宝、地皇、贪狼。

　　　　●头白空、入山空、翎毛禁向、逆血刃。

子山〇紫微、进宝、太阳、黄罗、左辅、贵人、天贵、天禄。

　　　　●五鬼、大利方。

癸山〇库珠、神后、天乙、黄罗、武曲、丰龙、贵人、天道、驿马。

　　　　●山家火血、刀砧、大利方。

丑山〇库珠、神后、紫檀、天乙、丰龙、武曲、贪狼、左辅。

　　　　●升玄燥火、大利方。

艮山〇玉皇、天乙、天台、武曲、水星。

　　　　●克山、正阴府、太岁。

寅山〇玉皇、地皇、天乙、天台、太乙、太阴、水星、岁德。

　　　　●天官符、地太岁。

甲山〇功曹、天魁、萃龙、左辅、岁位德、利道。

　　　　●向煞、六十年空亡、刀砧。

卯山〇功曹、宝台、天魁、萃龙、贪狼、五龙、左辅、岁位合。

　　　　●克山、地官符。

乙山〇天皇、天定、金轮、金星、五龙、岁天德、岁天道、人道。

　　　　●坐煞、向煞、入山刀砧。

辰山〇黄罗、天定、金轮、人仓、金星、岁支德。

　　　　●千斤血刃、小耗、小利方。

巽山〇大吉、天罡、宝台、太乙、水轮、巨门、水星、右弼、壮龙。

　　　　●正阴府、隐伏、打劫血刃。

巳山〇大吉、天罡、紫檀、宝台、太乙、水轮、壮龙、水星。

　　　　●克山、岁破、大耗。

丙山〇进田、驿马临官。

　　　　●傍阴府、入山空、头白空、翎毛禁向、六害。

午山〇进田、地皇、天乙、龙德、武库。

　　●皇天灸退、支神退、金神七煞。

丁山○青龙、胜光、紫檀、太阳、武库、泰龙、天道、驿马。

　　●皇天灸退、山家火、血刀砧。

未山○青龙、胜光、太阳、泰龙、巨门。

　　●金神、白虎煞、天命暗刀、流财煞。

坤山○天皇、玉皇、天帝、太乙、右弼、左辅。

　　●罗天大退、天命煞、蚕室。

申山○平皇、黄罗、天帝、天乙、福德、荣光。

　　●三煞、金神七煞、阴中煞、千斤血刀、天命煞、流财煞。

庚山○传送、天福、天定、贪狼、天乙、益龙。

　　●坐煞、向煞、巡山罗睺、六十年空亡。

酉山○传送、紫檀、天福、天定、贪狼、益龙、郎耀。

　　●三煞、头白空、蚕命、将军。

辛山○天定、太阴、五库岁、天道、人道。

　　●傍阴府、坐煞、入山刀砧。

戊山　地皇、天定、太阴、武曲。

　　●三煞、穿山罗睺、岁煞。

乾山○迎财、河魁、水轮、太乙、太阳、巨门、升龙。

　　●困龙、独火、隐伏血刀、坐山罗睺。

亥山○迎财、河魁、太乙、水轮、升龙、巨门、太阳。

　　●天荣、朱雀、太岁、堆黄煞。

山　　酉丁乾亥山,变乙丑金运,忌纳音火年月日时,甲巽辛巽申变戊辰木。

龙　　卯艮巳山,变辛未土运,忌纳音木年月日时,寅戌申庚运,忌用金。

运　　午壬丙乙山,变甲戌火运,忌纳音水年月日时,辰坎丑未山年月日时。

己亥年开山立向修方月家紧要吉神定局

吉神	正	二	三	四	五	六	七	八	九	十	十一	十二
天尊星	艮	离	坎	坤	震	巽	乾	兑	艮	离	坎	坤
天帝星	坤	坎	离	艮	兑	乾	巽	震	坤	坎	离	艮
罗天进	巽	中	天	天	天	乾	兑	艮	离	坎	坤	震

	立春	春分	立夏	夏至	立秋	秋分	立冬	冬至
乙奇星	兑	坤	震	坎	震	艮	兑	离
丙奇星	兑	坤	震	坎	震	艮	兑	离
丁奇星	艮	震	巽	离	坤	兑	乾	坎

吉神	正	二	三	四	五	六	七	八	九	十	十一	十二
一白星	巽	中	乾	兑	艮	离	坎	坤	震	巽	中	乾
六白星	离	坎	坤	震	巽	中	乾	兑	艮	离	坎	坤
八白星	坤	震	巽	中	乾	兑	艮	离	坎	坤	震	巽
九紫星	震	巽	中	乾	兑	艮	离	坎	坤	震	巽	中
飞天德	乾	坎	离	兑	坎	艮	乾	坎	兑	中	坎	兑
飞月德	中	震	离	乾	坤	艮	中	震	兑	中	坤	艮
飞天赦	艮	兑	乾	震	坤	坎	中	巽	震	离	艮	兑
飞解神	中	乾	兑	中	乾	兑	艮	离	坎	坤	震	巽
壬德星	坤	坎	离	艮	兑	乾	中	中	巽	巽	坤	坎
癸德星	震	坤	坎	离	艮	兑	乾	中	中	巽	震	坤

（续表）

吉神	正	二	三	四	五	六	七	八	九	十	十一	十二
捉煞帝星	卯	辰	巳	午	未	申	酉	戌	亥	子	丑	寅
	乙	巽	丙	丁	坤	庚	辛	乾	壬	癸	艮	甲
	午	未	申	酉	戌	亥	子	丑	寅	卯	辰	巳
	丁	坤	庚	辛	乾	壬	癸	艮	甲	乙	巽	丙
捉财帝星	酉	戌	亥	子	丑	寅	卯	辰	巳	午	未	申
	辛	乾	壬	癸	艮	甲	乙	巽	丙	丁	坤	庚
	子	丑	寅	卯	辰	巳	午	未	申	酉	戌	亥
	癸	艮	甲	乙	巽	丙	丁	坤	庚	辛	乾	壬
飞天禄	离	艮	兑	乾	中	兑	乾	中	巽	震	坤	坎
飞天马	艮	兑	乾	中	兑	乾	中	巽	震	坤	坎	离
催官使	中	巽	震	巽	震	坤	中	巽	震	巽	震	坤
阳贵人	阳	中	巽	震	坤	坎	离	艮	兑	乾	中	兑
阴贵人	坤	坎	离	艮	兑	乾	中	兑	乾	中	巽	乾
天寿星	癸丑	震	巽	震	乙辰	离	坤	乙辰	离	坤	兑	乾
天喜星	未	午	巳	辰	卯	寅	丑	子	亥	戌	酉	申
天嗣星	丁未	兑	乾	兑	辛戌	坎	艮	辛戌	坎	艮	震	巽
催官星	丑	未	寅	申	卯	酉	辰	戌	巳	亥	午	子
进禄星	坤	亥壬	巽	坤	亥壬	巽	坤	亥壬	坤	坤	亥壬	巽
天富星	巽	巳丙	离	坤	申庚	兑	乾	癸壬	坎	艮	庚申	震
天财星	坎	艮	巽	离	坤	坎	艮	巽	离	坤	坎	乾

己亥年开山立向修方月家紧要凶神定局

凶神	正	二	三	四	五	六	七	八	九	十	十一	十二
天官符	中	兑	乾	中	巽	震	坤	坎	离	艮	兑	乾
地官符	乾	中	兑	乾	中	巽	震	坤	坎	离	艮	兑
罗天退	天	巽	震	坤	坎	离	艮	兑	乾	中	天	天
小儿煞	离	坎	坤	震	巽	中	乾	兑	艮	离	坎	坤
大月建	坤	坎	离	艮	兑	乾	中	巽	震	坤	坎	离
正阴府	坤坎	离	震	艮巽	乾兑	坤坎	离	震	艮巽	乾兑	坤坎	离
傍阴府	乙	壬	庚	丙	甲	乙	壬	庚	丙	甲	乙	壬
	癸	寅	亥		丁	癸	寅	亥		丁	癸	寅
	巳	寅	亥		巳	申	寅	亥		巳	申	寅
	丁	戊	巳	辛	丑	辰	戊	未	辛	丑	辰	戊
月克山	乾	乾	震	震	无克	无克	水	水	乾	乾	离	离
	亥	亥	艮	艮	无克	无克	土	土	亥	亥	壬	壬
	兑	兑	艮	艮	无克	无克	十三	十三	丁	丁	丙	丙
	丁	丁	巳	巳	无克	无克	山	山	兑	兑	乙	乙
打头火	乾	中	兑	乾	中	巽	震	坤	坎	离	艮	兑
月游火	坎	坤	震	巽	中	乾	兑	艮	离	坎	坤	震
飞独火	离	艮	兑	乾	中	兑	乾	中	巽	震	坤	坎
顺血刃	兑	艮	离	坎	坤	震	巽	中	乾	兑	艮	离
逆血刃	离	艮	兑	乾	中	巽	震	坤	坎	离	艮	兑

（续表）

凶神	正	二	三	四	五	六	七	八	九	十	十一	十二
月劫煞	亥	申	巳	寅	亥	申	巳	寅	亥	申	巳	寅
月灾煞	子	酉	午	卯	子	酉	午	卯	子	酉	午	卯
月的煞	丑	戌	未	辰	丑	戌	未	辰	丑	戌	未	辰
山朱雀	离	坎坤	巽	乾	艮兑		震离	坎坤	巽	乾	艮兑	
撞命煞	甲	壬	庚	丙	甲	壬	庚	丙	甲	壬	庚	丙
报怨煞	寅	亥	申	巳	寅	亥	申	巳	寅	亥	申	巳
剑锋煞	甲	乙	巽	丙	丁	坤	庚	辛	乾	壬	癸	艮
月入座	亥	子	丑	寅	卯	辰	巳	午	未	申	酉	戌
月崩腾	辛	巳	丙	寅	庚	甲	酉	丁	子	丑	坤	乾
流财退	亥	申	巳	寅	卯	午	子	酉	丑	未	辰	戌
丙独火			巽	震	坤	坎	离	艮	兑	乾		
丁独火	乾			巽	震	坤	坎	离	艮	兑	乾	
巡山火	乾	坤	坎	坎	中	卯	卯	酉	艮	艮	巽	乾
灭门火	己巳	丙子	辛未	丙寅	癸酉	戊辰	乙亥	庚午	丁丑	壬申	丁卯	甲戌
祸凶日	己亥	庚午	丁丑	壬申	丁卯	甲戌	己巳	丙子	辛未	丙寅	癸酉	戊辰

（37）庚子年

　　庚子年，通天窍云水之位，煞在南方巳午未。忌丙壬癸四向，名坐煞、向煞。大利艮寅庚辛戌坤六山，宜修造、安葬吉。作主宜申子辰卯未，吉；忌午卯生人,凶。罗天退在巽方,忌修造、安葬主退财,凶。九良星占厨、灶;煞在中庭及神庙。

庚子年二十四山吉凶神煞

壬山○神后、天定、水轮、太乙、太阳、升龙、巨门。

　　　●向煞、翎毛、值山血刃、入山刀砧。

子山○神后、天定、水轮、太乙、太阳、升龙、巨门、武曲。

　　　●太岁、隐伏血刃、升玄血刃。

癸山○天定、太阴。

　　　●向煞、入山空、头白空、刀砧。

丑山○天皇、天定、贵人、太阴、太阳、岁支合。

　　　●傍阴府、太岁。

艮山○大吉、功曹、天乙、丰龙、太乙、武曲、天道。

　　　●独火、葬大利。

寅山○玉皇、大吉、功曹、天乙、丰龙、太乙、武曲、郎耀。

　　　●千斤血刃、大利方。

甲山○玉皇、进田、天乙、天台、驿马临官。

　　　●傍阴府、翎毛、六害、山家火血。

卯山○进田、黄罗、天台、天乙、荣光、左辅。

　　　●天皇灸退、九天朱雀。

乙山○青龙、天罡、紫檀、天魁、萃龙、左辅。

　　　●天皇灸退、巡山罗睺、山家刀砧、六十年空亡。

辰山○青龙、天罡、天魁、萃龙、左辅、房显。

　　　●地官符、金神、千斤血刃、暗刀煞。

巽山○地皇、水轮、右弼、五龙、岁天道、天德。

　　　●罗天大退、支神退。

巳山○天皇、天乙、宝台、水轮、岁支德。

　　　●三煞、傍阴府、金神、小耗。

丙山○胜光、天定、水轮、宝台、壮龙、金轮、水星、右弼。

　　　●坐煞、向煞、翎毛、刀砧。

午山○胜光、天定、金轮、壮龙、水轮、右弼、水星。

●三煞、岁破、大耗。

丁山○天皇、天定、金轮、金星、月德合。

　　●克山、傍阴府、浮天空、入山空、头白空、坐煞。

未山○黄罗、龙德、金轮、金星。

　　●三煞、阴中太岁、隐伏血刃、蚕官、蚕命。

申山○玉皇、迎财、传送、紫檀、泰龙、太阳。

　　●头白空、逆血刃、打劫血刃、蚕室。

申山○玉皇、迎财、传送、宝台、泰龙、太阳、天乙、天德合。

　　●穿山罗睺、白虎。

庚山○进宝、玉皇、黄罗、天帝、天乙、驿马。

　　●闲龙、翎毛、火血、天命煞、大利方。

酉山○玉皇、进宝、天皇、太乙、天帝、福德、天禄。

　　●克山、正阴府、天禁、朱雀、支神退。

辛山○库珠、河魁、地皇、天乙、天福、益龙、贪狼、利道。

　　●六十年空、山家刀砧、天命、大利方。

戌山○库珠、河魁、天福、天乙、贪狼、五库、青龙、生气、华盖。

　　●流财煞、大利方。

乾山○太乙、武库、巨门、岁天道、天德、人道。

　　●克山、正阴府、坐山罗睺、流财煞。

亥山○紫微、黄罗、太乙、水轮、岁德。

　　●克山、天官符、天太岁。

山　　酉丁乾亥山,变丁丑水运,忌纳音土年月日时,甲寅辰辛申变庚
　　　辰金。

龙　　卯艮巳山,变癸未木运,忌纳音金年月日时,巽戌坎庚运忌用火。

运　　午壬丙乙山,变丙戌土运,忌纳音木年月日时,丑癸坤未山年月
　　　日时。

庚子年开山立向修方月家紧吉神定局

吉神	正	二	三	四	五	六	七	八	九	十	十一	十二
天尊星	震	巽	乾	兑	艮	离	坎	坤	震	巽	乾	兑
天帝星	兑	乾	巽	震	坤	坎	离	艮	兑	乾	巽	震
罗天进	震	巽	中	天	天	天	乾	兑	艮	离	坎	坤

	立春		春分		立夏		夏至		立秋		秋分		立冬		冬至	
乙奇星	乾		坎		坤		坤		巽		离		艮		艮	
丙奇星	兑		坤		震		坎		震		艮		兑		离	
丁奇星	艮		震		巽		离		坤		兑		乾		坎	

吉神	正	二	三	四	五	六	七	八	九	十	十一	十二
一白星	兑	艮	离	坎	坤	震	巽	中	乾	兑	震	离
六白星	震	巽	中	乾	兑	艮	离	坎	坤	震	巽	中
八白星	中	乾	兑	艮	离	坎	坤	震	巽	中	乾	兑
九紫星	乾	兑	艮	离	坎	坤	震	巽	中	乾	兑	艮
飞天德	中	坎	兑	中	坎	乾	中	坎	中	巽	坎	乾
飞月德	巽	坎	兑	中	离	乾	巽	坎	中	震	离	乾
飞天赦	中	坎	离	离	艮	兑	坤	坎	离	乾	中	巽
飞解神	巽	中	乾	兑	中	乾	兑	艮	离	坎	坤	震
壬德星	离	艮	兑	乾	中	中	巽	震	坤	坎	离	艮
癸德星	坎	离	艮	兑	乾	中	中	巽	震	坤	坎	离

（续表）

吉神	正	二	三	四	五	六	七	八	九	十	十一	十二
捉煞帝星	卯	辰	巳	午	未	申	酉	戌	亥	子	丑	寅
	乙	巽	丙	丁	坤	庚	辛	乾	壬	癸	艮	甲
	午	未	申	酉	戌	亥	子	丑	寅	卯	辰	巳
	丁	坤	庚	辛	乾	壬	癸	艮	甲	乙	巽	丙
捉財帝星	酉	戌	亥	子	丑	寅	卯	辰	巳	午	未	申
	辛	乾	壬	癸	艮	甲	乙	巽	丙	丁	坤	庚
	子	丑	寅	卯	辰	巳	午	未	申	酉	戌	亥
	癸	艮	甲	乙	巽	丙	丁	坤	庚	辛	乾	壬
飞天禄	坤	坎	离	艮	兑	乾	中	兑	乾	中	巽	震
飞天马	中	兑	乾	中	巽	震	坤	坎	离	艮	兑	乾
催官使	震	坤	坎	坤	坎	离	震	坤	坎	坤	坎	离
阳贵人	兑	乾	中	巽	震	坤	坎	离	艮	兑	乾	中
阴贵人	坎	离	艮	兑	乾	中	兑	乾	中	巽	震	坤
天寿星	癸丑	震	巽	震	乙辰	离	坤	乙辰	离	坤	兑	乾
天喜星	未	午	巳	辰	卯	寅	丑	子	亥	戌	酉	申
天嗣星	丁未	兑	乾	兑	辛戌	坎	艮	辛戌	坎	艮	震	巽
催官星	丑	未	寅	申	卯	酉	辰	戌	巳	亥	午	子
进禄星	坤	亥壬	巽	坤	亥壬	巽	坤	亥壬	巽	坤	亥壬	巽
天富星	巽	巳丙	离	坤	申庚	兑	乾	癸壬	坎	艮	寅甲	震
天财星	坎	艮	巽	离	坤	乾	坎	艮	巽	乾	坤	乾

庚子年开山立向修方月家紧要凶神定局

凶神	正	二	三	四	五	六	七	八	九	十	十一	十二
天官符	中	巽	震	坤	坎	离	艮	兑	乾	中	巽	震
地官符	兑	乾	中	兑	乾	中	巽	震	坤	坎	离	艮
罗天退	天	天	巽	震	坤	坎	离	艮	兑	乾	中	天
小儿煞	中	乾	兑	艮	离	坎	坤	震	巽	中	乾	兑
大月建	艮	兑	乾	中	巽	震	坤	坎	离	艮	兑	乾
正阴府	震	艮巽	乾兑	坤坎	离	震	艮巽	乾兑	坤坎	离	震	艮巽
傍阴府	寅	丙	甲	乙	壬	庚	丙	甲	乙	壬	庚	丙
	亥		丁	癸	寅	亥		丁	癸	寅	亥	
	亥		巳	申	寅	亥		巳	申	寅	亥	
	未	辛	丑	辰	戌	未	辛	丑	辰	戌	未	辛
月克山	乾	乾	震	震	离	离	无克	无克	乾	乾	水	土
	亥	亥	艮	艮	壬	壬	无克	无克	亥	亥	十	三
	兑	兑	艮	艮	丙	丙	无克	无克	兑	兑	十	三
	丁	丁	巳	巳	乙	乙	无克	无克	丁	丁	山	
打头火	乾	中	巽	震	坤	坎	离	艮	兑	乾	中	兑
月游火	艮	离	坎	坤	震	巽	中	乾	兑	艮	离	坎
飞独火	乾	中	兑	乾	中	巽	震	坤	坎	离	艮	兑
顺血刃	巽	中	乾	兑	艮	离	坎	坤	震	巽	中	乾
逆血刃	乾	中	巽	震	坤	坎	离	艮	兑	乾	中	巽

（续表）

凶神	正	二	三	四	五	六	七	八	九	十	十一	十二
月劫煞	亥	申	巳	寅	亥	申	巳	寅	亥	申	巳	寅
月灾煞	子	酉	午	卯	子	酉	午	卯	子	酉	午	卯
月的煞	丑	戌	未	辰	丑	戌	未	辰	丑	戌	未	辰
山朱雀	离	坎坤	巽	乾	艮兑		震离	坎坤	巽	乾	艮兑	
撞命煞	申	壬	庚	丙	申	壬	庚	丙	申	壬	庚	丙
报怨煞	寅	亥	申	巳	寅	亥	申	巳	寅	亥	申	巳
剑锋煞	甲	乙	巽	丙	丁	坤	庚	辛	乾	壬	癸	艮
月入座	亥	子	丑	寅	卯	辰	巳	午	未	申	酉	戌
月崩腾	辛	巳	丙	寅	庚	甲	酉	丁	子	丑	坤	乾
流财退	亥	申	巳	寅	卯	午	子	酉	丑	未	辰	戌
内独火	巽	震	坤	坎	离	艮	兑	乾			巽	震
丁独火		巽	震	坤	坎	离	艮	兑	乾			巽
巡山火	乾	坤	坎	坎	中	震	震	兑	艮	艮	巽	乾
灭门火	辛巳	戊子	癸未	戊寅	乙酉	庚辰	丁亥	壬午	己丑	甲申	己卯	丙戌
祸凶日	丁亥	壬午	己丑	甲申	己卯	丙戌	辛巳	戊子	癸未	戊寅	乙酉	庚辰

（38）辛丑年

辛丑年，通天窍云金之位，煞在东方寅卯辰。忌甲庚乙辛四向，名坐煞、向煞。大利山乾亥丁三山，宜修造、安葬吉，作主宜亥卯未生命，吉；忌丑未生人,不用。罗天退在巽方,忌修造、安葬,主退财,凶。九良星在天;煞在厨及寅方。

辛丑年二十四山吉凶神煞

壬山〇进田、天定、太阴紫檀、五库、人道、利道。

●巡山岁暾、头白空亡、入山空亡。

子山〇进田、天定、太阴、岁支合。

●克山、正阴府、天皇灸退、金神七煞、千斤血刃。

癸山〇青龙、功曹、天乙、升龙、贪狼、驿马临官。

●克山、傍阴府、太岁、天皇灸退。

丑山〇玉皇、青龙、功曹、地皇、天乙、升龙、贪狼。

●克山、太岁、堆黄、金神七煞。

艮山〇玉皇、黄罗、天乙、贪狼、武曲。

●头白空、六十年空亡、坐山罗暾、打劫血刃。

寅山〇紫檀、朗耀、天乙、太阳、贵人。

●三煞、克山、金神七煞、血刃

甲山〇天罡、天定、贵人、巨门、丰龙。

●克山、坐煞、翎毛禁向、天命煞、刀砧。

卯山〇天罡、天定、荣光、升龙、巨门。

●三煞、金神七煞、独火、天命煞、暗刀煞。

乙山〇天台、水轮、天德合、月德合。

●傍阴府、坐煞、山家火血、天命煞。

辰山〇天台、宝台、水轮、太阴。

●三煞、克山、傍阴府、千斤血刃。

巽山〇迎财、胜光、天皇、水轮、天魁、萃龙、宝台。

●克山、罗天大退、支神退。

巳山〇迎财、胜光、地皇、天魁、水轮、天定、天乙、萃龙、金轮、贪狼。

●地官符。

丙山〇进宝、黄罗、天定、金轮、玉龙、金星、人道、利道。

●浮天空、头白空、入山空亡。

午山〇进宝、紫檀、金轮、武曲、金星、天禄。

●穿山岁睁、金神、阴中煞、小耗。

丁山〇库珠、传送、玉皇、地皇、天乙、左辅、壮龙、驿马临官。

　　●困龙、翎毛、大利方。

未山〇库珠、传送、玉皇、天乙、左辅、壮龙。

　　●克山、朱雀、金神、岁破、流财煞、蚕官。

　　●克山、正阴府、六十年空亡、蚕室。

申山〇宝台、龙德、木星、岁道。

　　●克山、天官符、傍阴府。

庚山〇河魁、泰龙、右弼、岁天道、岁天德、岁位合。

　　●克山、向煞、翎毛禁向、山家刀砧、入山刀砧。

辛山〇天皇、天帝、太乙、武曲。

　　●克山向煞、翎毛禁向。

戌山〇紫檀、天帝、太乙、福德、人仓、水轮。

　　●克山、九天朱雀、隐伏血刃、入座。

乾山〇大吉、神后、天福、天定、太乙、水轮、太阳、益龙、五鬼。

　　●大利方。

亥山〇大吉、神后、紫檀、天福、天定、益龙、太乙、太阳、五库。

　　●大利方。

酉山〇河魁、地皇、太乙、泰龙、右弼、福寿、支神退、白虎煞。

　　●大利方。

山　酉丁乾亥山,变己丑火运,忌纳音水年月日时,甲寅辰辛申变壬辰水。

龙　卯艮巳山,变乙未金运,忌纳音火年月日时,巽戌坎庚运忌用土。

运　午壬丙乙山,变戊戌木运,忌纳音金年月日时,丑癸坤未山年月日时。

辛丑年开山立向修方月家紧要吉神定局

吉神	正	二	三	四	五	六	七	八	九	十	十一	十二
天尊星	震	巽	乾	兑	艮	离	坎	坤	震	巽	乾	兑
天帝星	兑	乾	巽	震	坤	坎	离	艮	兑	乾	巽	震
罗天退	坤	震	巽	中	天	天	天	乾	兑	艮	离	坎

	立春	春分	立夏	夏至	立秋	秋分	立冬	冬至
乙奇星	中	离	坎	震	中	坎	离	兑
丙奇星	乾	坎	坤	坤	巽	离	艮	艮
丁奇星	兑	坤	震	坎	震	艮	兑	离

吉神	正	二	三	四	五	六	七	八	九	十	十一	十二
一白星	坎	坤	震	巽	中	乾	兑	艮	离	坎	坤	震
六白星	乾	兑	艮	离	坎	坤	震	巽	中	乾	兑	艮
八白星	艮	离	坎	坤	震	巽	中	乾	兑	艮	坎	离
九紫星	离	坎	坤	震	巽	中	乾	兑	离	坎	坤	坤
飞天德	震	坎	中	巽	坎	中	震	坎	巽	坤	坎	中
飞月德	坤	艮	中	震	兑	中	坤	艮	巽	坎	兑	中
飞天赦	艮	兑	乾	乾	中	坎	艮	兑	乾	震	坤	坎
飞解神	震	巽	中	乾	兑	中	乾	兑	艮	离	坎	坤
壬德星	兑	乾	中	中	巽	震	坤	坎	离	艮	兑	乾
癸德星	艮	兑	乾	中	中	巽	震	坤	坎	离	艮	兑

（续表）

吉神	正	二	三	四	五	六	七	八	九	十	十一	十二
捉煞帝星	卯	辰	巳	午	未	申	酉	戌	亥	子	丑	寅
	乙	巽	丙	丁	坤	庚	辛	乾	壬	癸	艮	甲
	午	未	申	酉	戌	亥	子	丑	寅	卯	辰	巳
	丁	坤	庚	辛	乾	壬	癸	艮	甲	乙	巽	丙
捉财帝星	酉	戌	亥	子	丑	寅	卯	辰	巳	午	未	申
	辛	乾	壬	癸	艮	甲	乙	巽	丙	丁	坤	庚
	子	丑	寅	卯	辰	巳	午	未	申	酉	戌	亥
	癸	艮	甲	乙	巽	丙	丁	坤	庚	辛	乾	壬
飞天禄	坤	坎	离	艮	兑	乾	中	兑	乾	中	巽	震
飞天马	中	巽	震	坤	坎	离	艮	兑	乾	中	兑	乾
催马使	坎	离	艮	离	艮	兑	坎	离	艮	离	艮	离
阳贵人	兑	乾	中	巽	震	坤	坎	离	艮	兑	乾	中
阴贵人	坎	离	艮	兑	乾	中	兑	乾	中	巽	震	坤
天寿星	癸丑	震	巽	震	乙辰	离	坤	乙辰	离	坤	兑	乾
天喜星	未	午	巳	辰	卯	寅	丑	子	亥	戌	酉	申
天嗣星	丁未	兑	乾	兑	辛戌	坎	艮	辛戌	坎	艮	震	巽
催官星	丑	未	寅	申	卯	酉	辰	戌	巳	亥	午	子
进禄星	坤	亥壬	巽	坤	亥壬	巽	坤	亥壬	巽	坤	亥壬	巽
天富星	巽	巳丙	离	坤	申庚	兑	乾	癸壬	坎	艮	庚申	震
天财星	坎	艮	巽	离	坤	乾	坎	艮	巽	离	坤	乾

辛丑年开山立向修方月家紧要凶神定局

凶神	正	二	三	四	五	六	七	八	九	十	十一	十二
天官符	坤	坎	离	艮	兑	乾	中	兑	乾	中	巽	震
地官符	艮	兑	乾	中	兑	乾	中	巽	震	坤	坎	离
罗天退	天	天	天	巽	震	坤	坎	离	艮	兑	乾	中
小儿煞	离	坎	坤	震	巽	中	乾	兑	艮	离	坎	坤
大月建	中	巽	震	坤	坎	离	艮	兑	乾	中	巽	震
正阴府	坤兑	坤坎	离	震	艮巽	乾兑	坤坎	离	震	艮巽	乾兑	坤坎
傍阴府	甲	乙	壬	庚	丙	甲	乙	壬	庚	丙	甲	乙
	丁	癸	寅	亥		丁	癸	寅	亥		丁	癸
	巳	申	寅	亥		巳	申	寅	亥		巳	申
	丑	辰	戌	未	辛	丑	辰	戌	未	辛	丑	辰
月克山	无克	无克	乾	乾	午	午	艮	艮	无克	无克	水	土
	无克	无克	亥	亥	壬	壬	卯	卯	无克	无克	十	三
	无克	无克	兑	兑	丙	丙	卯	卯	无克	无克	十	三
	无克	无克	丁	丁	乙	乙	巳	巳	无克	无克	山	
打头火	震	坤	坎	离	艮	兑	乾	中	兑	乾	中	巽
月游火	艮	离	坎	坤	震	巽	中	乾	兑	艮	离	坎
飞独火	乾	中	巽	震	坤	坎	离	艮	兑	乾	中	兑
顺血刃	坎	坤	震	巽	中	乾	兑	艮	离	坎	坤	震
逆血刃	震	坤	坎	离	艮	兑	乾	中	巽	震	坤	坎

（续表）

凶神	正	二	三	四	五	六	七	八	九	十	十一	十二
月劫煞	亥	申	巳	寅	亥	申	巳	寅	亥	申	巳	寅
月灾煞	子	酉	午	卯	子	酉	午	卯	子	酉	午	卯
月的煞	丑	戌	未	辰	丑	戌	未	辰	五	戌	未	辰
山朱雀	离	坎坤	巽	乾	艮兑		震离	坎坤	巽	乾	艮兑	
撞命煞	甲	壬	庚	丙	甲	壬	庚	丙	甲	壬	庚	丙
报怨煞	寅	亥	申	巳	寅	亥	申	巳	寅	亥	申	巳
剑锋煞	甲	乙	巽	丙	丁	坤	庚	辛	乾	壬	癸	艮
月入座	亥	子	丑	寅	卯	辰	巳	午	未	申	酉	戌
月崩腾	辛	巳	丙	寅	庚	甲	酉	丁	子	丑	坤	乾
流财退	亥	申	巳	寅	卯	午	子	酉	丑	未	辰	戌
丙独火	坤	坎	离	艮	兑	乾			巽	震	坤	坎
丁独火	震	坤	坎	离	艮	兑	乾			巽	震	坤
巡山火	乾	坤	坎	坎	中	震	震	兑	艮	艮	巽	乾
灭门火	癸巳	庚子	乙未	庚寅	丁酉	壬辰	己亥	甲午	丙申	辛卯	戊戌	
祸凶日	己亥	甲午	辛丑	丙申	辛卯	戊戌	癸巳	庚子	乙未	庚寅	丁酉	壬辰

（39）壬寅年

　　壬寅年，通天窍云火之位，煞在北方亥子丑。忌丙壬丁癸四向，名坐煞、向煞。大利山艮乙坤卯，葬小利。辰巽未申辛作主，宜寅午戌亥卯未生人，吉;忌巳申生人,凶。罗天退在西方,忌修造、安葬、主退财,凶。九良星占厨并桥、门路及东北丑午方;煞在后堂进。

壬寅年二十四山吉凶神煞

壬山○功曹、天定、紫檀、天德、益龙、右弼。

　　●傍阴府、坐煞、翎毛禁向、六十年空亡。

子山○紫微、功曹、天福、天定益龙、左辅、右弼。

　　●三煞、支神退、流财煞。

癸山○天定、太阴、五库、岁天道、人道。

　　●坐煞、头白空亡、入山刀砧。

丑山○地皇、天定、太阴、左辅。

　　●三煞、千斤血刃、田官符、流财煞。

寅山○迎财、天罡、紫檀、黄罗、太阳、水轮、升龙。

　　●傍阴府、太岁、金神七煞。

艮山○迎财、天罡、黄罗、水轮、太乙、升龙、武曲、太阳。

　　●巡山罗睺

甲山○迎财、驿马临官。

　　●浮天空、入山空。

卯山○进宝、太阳、宝台、贪狼、贵人、天禄、天贵。

　　●独火、金神、坐山罗睺、大利方。

乙山○库珠、胜光、天乙、丰龙、贵人、天禄、天道、驿马临官。

　　●大利方。

辰山○库珠、胜光、天乙、丰龙、贪狼。

　　●穿山罗睺。苑大利。

巽山○玉皇、天皇、天台、天乙、巨门。

　　●困龙、五鬼、小利方。

巳山○玉皇、地皇、天乙、天合、太阴。

　　●天官符、天禁、朱雀、阴中煞。

丙山○传送、黄罗、天魁、萃龙、巨门、岁位德。

　　●向煞、六十年空亡、翎毛禁向。

午山○传送、天罡、萃龙、紫檀、天乙、巨门、岁天道、岁位合。

    ●正阴府、天官符。

丁山○地皇、天定、金轮、金星、五库、岁天德、人道。

    ●冬至后克山、向煞、头白空亡。

未山○天定、金轮、金星、岁支德、左辅、人仓。

    ●小耗、小利方。

坤山○大吉、河魁、宝台、荣光、壮龙、水轮、太乙、武曲、水星、右弼。

    ●大利方。

申山○大吉、河魁、宝台、水轮、壮龙、荣光、太乙、武曲、水星。

    ●岁破、小利方。

庚山○进田、弼星、驿马临官。

    ●入山空、逆血刃、孙钟仙血刃、六害。

酉山○进田、地皇、朗耀、龙德、武库。

    ●冬至后克山、皇天灸退、罗天大退。

辛山○青龙、神后、天皇、泰龙、左辅、武库、月德合、天道、驿马、临官。

    ●皇天灸退、小利。

戌山○青龙、神后、紫檀、泰龙、左辅、武曲。

    ●傍阴府、金神七煞、白虎煞、天命煞。

乾山○玉皇、天帝、天乙。

    ●冬至后克山、四大金星、隐伏血刃、天命煞、打劫血刃、头白空刃、
    蚕室。

亥山○玉皇、天帝、天乙、福德。

    ●三煞、冬至后克山、隐伏血刃、千斤血刃、入座、天命、暗刀煞。

山   酉丁乾亥山，变辛未土运，忌纳音木年月日时，甲寅辰巽申变甲
        辰火。

龙   卯艮巳山，变丁未水运，忌纳音土年月日时，戌坎辛庚运忌用水。

运   午壬丙乙山，变庚戌金运，忌纳音火年月日时，丑癸刊未山年月
        日时。

壬寅年开山立向修方月家紧要吉神定局

吉神	正	二	三	四	五	六	七	八	九	十	十一	十二
天尊星	艮	离	坎	坤	震	巽	乾	兑	艮	离	坎	坤
天帝星	坤	坎	离	艮	兑	乾	巽	震	坤	坎	离	艮
罗天退	坎	坤	震	巽	中	天	天	天	乾	兑	艮	离

吉神	立春	春分	立夏	夏至	立秋	秋分	立冬	冬至
乙奇星	巽	艮	离	巽	乾	坤	坎	乾
丙奇星	中	离	坎	震	中	坎	离	兑
丁奇星	乾	坎	坤	坤	巽	离	艮	艮

吉神	正	二	三	四	五	六	七	八	九	十	十一	十二
一白星	巽	中	乾	兑	震	离	兑	艮	离	坎	坤	震
六白星	离	坎	坤	震	巽	中	震	巽	中	乾	兑	艮
人白星	坤	震	巽	中	乾	兑	中	乾	兑	艮	离	坎
九紫星	震	巽	中	乾	兑	艮	乾	兑	艮	离	坎	坤
飞天德	坎	坎	巽	坤	坎	震	坎	坎	坤	离	坎	震
飞月德	离	乾	巽	坎	中	震	离	乾	坤	艮	中	震
飞天赦	中	巽	震	离	坎	艮	中	坎	坎	离	艮	兑
飞解神	坤	震	巽	中	乾	兑	中	乾	兑	艮	离	坎
壬德星	中	中	巽	震	坤	坎	离	艮	兑	乾	中	中
癸德星	乾	中	中	巽	震	坤	坎	离	艮	兑	乾	中

（续表）

吉神	正	二	三	四	五	六	七	八	九	十	十一	十二
捉煞帝星	卯	辰	巳	午	未	申	酉	戌	亥	子	丑	寅
	乙	巽	丙	丁	坤	庚	辛	乾	壬	癸	艮	甲
	午	未	申	酉	戌	亥	子	丑	寅	卯	辰	巳
	丁	坤	庚	辛	乾	壬	癸	艮	甲	乙	巽	丙
捉财帝星	酉	戌	亥	子	丑	寅	卯	辰	巳	午	未	申
	辛	乾	壬	离	艮	甲	乙	巽	丙	丁	坤	庚
	子	丑	寅	卯	辰	巳	午	未	申	酉	戌	亥
	癸	艮	甲	乙	巽	丙	丁	坤	庚	辛	乾	壬
飞天禄	中	巽	震	坤	坎	离	艮	兑	中	乾	兑	中
飞天马	坎	坤	离	艮	兑	乾	中	兑	中	乾	兑	中
催官使	艮	兑	乾	中	兑	乾	艮	兑	乾	乾	乾	中
阳贵人	乾	中	兑	乾	中	巽	震	坤	坎	离	艮	兑
阴贵人	艮	兑	乾	中	兑	乾	中	巽	震	坤	坎	离
天寿星	癸丑	震	巽	震	乙辰	离	坤	乙辰	离	坤	兑	乾
天喜星	未	午	巳	辰	卯	寅	丑	子	亥	戌	酉	申
天嗣星	丁未	兑	乾	兑	辛戌	坎	艮	辛戌	坎	艮	震	巽
催官星	丑	未	寅	申	卯	酉	辰	戌	巳	亥	午	子
进禄星	坤	壬亥	巽	坤	亥壬	巽	坤	亥壬	巽	坤	亥壬	巽
天富星	巽	巳丙	离	巽	申庚	兑	乾	癸壬	坎	艮	寅甲	震
天财星	坎	艮	巽	离	坤	乾	坎	艮	巽	离	坤	乾

壬寅年开山立向修方月家紧要凶神定局

凶神	正	二	三	四	五	六	七	八	九	十	十一	十二
天官符	艮	兑	乾	中	兑	乾	中	巽	震	坤	坎	离
地官符	离	艮	兑	乾	中	兑	乾	中	巽	震	坤	坎
罗天退	中	天	天	天	巽	震	坤	坎	离	艮	兑	乾
小儿煞	中	乾	兑	艮	离	坎	坤	震	巽	中	乾	兑
大月建	坤	坎	离	艮	兑	乾	中	巽	震	坤	坎	离
正阴府	离	震	艮巽	乾兑	坤坎	离	震	艮巽	乾兑	坤坎	离	震
傍阴府	壬	庚	丙	甲	乙	壬	庚	丙	甲	乙	壬	庚
	寅	亥		丁	癸	寅	亥		丁	癸	寅	亥
	寅	亥		巳	申	寅	亥		巳	申	寅	亥
	戌	未	辛	丑	辰	戌	未	辛	丑	辰	戌	未
月克山	无克	无克	离	离	水	土	震	震	无克	无克	乾	冬至
	无克	无克	壬	壬	十	三	艮	艮	无克	无克	亥	后
	无克	无克	丙	丙	十	三	艮	艮	无克	无克	兑	克
	无克	无克	乙	乙	山		巳	巳	无克	无克	丁	十三山
打头火	离	艮	兑	乾	中	兑	乾	中	巽	震	坤	坎
月游火	震	巽	中	乾	兑	艮	离	坎	坤	震	巽	中
飞独火	震	坤	坎	离	艮	兑	乾	中	兑	乾	中	巽
顺血刃	震	巽	中	乾	兑	艮	离	坎	坤	震	巽	中
逆血刃	中	巽	震	坤	坎	离	艮	兑	乾	中	巽	震

（续表）

凶神	正	二	三	四	五	六	七	八	九	十	十一	十二
月劫煞	亥	申	巳	寅	亥	申	巳	寅	亥	申	巳	寅
月灾煞	子	酉	午	卯	子	酉	午	卯	子	酉	午	卯
月的煞	丑	戌	未	辰	丑	戌	未	辰	丑	戌	未	辰
山朱雀	离	坎坤	巽	乾	艮兑		震离	坎坤	巽	乾	艮兑	
撞命煞	甲	壬	庚	丙	甲	壬	庚	丙	甲	壬	庚	丙
报怨煞	寅	亥	甲	巳	寅	亥	申	巳	寅	亥	申	
剑锋煞	甲	乙	巽	丙	丁	坤	庚	辛	乾	壬	癸	艮
月入座	亥	子	丑	寅	卯	辰	巳	午	未	申	酉	戌
月崩腾	辛	巳	丙	寅	庚	酉	申	丁	子	丑	坤	乾
流财退	亥	申	巳	寅	卯	午	子	酉	丑	未	辰	戌
丙独火	离	艮	兑	乾			巽	震	坤	坎	离	艮
丁独火	坎	离	艮	兑	乾			巽	震	坤	坎	离
巡山火	乾	坤	坎	坎	中	震	震	兑	艮	艮	巽	乾
灭门火	乙巳	壬子	丁未	壬寅	己酉	甲辰	辛亥	丙午	癸丑	戊申	癸卯	庚戌
祸凶日	辛亥	丙午	癸丑	戊申	癸卯	庚戌	乙巳	壬子	丁未	壬寅	己酉	甲辰

（40）癸卯年

癸卯年，通天窍云木之位，煞在西方申酉戌。忌甲庚乙辛四向，名坐煞、向煞。大利山壬癸丑艮巽巳坤方，子辰方小利。作主宜亥卯未寅午戌生人，吉;忌子酉生人,凶。罗天退占西方,忌修造、葬埋,主退财,凶。九良星在天,又云占道观;煞在后堂及寺门。

癸卯年二十四山吉凶神煞

壬山〇玉皇、进宝、天皇、天帝、天乙、驿马临官。

　　　●翎毛禁向。

子山〇玉皇、紫微、进宝、天乙、天帝、右弼、福德。

　　　●支神退、金神、七杀、流财、独火、入座、小利方。

癸山〇库珠、天罡、天乙、益龙、天福、左辅、天禄、利道。

　　　●山家火血刀砧、六十年空、五鬼、大利方。

丑山〇库珠、天罡、天福、天乙、左辅、益龙、五库、青龙、生气、华盖。

　　　●金神、隐伏血刃、流财、大利。

艮山〇天定、太阴、五库、岁天道、人道。

　　　●无凶神,大利方。

寅山〇天皇、太乙、天定、太阴、岁天道。

　　　●天官符、穿山罗睺。

甲山〇胜光、黄罗、宝台、水轮、太乙、太阳、升龙、右弼。

　　　●困龙、巡山罗睺、向煞。

卯山〇胜光、水轮、太乙、宝台、升阳、太阳、右弼、巨门。

　　　●正阴府。

乙山〇地皇、贪狼。

　　　●浮天空、入山空、头白空亡、向煞、入山刀砧。

辰山〇太阳、贵人、贪狼、天贵、人仓。

　　　●阴中太岁。

巽山〇大吉、传送、紫檀、丰龙、太乙、阳贵人、天道、进爵。

　　　●大利造葬吉。

巳山〇大吉、传送、太乙、太阳、丰龙、天德合、支德合。

　　　●千斤血刃、天命煞、大利方。

丙山〇玉皇、进田、天台、天乙、左辅、驿马临官。

　　　●翎毛禁向。

午山〇玉皇、天皇、进田、天台、天乙、太阳、左辅。

●天皇灸退、坐山罗睺、天命煞。

丁山〇青龙、河魁、萃龙、贪狼、天台、利道。

　　　●克山、皇天灸退、山家火血、刀砧、六十年空。

未山〇青龙、河魁、贪狼、萃龙、天魁、岁位合。

　　　●地官符、傍阴府。

坤山〇地皇、天定、金轮、贪狼、五龙、金星、岁天道、人道、打劫、血刃。

　　　●大利修方。

申山〇天定、荣光、金星、金轮、岁支德。

　　　●三煞、金神七煞、净栏煞。

庚山〇神后、宝台、水轮、壮龙、天定、天华、水星、巨门。

　　　●坐煞、傍阴府。

酉山〇神后、朗耀、宝台、天定、壮龙、水轮、巨门。

　　　●三煞、克山、金神、罗天大退、岁破。

辛山〇紫檀、武曲。

　　　●坐煞、入山空、头白空亡、刀砧。

戌山〇天皇、龙德、武库、岁支合。

　　　●三煞、蚕室。

乾山〇迎财、功曹、黄罗、壮龙、武库、武曲、天道。

　　　●克山、蚕室。

亥山〇迎财、功曹、太龙、武曲。

　　　●克山、傍阴府、白虎煞、干斤血刃。

山　　酉丁乾亥山,变癸丑木运,忌纳音金年月日时,甲辰寅申巽变丙辰土。

龙　　卯艮巳山,变己未火运,忌纳音水年月日时,戌坎辛辛庚运忌用木。

运　　午壬丙乙山,变壬戌水运,忌纳音土年月日时,丑癸坤山年月日时。

癸卯年开山立向修方月家紧要吉神

吉神	正	二	三	四	五	六	七	八	九	十	十一	十二
天尊星	艮	离	坎	坤	震	巽	乾	兑	艮	离	坎	坤
天帝星	坤	坎	离	艮	兑	乾	巽	震	坤	坎	离	艮
罗天进	离	坎	坤	震	巽	中	天	天	天	乾	兑	艮
		立春		春分		立夏		夏至		立秋		秋分
乙奇星		震		兑		艮		中		兑		震
丙奇星		巽		艮		离		巽		乾		坤
丁奇星		中		离		坎		震		中		坎
一白星	兑	艮	离	坎	坤	震	坎	坤	震	巽	中	乾
六白星	震	巽	中	乾	兑	艮	乾	兑	艮	离	坎	坤
八白星	中	乾	兑	艮	离	坎	艮	离	坎	坤	震	巽
九紫星	乾	兑	艮	离	坎	坤	离	坎	坤	震	巽	中
飞天德	艮	中	坤	离	坎	坎	艮	坎	离	兑	中	坎
飞月德	兑	中	坤	艮	巽	坎	兑	中	离	乾	巽	坎
飞天赦	坤	坎	离	乾	中	巽	艮	兑	中	离	中	坎
飞解神	坎	坤	震	巽	中	乾	兑	中	乾	兑	艮	离
壬德星	巽	震	坤	坎	离	艮	兑	乾	中	中	巽	震
癸德星	中	巽	震	坤	坎	离	艮	兑	乾	中	中	巽

(奇星三行对应节气：立春、春分、立夏、夏至、立秋、秋分、立冬、冬至)

丁奇星 立冬栏 离、冬至栏 兑；丙奇星 立冬栏 坎、冬至栏 乾；乙奇星 立冬栏 坤、冬至栏 中。

（续表）

吉神	正	二	三	四	五	六	七	八	九	十	十一	十二
捉煞帝星	卯	辰	巳	午	未	申	酉	戌	亥	子	丑	寅
	乙	巽	丙	丁	坤	庚	辛	乾	壬	癸	艮	甲
	午	未	申	酉	戌	亥	子	丑	寅	卯	辰	巳
	丁	坤	庚	辛	乾	壬	癸	艮	甲	乙	巽	丙
捉财帝星	酉	戌	亥	子	丑	寅	卯	辰	巳	午	未	申
	辛	乾	壬	癸	艮	甲	乙	巽	丙	丁	坤	庚
	子	丑	寅	卯	辰	巳	午	未	申	酉	戌	亥
	癸	艮	甲	乙	巽	丙	丁	坤	庚	辛	乾	壬
飞天禄	乾	中	巽	震	坤	坎	离	艮	兑	乾	中	兑
飞天马	艮	兑	乾	中	兑	乾	中	巽	震	坤	坎	离
催官使	乾	中	中	中	中	巽	乾	中	中	中	中	巽
阳贵人	艮	兑	乾	中	兑	乾	中	巽	震	坤	坎	离
阴贵人	乾	中	兑	乾	中	巽	震	坤	坎	离	艮	兑
天寿星	癸丑	震	巽	震	乙辰	离	坤	乙辰	离	坤	兑	乾
天喜星	未	午	巳	辰	卯	寅	丑	子	亥	戌	酉	申
天嗣星	丁未	兑	乾	兑	辛戌	坎	艮	辛戌	坎	艮	震	巽
催官星	丑	未	寅	申	卯	酉	辰	戌	巳	亥	午	子
进禄星	坤	亥壬	巽	坤	亥壬	巽	坤	亥壬	巽	坤	亥壬	巽
天富星	巽	巳丙	离	坤	申庚	兑	乾	亥壬	坎	艮	寅申	震
天财星	坎	艮	巽	离	坤	乾	坎	艮	巽	离	坤	乾

癸卯年开山立向修方月家紧要凶神定局

凶神	正	二	三	四	五	六	七	八	九	十	十一	十二
天官符	中	兑	乾	中	巽	震	坤	坎	离	艮	兑	乾
地官符	坎	离	艮	兑	乾	中	兑	乾	中	巽	震	坤
罗天退	乾	中	天	天	天	巽	震	坤	坎	离	艮	兑
小儿煞	离	坎	坤	震	巽	中	乾	兑	艮	离	坎	坤
大月建	艮	兑	乾	中	巽	震	坤	坎	离	艮	兑	乾
正阴府	艮巽	乾兑	坤坎	离	震	艮巽	兑乾	坎坤	离	震	艮巽	兑乾
傍阴府	丙	甲	申	壬	庚	丙	甲	申	壬	庚	丙	甲
		丁	癸	寅	亥		丁	癸	寅	亥		丁
		巳	乙	寅	亥		巳	乙	寅	亥		巳
	辛	丑	辰	戌	未	辛	丑	辰	戌	未	辛	丑
月克山	艮	震	离	离	无克	无克		土	艮	艮	无克	无
	克震	艮	壬	壬	无克	无克	十	三	震	巳	无克	无克
	震	艮	丙	丙	无克	无克	十	三	震	巳	无克	无克
	巳	巳	乙	乙	无克	无克	山		巳	震	无克	无克
打火头	乾	中	兑	乾	中	巽	震	坤	坎	离	艮	兑
月游火	巽	中	乾	兑	艮	离	坎	坤	震	巽	中	乾
飞独火	离	艮	兑	乾	中	兑	乾	中	巽	震	坤	坎
顺血刃	离	坎	坤	震	巽	中	乾	兑	艮	离	坎	坤
逆血刃	坤	坎	离	震	兑	乾	中	巽	震	坤	坎	离

（续表）

凶神	正	二	三	四	五	六	七	八	九	十	十一	十二
月劫煞	亥	申	巳	寅	亥	申	巳	寅	亥	申	巳	寅
月灾煞	子	酉	午	卯	子	酉	午	卯	子	酉	午	卯
月的煞	丑	戌	未	辰	丑	戌	未	辰	丑	戌	未	辰
山朱雀	离	坎坤	巽	乾	艮兑		震离	坎坤	巽	乾	艮兑	
撞命煞	甲	壬	庚	丙	甲	壬	庚	丙	甲	壬	庚	丙
报怨煞	寅	亥	申	巳	寅	亥	申	巳	寅	亥	申	巳
剑锋煞	甲	乙	巽	丙	丁	坤	庚	辛	乾	壬	癸	艮
月入座	亥	子	丑	寅	卯	辰	巳	午	未	申	酉	戌
月崩腾	辛	巳	丙	寅	庚	甲	酉	丁	子	丑	坤	乾
流财退	亥	申	巳	寅	卯	午	子	酉	丑	未	辰	戌
丙独火	兑	乾			巽	震	坤	坎	离	艮	兑	乾
丁独火	艮	兑	乾			巽	震	坤	坎	离	艮	兑
巡山火	乾	坤	坎	坎	中	中	卯	酉	艮	艮	巽	乾
灭门火	丁巳	甲子	己未	甲寅	辛酉	丙辰	癸亥	戊午	乙丑	庚申	乙卯	壬戌
祸凶日	癸亥	戊午	乙丑	庚申	乙卯	壬戌	丁巳	甲子	己未	甲寅	辛酉	丙辰

（41）甲辰年

甲辰年,通天窍云水之位,煞在南方巳午未。忌丙壬丁癸四向,名坐煞、向煞。大利山寅甲坤庚山,小利方丑乙辰辛山。作主宜寅午申命,吉;忌丑戌生人,凶。罗天退在子山,忌修造、安葬,主退财,凶。九良星占天僧堂、城隍、社神庙;煞在寺观、厅并寅辰方。

甲辰年二十四山吉凶神煞

壬山〇天罡、壮龙、武库、武曲、岁天道。

● 向煞、浮天空,入山空,头白空亡,刀砧。

子山〇紫微、天罡、壮龙、紫檀、武曲、贪狼。

● 罗天大退、支神退、白虎煞、流财煞。

癸山〇玉皇、天乙、紫檀、天帝。

● 向煞、翎毛禁向、入山刀砧。

丑山〇玉皇、天帝、天乙、福德、黄罗、人仓。

● 流财煞、天命煞、入座、暗刀煞。

艮山〇大吉、胜光、地皇、天福、太乙、太龙、左辅。

● 正阴府、天命煞。

寅山〇大吉、胜光、太乙、天福、太龙、左辅、五库、青龙、生气、华盖、驿马。

● 大利方。

甲山〇进田、天定、太阴、五库、人道、利道、驿马临官。

● 翎毛、山家火血、刀砧、六害、大利方。

卯山〇进田、天定、太阴、宝台、巨门、天皇。

● 皇天灸退、阴中煞。

乙山〇青龙、传送、益龙、水轮、太乙、太阴、右弼。

● 皇天灸退、小利方。

辰山〇青龙、传送、益龙、水轮、太乙、太阳、右弼、紫檀。

● 太岁、堆黄煞、小利方。

巽山〇黄罗。

● 正阴府、巡山罗睺、六十年空亡、独火、隐伏血刃、逆血刃、五鬼。

巳山〇黄罗、太阳、贵人、右弼。

● 三煞、千斤血刃、蚕命。

丙山〇河魁、地皇、下定、升龙、太阳、武曲、贪狼。

● 傍阴府、头白空、入山空亡、坐煞。

午山〇河魁、天定、升龙、太阳、贵人、右弼

　　●三煞、金神、打劫血刃、头白空亡。

丁山○玉皇、天台、太乙、贪狼、黄罗、天德合、月德合。

　　●坐煞、克山、翎毛禁向、刀砧。

未山○天皇、玉皇、天乙、太乙。

　　●三煞、金神七煞、九天朱雀。

坤山○迎财、神后、天魁,丰龙、巨门、贪狼、房显。

　　●大利造葬。

申山○迎财、神后、紫檀、天魁,贪狼、荣光、房显。

　　●地官符、金神七煞、千斤血刃。

庚山○进宝、天皇、天定、金轮、巨门、金星、人道利。

　　●翎毛、火血刀砧、大利方。

酉山○进宝、黄罗、天定、朗耀、金轮、金星,岁支德。

　　●克山、金神、坐山罗睺

辛山○库珠、功曹、天乙、萃龙、水轮、宝台、水星、巨门、天禄。

　　●傍阴府。

戌山○库珠、功曹、宝台、天乙、萃龙、水轮、巨门、水星。

　　●穿山罗睺、岁破、蚕室。

乾山○武曲。

　　●克山、困龙、六十年空亡、隐伏血刃、蚕室。

亥山○天皇、龙德、武库。

　　●克山、天官符、天禁、朱雀。

山　　酉丁乾亥山,变乙丑金运,忌纳音火年月日时,甲巽辛癸中变成
　　　辰木。

龙　　卯艮巳山,变辛未土运,忌纳音木年月日时,寅戌申庚运忌用金。

运　　午壬丙乙山,变甲戌火运,忌纳音水年月日时,辰坎丑未山年月
　　　日时。

727

甲辰年开山立向修方月家紧要吉神

吉神	正	二	三	四	五	六	七	八	九	十	十一	十二
大尊星	艮	离	坎	坤	震	巽	乾	兑	艮	离	坎	坤
天帝星	坤	坎	离	艮	兑	乾	巽	震	坤	坎	离	艮
罗天进	艮	离	坎	坤	震	巽	中	天	天	天	乾	兑
	立春		春分		立夏		夏至		立秋		秋分		立冬		冬至

吉神	立春	春分	立夏	夏至	立秋	秋分	立冬	冬至
乙奇星	震	兑	艮	中	兑	震	坤	中
丙奇星	震	兑	艮	中	兑	震	坤	中
丁奇星	巽	艮	离	巽	乾	坤	坎	乾

吉神	正	二	三	四	五	六	七	八	九	十	十一	十二
一白星	坎	坤	震	巽	中	乾	兑	艮	离	坎	坤	震
六白星	乾	兑	艮	离	坎	坤	震	巽	中	乾	兑	艮
八白星	艮	离	坎	坤	震	巽	中	乾	兑	艮	离	坎
九紫星	离	坎	坤	震	巽	中	乾	兑	艮	离	坎	坤
飞天德	乾	坎	离	兑	坎	艮	乾	坎	兑	中	坎	艮
飞月德	中	震	离	乾	坤	艮	中	震	兑	中	坤	艮
飞天赦	艮	兑	乾	震	坤	坎	中	巽	震	离	艮	兑
飞解神	离	坎	坤	震	巽	中	乾	兑	中	乾	兑	艮
壬德星	坤	坎	离	艮	兑	乾	中	中	巽	震	坤	坎
癸德星	震	坤	坎	离	艮	兑	乾	中	中	巽	震	坤

（续表）

吉神	正	二	三	四	五	六	七	八	九	十	十一	十二
捉煞帝星	卯	辰	巳	午	未	申	酉	戌	亥	子	丑	寅
	乙	巽	丙	丁	坤	庚	辛	乾	壬	癸	艮	甲
	午	未	申	酉	戌	亥	子	丑	寅	卯	辰	巳
	丁	坤	庚	辛	乾	壬	癸	艮	甲	乙	巽	丙
捉财帝星	酉	戌	亥	子	丑	寅	卯	辰	巳	午	未	申
	辛	乾	壬	癸	艮	甲	乙	巽	丙	丁	坤	庚
	子	丑	寅	卯	辰	巳	午	未	申	酉	戌	亥
	癸	艮	甲	乙	巽	丙	丁	坤	庚	辛	乾	壬
飞天禄	中	兑	乾	中	巽	震	坤	坎	离	艮	兑	乾
飞天马	中	兑	乾	中	巽	震	坤	坎	离	艮	兑	离
催官使	中	巽	震	巽	震	坤	中	巽	震	巽	辰	坤
阳贵人	坎	离	艮	兑	乾	中	兑	乾	中	巽	震	坤
阴贵人	兑	乾	中	巽	震	坤	坎	离	艮	兑	乾	中
天寿星	癸丑	震	巽	震	乙辰	离	坤	乙辰	离	坤	兑	乾
天喜星	未	午	巳	辰	卯	寅	丑	子	亥	戌	酉	申
天嗣星	未	兑	乾	兑	戌	坎	艮	戌	坎	艮	震	巽
催官星	丑	未	寅	申	卯	酉	辰	戌	巳	亥	午	子
进禄星	坤	壬	巽	坤	壬	巽	坤	壬	巽	坤	壬	巽
天富星	巽	丙	离	坤	庚	兑	乾	壬	坎	艮	甲	震
天财星	坎	艮	巽	离	坤	乾	坎	艮	巽	离	坤	乾

甲辰年开山立向修方月家紧要凶神定局

凶神	正	二	三	四	五	六	七	八	九	十	十一	十二
天官符	中	巽	震	坤	坎	离	艮	兑	乾	中	巽	震
地官符	坤	坎	离	艮	兑	乾	中	兑	乾	中	巽	震
罗天退	兑	乾	中	天	天	天	巽	震	坤	坎	离	艮
小儿煞	中	乾	兑	艮	离	坎	坤	震	巽	中	乾	兑
大月建	艮	兑	乾	中	巽	震	坤	坎	离	艮	兑	乾
正阴府	坤坎	离	震	艮巽	乾兑	坤坎	离	震	艮巽	乾兑	坤坎	离
傍阴府	乙	壬	庚	丙	甲	乙	壬	庚	丙	甲	乙	壬
	癸	寅	亥		丁	癸	寅	亥		丁	癸	寅
	申	寅	亥		巳	申	寅	亥		巳	申	寅
	辰	戌	未	辛	丑	辰	戌	未	辛	丑	辰	戌
月克山	乾	乾	震	震	无克	无克	水	水	乾	乾	离	离
	亥	亥	艮	艮	无克	无克	土	土	亥	亥	壬	壬
	兑	兑	艮	艮	无克	无克	十三	十三	丁	丁	丙	丙
	丁	丁	巳	巳	无克	无克	山	山	兑	兑	丁	丁
打头火	乾	中	巽	震	坤	坎	离	艮	兑	乾	中	兑
月游火	巽	中	乾	兑	艮	离	坎	坤	震	巽	中	乾
飞独火	乾	中	兑	乾	中	巽	震	坤	坎	离	艮	兑
顺血刃	兑	艮	离	坎	坤	震	巽	中	乾	兑	艮	离
逆血刃	震	艮	兑	乾	中	巽	震	坤	坎	离	艮	兑

（续表）

凶神	正	二	三	四	五	六	七	八	九	十	十一	十二
月劫煞	亥	申	巳	寅	亥	申	巳	寅	亥	申	巳	寅
月灾煞	子	酉	午	卯	子	酉	午	卯	子	酉	午	卯
月的煞	丑	戌	未	辰	丑	戌	未	辰	丑	戌	未	辰
山朱雀	离	坎坤	巽	震	艮兑	震	离	坎坤	巽	乾	艮兑	
撞命煞	甲	壬	庚	丙	甲	壬	庚	丙	甲	壬	庚	丙
报怨煞	寅	亥	申	巳	寅	亥	申	巳	寅	亥	申	巳
剑锋煞	甲	乙	巽	丙	丁	坤	庚	辛	乾	壬	癸	艮
月入座	亥	子	丑	寅	卯	辰	巳	午	未	申	酉	戌
月崩腾	辛	巳	丙	寅	庚	甲	酉	丁	子	丑	坤	乾
流财退	亥	申	巳	寅	卯	午	酉	子	丑	未	辰	戌
丙独火			巽	震	坤	坎	离	艮	兑	乾		
丁独火	乾			巽	震	坤	坎	离	艮	兑	乾	
巡山火	乾	坤	坎	坎	中	卯	卯	酉	艮	艮	巽	乾
灭门火	己巳	丙子	辛未	丙寅	癸酉	戊辰	乙亥	庚午	丁丑	壬申	丁卯	甲戌
祸凶日	己亥	庚午	丁丑	壬申	丁卯	甲戌	己巳	丙子	辛未	丙寅	癸酉	戊辰

（42）乙巳年

乙巳年，通天窍云金之位，煞在东方寅卯辰。忌申庚乙辛四向，名坐煞、向煞。大利山艮午方，小利山壬丙坤亥。作主宜寅午戌巳酉丑生人，吉；忌申亥生人,凶。罗天退占震山,忌修造、安葬,主退财,凶。九良星占船,又云在天;煞在门及寺观。

乙巳年二十四山吉凶神煞

壬山〇进田、贵人、水星、驿马临官、地财星。

　　　　●翎毛、六害、值山血刃。

子山〇进田、紫檀、龙德、水轮、巨门、宝台、武库。

　　　　●克山、支神退、头白空亡、天皇灸退、隐伏血刃。

癸山〇青龙、胜光、紫檀、壮龙、宝台、武曲、金轮、水轮。

　　　　●克山、天皇灸退、入山空亡、浮天空亡、头白空亡。

丑山〇青龙、胜光、黄罗、天定、金轮、水轮、武曲、水星。

　　　　●克山、傍阴府、白虎煞。

艮山〇地皇、天帝、天定、金轮、金星、右弼。

　　　　●五鬼、蚕室、小利方。

寅山〇天帝、朗耀、福德、金轮、金星。

　　　　●三煞、克山、阴中煞、九天朱雀、入座、千斤血刃。

甲山〇玉皇、传送、天定、天福、泰龙、左辅。

　　　　●傍阴府、坐煞、克山、六十年空亡。

卯山〇玉皇、传送、天福、天定、左辅、泰龙、天皇、荣光。

　　　　●三煞。

乙山〇玉皇、月德合、岁天道、五库。

　　　　●坐煞、山家火血、刀砧。

辰山〇玉皇、紫檀、水星。

　　　　●三煞、金神七煞。

巽山〇迎财、河魁、右弼、益龙。

　　　　●克山、独火、四大金星、打劫血刃。

巳山〇迎财、河魁、益龙、黄罗、天乙、右弼。

　　　　●克山、太岁、堆黄煞。

丙山〇进宝、地皇、太乙、天德合。

　　　　●巡山罗睺、翎毛禁向、小利方。

午山〇进宝、水轮、太乙、太阳、贪狼、天贵、天禄。

●大利方。

丁山○库珠、神后、黄罗、水轮、升龙、太乙、天定、天道、太阴。

　　●傍阴府、翎毛、头白空亡、入山空亡、山家刀砧。

未山○天皇、库珠、天乙、天定、太乙、太阳、贪狼、升龙。

　　●克山、隐伏血刃、暗刀、天命煞。

坤山○天台、天定、太阳、武曲、青龙、生气、财帛、进禄。

　　●克山、天命煞、小利方。

申山○紫檀、天定、天台、宝台、太阳、岁德合。

　　●克山、天命煞、天官符、穿山罗睺。

庚山○功曹、天皇、天魁、丰龙、天乙、贪狼。

　　●克山、困龙、坐煞、向煞、六十年空亡。

酉山○功曹、黄罗、天乙、天魁、丰龙、太乙、贪狼。

　　●正阴府、地官符、朱雀。

辛山○玉皇、天乙、五龙、岁天德、岁天道。

　　●克山、坐煞、向煞、山家火血刀砧。

戌山○天乙、岁德、人仓。

　　●克山、流财煞、净栏煞、小耗。

乾山○大吉、天罡、太乙、萃龙、巨门、天华。

　　●大耗、岁破、正阴府、流财退。

亥山○大吉、天罡、太乙、巨门、紫檀、萃龙。

　　●大耗、岁破、小利方。

山　　酉丁乾亥山，变丁丑水运，忌纳音土年月日时，甲寅辰辛申变庚
　　　　辰金。

龙　　卯艮辰山，变癸未木运，忌纳音金年月日时，巽戌坎庚运忌用火。

运　　午壬丙乙山，变丙戌土运，忌纳音木年月日时，丑癸刊未山年月
　　　　日日。

乙巳年开山立向修方月家紧要吉神定局

吉神	正	二	三	四	五	六	七	八	九	十	十一	十二
天尊星	震	辑	乾	兑	艮	离	坎	坤	震	巽	乾	兑
天帝星	兑	乾	巽	震	坤	坎	离	艮	兑	乾	巽	辰
罗天进	兑	艮	离	坎	坤	震	巽	中	天	天	天	乾

	立春		春分		立夏		夏至		立秋		秋分		立冬		冬至	
乙奇星	坤		乾		兑		乾		艮		巽		震		巽	
丙奇星	震		兑		艮		中		兑		震		坤		中	
丁奇星	巽		艮		离		巽		乾		坤		坎		乾	

吉神	正	二	三	四	五	六	七	八	九	十	十一	十二
一白星	巽	中	乾	兑	艮	离	坎	坤	震	巽	中	乾
六白星	离	坎	坤	震	巽	中	乾	兑	艮	离	坎	坤
八白星	坤	震	巽	中	乾	兑	艮	离	坎	坤	震	巽
九紫星	震	巽	中	乾	兑	艮	离	坎	坤	震	巽	中
飞天德	中	坎	兑	中	坎	乾	中	坎	中	巽	坎	乾
飞月德	巽	坎	兑	中	离	乾	巽	坎	中	震	离	乾
飞天赦	中	坎	离	离	艮	兑	坤	坎	离	乾	中	巽
飞解神	艮	离	坎	坤	震	巽	中	乾	兑	中	乾	兑
壬德星	离	艮	兑	乾	中	中	巽	震	坤	坎	离	艮
癸德星	坎	离	艮	兑	乾	中	中	巽	震	坤	坎	离

（续表）

吉神	正	二	三	四	五	六	七	八	九	十	十一	十二
捉煞帝星	卯	辰	巳	午	未	申	酉	戌	亥	子	丑	寅
	乙	巽	丙	丁	坤	庚	辛	乾	壬	癸	艮	甲
	午	未	申	酉	戌	亥	子	丑	寅	卯	辰	巳
	丁	坤	庚	辛	乾	壬	癸	艮	甲	乙	巽	丙
捉财帝星	酉	戌	亥	子	丑	寅	卯	辰	巳	午	未	申
	辛	乾	壬	癸	艮	甲	乙	巽	丙	丁	坤	庚
	子	丑	寅	卯	辰	巳	午	未	申	酉	戌	亥
	癸	艮	甲	乙	巽	丙	丁	坤	庚	辛	乾	壬
飞天禄	乾	中	兑	乾	中	巽	震	坎	坤	离	艮	兑
飞天马	中	巽	震	坤	坎	离	巽	兑	乾	中	兑	乾
催官使	震	坤	坎	坤	坎	离	震	坤	坎	坤	坎	离
阳贵人	坤	坎	离	艮	兑	乾	中	兑	乾	中	巽	震
阴贵人	乾	中	巽	震	坤	坎	离	艮	兑	乾	中	兑
天寿星	癸丑	震	巽	震	乙辰	离	坤	乙辰	离	坤	兑	乾
天喜星	未	午	巳	辰	卯	寅	丑	子	亥	戌	酉	申
天嗣星	丁未	兑	乾	兑	辛戌	坎	艮	辛戌	坎	艮	震	巽
催官星	丑	未	寅	申	卯	酉	辰	戌	巳	亥	午	子
进禄星	坤	亥壬	巽	坤	亥壬	巽	坤	亥壬	巽	坤	亥壬	巽
天富星	巽	巳丙	离	坤	戌寅	兑	乾	亥壬	坎	艮	甲	震
天财星	坎	艮	巽	离	坤	乾	坎	艮	巽	离	艮	乾

乙巳年开山立向修方月家紧要凶神定局

凶神	正	二	三	四	五	六	七	八	九	十	十一	十二
天官符	坤	坎	离	艮	兑	乾	中	兑	乾	中	巽	震
地官符	震	坤	坎	离	艮	兑	乾	中	兑	乾	中	巽
罗天退	艮	兑	乾	中	天	天	天	巽	震	坤	坎	离
小儿煞	离	坎	坤	震	巽	中	乾	兑	艮	离	坎	坤
大月建	中	巽	震	坤	坎	离	艮	兑	乾	中	巽	震
正阴府	震	艮巽	乾兑	坤坎	离	震	艮巽	乾兑	坤坎	离	震	艮巽
傍阴府	庚	丙	甲	乙	壬	庚	丙	甲	乙	壬	庚	丙
	亥	丁	癸	寅	亥		丁	癸	寅	亥		
	亥	巳	申	寅	亥		巳	申	寅	亥		
	未	辛	丑	辰	戌	未	辛	丑	辰	戌	未	辛
月克山	乾	乾	震	震	离	离	无克	无克	乾	乾	水	土
	亥	亥	艮	艮	壬	壬	无克	无克	亥	亥	十	三
	兑	兑	艮	艮	丙	丙	无克	无克	兑	兑	十	三
	丁	丁	巳	己	乙	乙	无克	无克	丁	丁	山	
打头火	震	坤	坎	离	艮	兑	乾	中	兑	乾	中	巽
月游火	离	坎	坤	震	巽	中	乾	兑	艮	离	坎	坤
飞独火	乾	中	巽	震	坤	坎	离	艮	兑	乾	中	兑
顺血刃	巽	中	乾	兑	艮	离	坎	坤	震	巽	中	乾
逆血刃	乾	中	巽	震	坤	坎	离	艮	兑	乾	中	巽

（续表）

凶神	正	二	三	四	五	六	七	八	九	十	十一	十二
月劫煞	亥	申	巳	寅	亥	申	巳	寅	亥	申	巳	寅
月灾煞	子	酉	午	卯	子	酉	午	卯	子	酉	午	卯
月的煞	丑	戌	未	辰	丑	戌	未	辰	丑	戌	未	辰
山朱雀	离	坎坤	巽	乾	艮兑		离震	坎坤	巽	乾	艮兑	
撞命煞	甲	壬	庚	丙	甲	壬	庚	丙	甲	壬	庚	丙
报怨煞	寅	亥	申	巳	寅	亥	申	巳	寅	亥	申	巳
剑锋煞	甲	乙	巽	丙	丁	坤	庚	辛	乾	壬	癸	艮
月入座	亥	子	丑	寅	卯	辰	巳	午	未	申	酉	戌
月崩腾	辛	巳	丙	寅	庚	甲	酉	丁	子	丑	坤	乾
流财退	亥	申	巳	寅	卯	午	子	酉	丑	未	辰	戌
丙独火	巽	震	坤	坎	离	艮	兑	乾			巽	震
丁独火		巽	震	坤	坎	离	艮	兑	乾			巽
巡山火	乾	坤	坎	坎	中	震	震	兑	艮	艮	巽	乾
灭门火	辛巳	戊子	癸未	戊寅	乙酉	庚辰	丁亥	壬午	己丑	甲申	己卯	丙戌
祸凶日	丁亥	壬午	己丑	甲申	己卯	丙戌	辛巳	戊子	癸未	戊寅	乙酉	庚辰

（43）丙午年

丙午年，通天窍云火之位，煞在北方亥子丑。忌丙壬丁癸四向，名坐煞、向煞。大利山申卯巽山，小利艮未庚山。作主宜寅辰戌巳酉丑命，吉；忌子午命,不用。罗天退在艮方,忌修造、安葬,主退财,凶。九良星占厨、灶,历云在天;煞在神庙及戌亥方。

丙午年二十四山吉凶神煞

壬山〇胜光、天定、宝台、萃龙、金轮、水轮、巨门。

　　●坐煞、翎毛、山家火血、刀砧。

子山〇胜光、天定、萃龙、金神、水轮、巨门。

　　●三煞、正阴府、金神、岁破、千斤血刃。

癸山〇天定、金轮、金星、武曲。

　　●坐煞、傍阴府、刀砧。

丑山〇金轮、龙德、武库、金星。

　　●三煞、金神七煞、阴中煞、蚕官。

艮山〇迎财、传送、天皇、壮龙、玉皇、贪狼、武库、福寿、天道。

　　●罗天大退、小利方。

寅山〇玉皇、迎财、传送、天乙、朗耀、壮龙、天德合、支德合、武曲宝库。

　　●金神七煞、白虎煞、隐伏血刃、蚕命。

甲山〇进宝、紫檀、玉皇、天乙、天帝、临官、阳马。

　　●山家刀砧、翎毛。

卯山〇玉皇、地皇、进宝、荣光、天帝、福德、天禄。

　　●金神七煞、入座、大利方。

乙山〇库珠、河魁、天福、天乙、青龙、左辅。

　　●傍阴府、头白空、入山空、六十年空亡。

辰山〇库珠、河魁、天乙、天福、青龙、左辅。

　　●傍阴府、千斤血刃、暗刀煞。

巽山〇黄罗、武曲、五库、太乙、太白、人道、岁天道。

　　●头白空亡、大利方。

巳山　天乙、太乙、水轮、岁德。

　　●天官符、天太岁。

丙山〇天皇、神后、天定、太乙、水轮、巨门、益龙、右弼。

　　●坐煞、向煞、翎毛、火血。

午山〇神后、益龙、太乙、天定、太阳、水轮、巨门、右弼。

　　　●穿山罗睺、太岁、金神。

丁山○天定、太阴。

　　　●克山、困龙、巡山罗睺、向煞。

未山○地皇、天定、太阳、贵人、太阴、岁支合。

　　　●天禁、朱雀、金神七煞、小利方。

坤山○大吉、功曹、天道、太乙、天乙、太阳、升龙。

　　　●正阴府、破败五鬼、打劫血刃。

申山○大吉、功曹、玉皇、天乙、太乙、宝台、升龙。

　　　●傍阴府。

庚山○玉皇、进田、地皇、天台、天乙、贵人。

　　　●翎毛禁向、刀砧、天命、六害、小利方。

酉山○进田、天乙、天台、天阴、右弼。

　　　●克山、皇天灸退、独火、天命煞。

辛山○青龙、黄罗、天罡、天魁、丰龙。

　　　●浮天空、入山空、头白空、六十年空亡、逆血刃。

戌山○青龙、天罡、天魁、丰龙、贪狼。

　　　●地官符、隐伏血刃、流财煞。

乾山○紫檀、左辅、水轮、五龙。

　　　●克山、支神退、流财煞。

亥山○紫微、宝台、地皇、水轮。

　　　●克山、三煞、小耗。

山　　酉丁乾亥山，变己丑火运，忌纳音水年月日时，甲寅辰辛申变壬
　　　辰水。

龙　　卯艮巳山，变乙未金运，忌纳音火年月日时，巽戌坎庚运忌用火。

运　　午壬丙乙山，变戊戌木运，忌纳音金年月日时，丑癸坤未山年月
　　　日时。

丙午年开山立向修方月家紧要吉神定局

吉神	正	二	三	四	五	六	七	八	九	十	十一	十二
天尊星	震	巽	乾	兑	艮	离	坎	坤	震	巽	乾	兑
天帝星	兑	乾	巽	震	坤	坎	离	艮	兑	乾	巽	震
罗天进	乾	兑	艮	离	坎	坤	震	巽	中	天	天	天

	立春		春分		立夏		夏至		立秋		秋分		立冬		冬至
乙奇星	坎		中		乾		兑		离		中		巽		震
丙奇星	坤		乾		兑		乾		艮		巽		震		巽
丁奇星	震		兑		艮		中		兑		震		坤		中

吉神	正	二	三	四	五	六	七	八	九	十	十一	十二
一白星	兑	艮	离	坎	坤	震	巽	中	乾	兑	震	离
六白星	震	巽	中	乾	兑	艮	离	坎	坤	震	巽	中
八白星	中	乾	兑	艮	离	坎	坤	震	巽	中	乾	兑
九紫星	乾	兑	艮	离	坎	坤	震	巽	中	乾	兑	艮
飞天德	震	坎	中	巽	坎	中	震	坎	巽	坤	坎	中
飞月德	坤	艮	中	震	兑	中	坤	艮	巽	坎	兑	中
飞天赦	艮	兑	乾	乾	中	坎	艮	兑	乾	震	坤	坎
飞解神	兑	艮	离	坎	坤	震	巽	中	乾	兑	中	乾
壬德星	兑	乾	中	中	巽	震	坎	坤	离	艮	兑	乾
癸德星	艮	兑	乾	中	中	巽	震	坤	坎	离	艮	兑

（续表）

吉神	正	二	三	四	五	六	七	八	九	十	十一	十二
捉煞帝星	卯	辰	巳	午	未	申	酉	戌	亥	子	丑	寅
	乙	巽	丙	丁	坤	庚	辛	乾	壬	癸	艮	甲
	午	未	申	酉	戌	卯	子	丑	寅	卯	辰	巳
	丁	坤	庚	辛	乾	壬	癸	艮	甲	乙	巽	丙
捉财帝星	酉	戌	亥	子	丑	寅	卯	辰	巳	午	未	申
	辛	乾	壬	癸	艮	甲	乙	巽	丙	丁	坤	庚
	子	丑	寅	卯	辰	巳	午	未	申	酉	戌	亥
	癸	艮	甲	乙	巽	丙	丁	坤	庚	辛	乾	壬
飞天禄	艮	兑	乾	中	兑	乾	中	巽	震	坤	坎	离
飞天马	坤	坎	离	艮	兑	乾	中	兑	乾	中	巽	震
催马使	坎	离	艮	离	艮	兑	乾	中	艮	离	艮	兑
阳贵人	震	坤	坎	离	艮	兑	乾	中	兑	乾	中	巽
阴贵人	中	巽	震	坤	坎	离	艮	兑	乾	中	兑	乾
天寿星	癸丑	震	巽	震	乙辰	离	坤	乙辰	离	坤	兑	乾
天喜星	未	午	巳	辰	卯	寅	丑	子	亥	戌	酉	申
天嗣星	丁未	兑	乾	兑	辛戌	坎	艮	辛戌	坎	艮	震	巽
催官星	丑	未	寅	申	卯	酉	辰	戌	巳	亥	午	子
进禄星	坤	亥壬	巽	坤	亥壬	巽	坤	亥壬	巽	坤	亥壬	巽
天富星	巽	巳丙	离	坤	申庚	兑	乾	亥壬	坎	艮	寅甲	震
天财星	坎	艮	巽	离	坤	乾	坎	艮	巽	离	坤	乾

丙午年开山立向修方月家紧要凶神定局

凶神	正	二	三	四	五	六	七	八	九	十	十一	十二
天官符	艮	兑	乾	中	兑	乾	中	巽	震	坤	坎	离
地官符	巽	震	坤	坎	离	艮	兑	乾	中	兑	乾	中
罗天退	离	艮	兑	乾	中	天	天	天	巽	震	坤	坎
小儿煞	中	乾	兑	艮	离	坎	坤	震	巽	中	乾	兑
大月建	坤	坎	离	艮	兑	乾	中	巽	震	坤	坎	离
正阴府	乾兑	坤坎	离	震	艮巽	乾兑	坤坎	离	震	艮巽	乾兑	坤坎
傍阴府	甲	乙	壬	庚	丙	甲	乙	壬	庚	丙	甲	乙
	丁	癸	寅	亥		丁	癸	寅	亥		丁	癸
	巳	申	寅	亥		巳	申	寅	亥		巳	申
	丑	辰	戌	未	辛	丑	辰	戌	未	辛	丑	辰
月克山	无克	无克	乾	乾	午	午	艮	艮	无克	无克	水	土
	无克	无克	亥	亥	壬	壬	卯	卯	无克	无克	十	三
	无克	无克	兑	兑	丙	丙	卯	卯	无克	无克	十	三
	无克	无克	丁	丁	乙	乙	巳	巳	无克	无克	山	
打头火	离	艮	兑	乾	中	兑	乾	中	巽	震	坤	坎
月游火	坤	震	巽	中	乾	兑	艮	坎	离	坤	震	巽
飞独火	震	坤	坎	离	艮	兑	乾	中	兑	乾	中	巽
逆血刃	震	坤	坎	离	艮	兑	乾	中	巽	震	坤	坎
顺血刃	坎	坤	震	巽	中	乾	兑	艮	离	坎	坤	震

（续表）

凶神	正	二	三	四	五	六	七	八	九	十	十一	十二
月劫煞	亥	申	巳	寅	亥	申	巳	寅	亥	申	巳	寅
月灾煞	子	酉	午	卯	子	酉	午	卯	子	酉	午	卯
月的煞	丑	戌	未	辰	丑	戌	未	辰	丑	戌	未	辰
山朱雀	离	坎坤	巽	乾	艮兑		震离	坎坤	巽	乾	艮兑	
撞命煞	甲	壬	庚	丙	甲	壬	庚	丙	甲	壬	庚	丙
报怨煞	寅	亥	申	巳	寅	亥	申	巳	寅	亥	申	巳
剑锋煞	甲	乙	巽	丙	丁	坤	庚	辛	乾	壬	癸	艮
月入座	丑	子	亥	寅	卯	辰	巳	午	未	申	酉	戌
月崩腾	辛	巳	丙	寅	庚	甲	酉	丁	子	丑	坤	乾
流财退	亥	申	巳	寅	卯	午	子	酉	丑	未	辰	戌
丙独火	坤	坎	离	艮	兑	乾			巽	震	坤	坎
丁独火	震	坤	坎	离	艮	兑	乾			巽	震	坤
巡山火	乾	坤	坎	坎	中	震	震	兑	艮	艮	巽	乾
灭门火	癸巳	庚子	乙未	庚寅	丁酉	壬辰	己亥	坤午	辛丑	丙申	辛卯	戊戌
祸凶日	己亥	甲午	辛丑	丙申	辛卯	戊戌	癸巳	庚子	乙未	庚寅	丁酉	壬辰

（44）丁未年

丁未年，通天窍云木之位，煞在西方申酉戌。忌甲庚乙辛四向，名坐煞、向煞。大利山巳丙乾山，小利壬癸卯山。作主宜巳酉卯生人，吉；忌丑戌生人,不可用。罗天退在艮方,忌修造、葬埋,主退财,凶。九良星占僧堂、寺观、城隍、社庙;煞在门。

丁未年二十四山吉凶神煞

壬山○进宝、天定、金轮、五龙、金星、利道、人道。

　　　●傍阴府、造小利。

子山○进宝、紫微、天皇、天定、天禄、金星、金轮、岁支德。

　　　●克山、阴中太岁、头白空、小耗。

癸山○库珠、传送、天皇、天乙、萃龙、宝台、贪狼。

　　　●克山、火血刀砧、小利方。

丑山○库珠、传送、宝台、天乙、萃龙、贪狼。

　　　●克山、岁破、千斤血刃、蚕官。

艮山○巨门、右弼。

　　　●罗天大退、六十年空亡、逆血刃、打劫血刃。

寅山○太乙、龙德、武库、壮龙、巨门、岁天道。

　　　●克山、头白空、入山空亡、向煞、翎毛。

甲山○河魁、地皇、武库、岁德。

　　　●克山、傍阴府、天官符、金神七煞。

卯山○河魁、紫檀、宝台、壮龙、武曲、巨门。

　　　●金神、白虎煞、天命煞、暗刀煞、五鬼。

乙山○玉皇、黄罗、天帝、天乙、贪狼。

　　　●向煞、入山刀砧、翎毛。

辰山○玉皇、天皇、天帝、天乙、福德。

　　　●克山、穿山罗睺、入座。

巽山○大吉、神后、太乙、天福,武曲、泰龙。

　　　●克山、困龙。

巳山○大吉、神后、天福、太乙、泰龙、五龙、武曲、青龙、生煞、华盖、驿马临官、五库。

　　　●天禁、朱雀、大利方。

丙山○进田、天乙、天定、太阴、五库、人道、利道、驿马临官。

　　　●六害,大利造葬。

午山○进田、天乙、天定、太阴、贪狼、岁支德。

●正阴府、皇天炙退、独火。

丁山○青龙、功曹、益龙、水轮、太阳、太乙。

●皇天炙退、山家火血、刀砧。

未山○青龙、功曹、益龙、紫檀、水轮、太乙、太阳、左辅。

●克山、太岁、小利方。

坤山○黄罗、巨门、右弼。

●克山、巡山罗睺、六十年空亡。

申山○天皇、荣光、太阳、贵人、岁天德。

●三煞、克山、地太岁、蚕命。

庚山○天罡、紫檀，天定、右弼、岁天道。

●克山、浮天空、头白空、入山空、坐煞、翎毛。

酉山○天罡、天定、朗耀、贪狼、右弼、升龙。

●三煞、五鬼。

辛山○玉皇、天乙、天台、太阴、木星。

●克山、坐煞、翎毛禁向。

戌山○玉皇、天台、天乙、太阴、木星。

●三煞、克山、傍阴府、金神七煞、流财煞。

乾山○迎财、胜光、天魁、地皇、丰龙、右弼。

●支神退、血刃。利造葬。

亥山○迎财、胜光、紫檀、天魁、太阳、丰龙。

●地官符、金神、千斤血刃、隐伏血刃。

山　　酉丁乾亥山，变辛丑土运，忌纳音木年月日时，寅甲辰巽申变甲辰火。

龙　　卯艮巳山，变丁未水运，忌纳音土年月日时，戌坎辛庚忌运用水。

运　　午壬丙乙山，变庚戌金运，忌纳音火年月日时，丑癸坤未山年月日时。

丁未年开山立向修方月家紧要吉神定局

吉神	正	二	三	四	五	六	七	八	九	十	十一	十二
天尊星	艮	离	坎	坤	震	巽	乾	兑	艮	离	坎	坤
天帝星	坤	坎	离	艮	兑	乾	巽	震	坤	坎	艮	离
罗天进	天	乾	兑	艮	离	坎	坤	震	巽	中	天	天

	立春	春分	立夏	夏至	立秋	秋分	立冬	冬至
乙奇星	离	巽	中	艮	坎	乾	中	坤
丙奇星	坎	中	乾	兑	离	中	巽	震
丁奇星	坤	乾	兑	乾	艮	巽	震	巽

吉神	正	二	三	四	五	六	七	八	九	十	十一	十二
一白星	坎	坤	震	巽	中	乾	兑	艮	离	坎	坤	震
六白星	乾	兑	艮	离	坎	坤	震	巽	中	乾	兑	艮
八白星	艮	离	坎	坤	震	巽	中	乾	兑	艮	离	坎
九紫星	离	坎	坤	震	巽	中	乾	兑	艮	离	坎	坤
飞天德	坎	坎	巽	坤	坎	震	坎	坎	坤	离	坎	震
飞月德	离	乾	巽	坎	中	震	离	乾	坤	艮	中	震
飞天赦	中	巽	震	离	艮	兑	中	坎	离	离	艮	兑
壬德星	巽	震	坤	坎	离	艮	兑	乾	中	兑	乾	中
癸德星	乾	中	中	巽	震	坤	坎	离	艮	兑	乾	中

（续表）

吉神	正	二	三	四	五	六	七	八	九	十	十一	十二
捉煞帝星	卯	辰	巳	未	午	申	酉	戌	亥	子	丑	艮
	乙	巽	丙	丁	坤	庚	辛	乾	壬	癸	艮	甲
	午	未	申	酉	戌	亥	子	丑	寅	卯	辰	巳
	丁	坤	庚	辛	乾	壬	癸	艮	甲	乙	巽	丙
捉财帝星	酉	戌	亥	子	丑	寅	卯	辰	巳	午	未	申
	辛	乾	壬	癸	艮	甲	乙	巽	丙	丁	坤	庚
	子	丑	寅	卯	辰	巳	午	未	申	酉	戌	亥
	癸	癸	艮	甲	乙	丙	丁	坤	庚	辛	乾	壬
飞天禄	离	艮	兑	乾	中	兑	乾	中	震	巽	坎	坤
飞天马	艮	兑	乾	中	兑	乾	中	巽	震	坤	坎	离
催马使	艮	兑	乾	兑	乾	中	艮	兑	乾	兑	乾	中
阳贵人	中	巽	震	坤	坎	离	艮	兑	乾	中	兑	乾
阴贵人	震	坤	坎	离	艮	兑	乾	中	兑	乾	中	巽
天寿星	癸丑	震	巽	震	乙辰	离	坤	乙辰	离	坤	兑	乾
天喜星	未	午	巳	辰	卯	寅	丑	子	亥	戌	酉	申
天嗣星	丁未	兑	乾	兑	辛戌	坎	艮	辛戌	坎	艮	震	巽
催官星	丑	未	寅	申	卯	酉	辰	戌	巳	亥	午	子
进禄星	坤	亥壬	巽	坤	亥壬	巽	坤	亥壬	巽	坤	亥壬	巽
天富星	巽	巳丙	离	坤	甲庚	兑	乾	亥壬	坎	艮	寅甲	震
天财星	坎	艮	巽	离	坤	乾	坎	艮	巽	离	坤	乾

丁未年开山立向修方月家紧要凶神定局

凶神	正	二	三	四	五	六	七	八	九	十	十一	十二
天官符	中	兑	乾	中	巽	震	坤	坎	离	艮	兑	乾
地官符	中	巽	震	坤	坎	离	艮	兑	乾	中	兑	乾
罗天退	坎	离	艮	兑	乾	中	天	天	天	巽	震	坤
小儿煞	离	坎	坤	震	巽	中	乾	兑	艮	离	坎	坤
大月建	艮	兑	乾	中	巽	震	坤	坎	离	艮	兑	乾
正阴府	离	震	艮巽	乾兑	坤坎	离	震	艮巽	乾兑	坤坎	离	震
傍阴府	壬	庚	丙	甲	乙	壬	庚	丙	甲	乙	壬	庚
	寅	亥	.	丁	癸	寅	亥		丁	癸	寅	亥
	寅	亥		巳	申	寅	亥		巳	申	寅	亥
	戌	未	辛	丑	辰	戌	未	辛	丑	辰	戌	未
月克山	无克	无克	离	离	水	土	震	震	无克	无克	乾	冬至
	无克	无克	壬	壬	十	三	艮	艮	无克	无克	亥	后
	无克	无克	丙	丙	十	三	艮	艮	无克	无克	兑	克
	无克	无克	乙	乙	山		巳	巳	无克	无克	丁	十三山
打头山	乾	中	兑	乾	中	巽	震	坤	坎	离	艮	兑
月游火	坤	震	巽	中	乾	兑	艮	离	坎	坤	震	巽
飞独火	离	艮	兑	乾	中	兑	乾	中	巽	震	坤	坎
顺血刃	艮	巽	中	乾	兑	艮	离	坎	坤	震	巽	中
逆血刃	中	巽	震	坤	坎	离	艮	兑	乾	中	巽	艮

（续表）

凶神	正	二	三	四	五	六	七	八	九	十	十一	十二
月劫煞	亥	申	巳	寅	亥	申	巳	寅	亥	申	巳	寅
月灾煞	子	酉	午	卯	子	酉	午	卯	子	酉	午	卯
月的煞	丑	戌	未	辰	丑	戌	未	辰	丑	戌	未	辰
山朱雀	离	坎坤	巽	乾	艮兑		震	离	坤	乾	艮兑	
撞命煞	甲	壬	庚	丙	甲	壬	庚	丙	甲	壬	庚	丙
报怨煞	寅	亥	申	巳	寅	亥	申	巳	寅	亥	申	巳
剑锋煞	甲	乙	巽	丙	丁	坤	庚	辛	乾	壬	癸	艮
月入座	亥	子	丑	寅	卯	辰	巳	午	未	申	酉	戌
月崩腾	辛	巳	丙	寅	庚	甲	酉	丁	子	丑	坤	乾
流财退	亥	申	巳	寅	卯	午	子	丑	酉	未	戌	辰
丙独火	离	艮	兑	乾			巽	震	坤	坎	离	艮
丁独火	坎	离	艮	兑	乾			巽	震	坤	坎	离
巡山火	坎	坤	坎	坎	中	震	震	兑	艮	艮	巽	乾
灭门火	乙巳	壬子	丁未	壬寅	己酉	甲辰	辛亥	丙午	癸丑	戊申	癸卯	庚戌
祸凶日	辛亥	丙午	癸丑	戊申	癸卯	庚戌	乙巳	壬子	丁未	壬寅	己酉	申辰

（45）戊申年

戊申年,通天窍云水之位,煞在南方巳午未。忌丙壬丁癸四向,名坐煞、向煞。大利山艮甲辰巽酉戌乾山,造葬,吉。作主宜申子辰巳酉丑生命,吉;

忌寅巳生人,凶。罗天退在坤方,忌修造、葬埋,主退财,凶。九良星占桥、井、门路;煞在中庭及北方。

戊申年二十四山吉凶神煞

壬山〇传送、天魁、丰龙、右弼、岁位德。

　　　●克山、向煞、翎毛、六十年空亡、山家刀砧。

子山〇传送、天皇、紫微、天魁、丰龙、右弼、五库。

　　　●地官符、坐山罗睺、金神、流财煞。

癸山〇天皇、天定、金轮、五龙、金星、岁天道、岁天德。

　　　●向煞、入山空、头白空亡、翎毛禁向。

丑山〇天定、金轮、金星、岁支德、人仓。

　　　●金神七煞、隐伏血刃、流财煞。

艮山〇大吉、河魁、宝台、太乙、太阳、水轮、左辅、水星、萃龙。

　　　●支神退、大利方。

寅山〇大吉、河魁、太乙、宝台、水轮、太阳、萃龙、水星。

　　　●穿山罗睺、岁破。

甲山〇进田、地皇、贵人、武曲、右弼、驿马临官。

　　　●困龙、火血、六害。

卯山〇进田、紫檀、萃龙、宝台、武库、右弼。

　　　●正阴府、皇天炙退、天禁、朱雀、隐伏血刃。

乙山〇青龙、神后、黄罗、壮龙、武库、天道、驿马。

　　　●克山、皇天炙退。

辰山〇青龙、神后、天皇、壮龙、贪狼、文魁星。

　　　●白虎煞、蚕官、大利方。

巽山〇玉皇、天帝、太乙、水轮、天财、天宝。

　　　●蚕室。

巳山〇玉皇、天帝、太乙、福德、岁支合。

　　　●三煞、千斤血刃、入座。

丙山〇功曹、天定、天福、泰龙、巨门。

　　　●克山、坐煞、翎毛、六十年空亡、逆血刃、刀砧。

午山〇功曹、天乙、泰龙、天定、天福、巨门。

●三煞、克山、独火、五鬼、血刃。

丁山○天定、太阴、五库、岁天道、月德合。

　　　●坐煞、头白空、入山空、翎毛。

未山○紫檀、天定、太阴、左辅。

　　　●三煞、傍阴府、地太岁。

坤山○迎财、天罡、黄罗、益龙、太乙、水轮、太阳、武曲。

　　　●罗天大退、支神退、浮天空。

申山○天皇、迎财、天罡、益龙、太乙、太阳、武曲。

　　　●太岁、堆黄、金神七煞。

庚山○进宝、紫檀、驿马临官。

　　　●傍阴府、山家火血。

酉山○进宝、朗耀、太阳、贵人、太阴、天禄、天贵、文魁星。

　　　●金神、大利方。

辛山○库珠、胜光、天乙、升龙、左辅、贵人、天禄、天道。

　　　●巡山罗、小利方。

戌山○库珠、胜光、天乙、左辅、升龙、天富、进爵星。

　　　●天命煞、大利方。

乾山○天台、天乙、玉皇、地皇、贪狼、武曲、木星。

　　　●打劫血刃、天命煞、大利方。

亥山○玉皇、紫檀、天乙、天台、太阴。

　　　●傍阴府、地官符、千斤血刃、阴中煞。

山　　酉丁乾亥山,变癸丑木运,忌纳肯金年月日时,甲寅辰巽申变丙
　　　辰土。

龙　　卯艮巳山,变己未火运,忌纳音水年月日时.戌坎辛庚未运忌用木。

运　　午壬丙乙山,变午戌水运,忌纳音土年月日时,丑癸坤未山年月
　　　日时。

戊申年开山立向修方月家紧要吉神定局

吉神	正	二	三	四	五	六	七	八	九	十	十一	十二
天尊星	艮	离	坎	坤	震	巽	乾	兑	艮	离	坎	坤
天帝星	坤	坎	离	艮	兑	乾	巽	震	坤	坎	离	艮
罗天进	天	天	乾	兑	艮	离	坎	坤	震	巽	中	天
	立春		春分		立夏		夏至		立秋		秋分		立冬		冬至

	立春	春分	立夏	夏至	立秋	秋分	立冬	冬至
乙奇星	艮	震	巽	离	坤	兑	乾	坎
丙奇星	离	巽	中	艮	坎	乾	中	坤
丁奇星	坎	中	乾	兑	离	中	巽	震

吉神	正	二	三	四	五	六	七	八	九	十	十一	十二
一白星	巽	中	乾	兑	艮	离	坎	坤	震	巽	中	乾
六白星	离	坎	坤	震	巽	中	乾	兑	艮	离	坎	坤
八白星	坤	震	巽	中	乾	兑	艮	离	坎	坤	艮	兑
九紫星	震	巽	中	乾	兑	艮	离	坎	坤	震	巽	中
飞天德	艮	坎	坤	离	坎	坎	艮	坎	离	兑	坎	坎
飞月德	兑	中	坤	艮	巽	坎	兑	中	离	乾	巽	坎
飞天赦	坤	坎	离	乾	中	巽	艮	兑	乾	乾	中	坎
飞解神	中	乾	兑	艮	离	坎	坤	震	巽	中	乾	兑
壬德星	巽	震	坤	坎	离	艮	兑	乾	中	中	巽	震
癸德星	中	巽	震	坤	坎	离	艮	兑	乾	中	中	巽

（续表）

吉神	正	二	三	四	五	六	七	八	九	十	十一	十二
捉煞帝星	卯	辰	巳	午	未	申	酉	戌	亥	子	丑	寅
	乙	巽	丙	丁	坤	庚	辛	乾	壬	癸	艮	甲
	午	未	甲	酉	戌	亥	子	丑	寅	卯	辰	巳
	丁	坤	庚	辛	乾	壬	癸	艮	甲	乙	巽	丙
捉财帝星	酉	戌	亥	子	丑	寅	卯	辰	巳	午	未	申
	乙	巽	丙	丁	坤	庚	辛	乾	壬	癸	艮	甲
	子	丑	寅	卯	辰	巳	午	未	申	酉	戌	亥
	癸	艮	甲	乙	巽	丙	丁	坤	庚	辛	乾	壬
飞天禄	艮	兑	乾	中	兑	乾	中	巽	震	坤	坎	离
飞天马	中	乾	兑	中	巽	震	坤	坎	离	艮	兑	离
催官使	乾	中	中	中	中	巽	乾	中	中	中	中	巽
阳贵人	兑	乾	中	巽	震	坤	坎	离	艮	兑	乾	中
阴贵人	坎	离	艮	兑	乾	中	兑	乾	中	巽	震	坤
天寿星	癸丑	震	巽	震	乙辰	离	坤	乙辰	离	坤	兑	乾
天喜星	未	午	巳	辰	卯	寅	丑	子	亥	戌	酉	申
天嗣星	丁未	兑	乾	兑	辛戌	坎	艮	辛戌	坎	艮	巽	震
催官星	丑	未	寅	申	卯	酉	辰	戌	巳	亥	午	子
进禄星	坤	亥壬	巽	坤	亥壬	巽	坤	亥壬	巽	坤	亥壬	巽
天富星	巽	巳丙	离	坤	申庚	兑	乾	亥壬	坎	艮	寅甲	震
天财星	坎	艮	巽	离	坤	乾	坎	艮	巽	离	坤	乾

戊申年开山立向修方月家紧要凶神定局

凶神	正	二	三	四	五	六	七	八	九	十	十一	十二
天官符	中	巽	震	坤	坎	离	艮	兑	乾	中	巽	震
地官符	乾	中	巽	震	坤	坎	离	艮	兑	乾	中	兑
小儿煞	坤	坎	离	艮	兑	乾	中	天	天	天	巽	震
大月建	中	乾	兑	艮	离	坎	坤	震	巽	中	乾	兑
罗天退	中	巽	震	坤	坎	离	艮	兑	乾	中	巽	震
正阴府	艮巽	乾兑	坤坎	离	震	艮巽	乾兑	坤坎	离	震	艮巽	乾兑
傍阴府	丙	甲	申	壬	庚	丙	甲	申	壬	庚	丙	甲
		丁	癸	寅	亥		丁	癸	寅	亥		丁
		巳	乙	寅	亥		巳	乙	寅	亥		巳
	午	丑	辰	戌	未	辛	丑	辰	戌	未	辛	丑
月克山	艮	震	离	离	无克	无克	水	土	艮	艮	无克	无克
	震	艮	壬	壬	无克	无克	十	三	震	巳	无克	无克
	震	艮	丙	丙	无克	无克	十	三	震	巳	无克	无克
	巳	巳	乙	乙	无克	无克	山	巳	震	无克	无克	
打头火	乾	中	巽	震	坤	坎	离	艮	兑	乾	中	兑
月游火	兑	艮	离	坎	坤	震	巽	中	乾	兑	艮	离
飞独火	乾	中	兑	乾	中	巽	震	坤	坎	离	艮	兑
顺血刃	离	坎	坤	震	巽	中	乾	兑	艮	离	坎	坤
逆血刃	坤	坎	离	艮	兑	乾	中	巽	震	坤	坎	离

（续表）

凶神	正	二	三	四	五	六	七	八	九	十	十一	十二
月劫煞	亥	申	巳	寅	亥	甲	巳	寅	亥	申	巳	寅
月灾煞	子	酉	午	卯	子	酉	午	卯	子	酉	午	卯
月的煞	丑	戌	未	辰	丑	戌	未	辰	丑	戌	未	辰
山朱雀	离	坎坤	巽	乾	艮兑	震	离			坎坤	巽乾	艮兑
撞命煞	甲	壬	庚	丙	中	子	庚	丙	甲	壬	庚	丙
报怨煞	寅	亥	申	巳	寅	亥	申	巳	寅	亥	中	巳
剑锋煞	甲	乙	巽	丙	丁	坤	庚	辛	乾	壬	癸	艮
月入座	亥	子	丑	寅	卯	辰	巳	午	未	中	酉	戌
月崩腾	辛	巳	丙	寅	庚	申	酉	丁	子	丑	坤	乾
流财退	亥	申	巳	寅	卯	午	子	酉	丑	未	辰	戌
丙独火	兑	乾			巽	震	坤	坎	离	艮	兑	乾
丁独火	艮	兑	乾		巽	震	坤	坎	离	艮	兑	
巡山火	乾	坤	坎	坎	中	卯	卯	酉	艮	艮	巽	乾
灭门火	丁巳	甲子	己未	甲寅	辛酉	丙辰	癸亥	戊午	乙丑	庚申	乙卯	壬戌
祸凶日	癸亥	戊午	乙丑	庚申	乙卯	壬戌	丁巳	申丁	己未	甲寅	辛酉	丙辰

（46）己酉年

　　己酉年,通天窍云金之位,煞在东方寅卯辰。忌甲庚乙辛四向,名坐煞、向煞。大利山巳丁未亥山,小利壬午山,修造,吉。作主宜申子辰巳酉丑命,吉;忌卯酉生人,凶。罗天退在坤方,忌修造、葬埋,主冷退,凶。九良星占道观、寺、库庙;煞在寺观庙及南方。

己酉年二十四山吉凶神煞

壬山○玉皇、进山、黄罗、天乙、天台、驿马临官。

　　　●头白空、入山空亡、翎毛、六害。

子山○进田、地皇、紫微、玉皇、天乙、天台、太阴、武曲。

　　　●皇天灸退、破败五鬼。

癸山○青龙、河魁、地皇、天魁、丰龙、左辅、右弼。

　　　●皇天灸退、六十年空亡。

丑山○青龙、河魁、丰龙、右弼、天魁、左辅、岁位合。

　　　●地官符,造吉。

艮山○紫檀、天定、金轮、五龙、岁天道、岁天德。

　　　●正阴府、支神退。

寅山○黄罗、天乙、天魁、金轮、金星、岁支德。

　　　●三煞、小耗。

甲山○天皇、神后、宝台、天定、萃龙、水轮、水星、右弼。

　　　●坐煞、入山刀砧。

卯山○神后、天定、宝台、左辅、萃龙、水轮、水星、右弼。

　　　●三煞、岁破。

乙山○月德合。

　　　●坐煞、山家火血、刀砧。

辰山○地皇、龙德、武库、支德。

　　　●三煞、蚕命。

巽山○迎财、功曹、壮龙、右弼、太阳、武库、天道。

　　　●正阴府、隐伏血刃、蚕官。

巳山○迎财、功曹、壮龙、太阳。

　　　●白虎煞、千斤血刃、天命。大利方。

丙山○玉皇、进宝、天帝、紫檀、天乙、武曲。

　　　●傍阴府、入山空、头白空亡。

午山○进宝、黄罗、玉皇、天帝、天乙、龙德。

●朱雀、金神、入座、天命煞、小利方。

丁山〇库珠、天罡、天福、天乙、泰龙、贪狼、天禄。

　●冬至后克山、六十年空亡、大利方。

未山〇库珠、天罡、天乙、泰龙、天福、巨门、贪狼、青龙、生煞。

　●金神、大利方。

坤山〇天定、太阴、五库、贪狼。

　●独火、罗天大退、支神退、打劫血刃。

申山〇地皇、天定、荣光、太阴。

　●天官符、金神七煞、千斤血刃、流财。

庚山〇胜光、太乙、水轮、太阳、益龙、巨门、贪狼。

　●向煞、翎毛禁向。

酉山〇胜光、朗耀、太乙、水轮、太阳、益龙、巨门。

　●头白空、金神、太岁、冬至后克山。

辛山〇武曲。

　●向煞、傍阴府、逆血刃、山家血刃、刀砧。

戌山〇黄罗、太阳、人仓、天贵。

　●穿山罗睺、阴中太岁。

乾山〇大吉、传送、天皇、太乙、武曲、巨门。

　●困龙、巡山罗、廉贞、隐伏血刃、冬至后克山。

亥山〇大吉、传送、太乙、武曲、天德合、支德合。

　●天禁、朱雀,冬至后克山;冬至前大利。

山　　酉丁乾亥山,变乙丑金运,忌纳音火年月日时,甲巽辛坤变戌辰木。

龙　　卯辰巳山,变辛未土运,忌纳音木年月日时,寅戌申庚未运忌用金。

运　　午壬丙乙山,变甲戌火运,忌纳音水年月日时,辰坎丑未山年月日时。

己酉年开山立向修方月家紧要吉神定局

吉神	正	二	三	四	五	六	七	八	九	十	十一	十二
天尊星	辰	离	坎	坤	震	巽	乾	兑	艮	离	坎	坤
天帝星	坤	坎	离	艮	兑	乾	巽	震	坤	坎	离	艮
罗天进	天	天	天	乾	兑	艮	离	坎	坤	震	巽	中

	立春	春分	立夏	夏至	立秋	秋分	立冬	冬至
乙奇星	艮	震	巽	离	坤	兑	乾	坎
丙奇星	艮	震	巽	离	坤	兑	乾	坎
丁奇星	离	巽	中	艮	坎	乾	中	坤

吉神	正	二	三	四	五	六	七	八	九	十	十一	十二
一白星	兑	艮	离	坎	坤	震	巽	中	乾	兑	震	离
六白星	震	巽	中	乾	兑	艮	离	坎	坤	震	巽	中
八白星	中	乾	兑	艮	离	坎	坤	震	巽	中	乾	兑
九紫星	乾	兑	艮	离	兑	坎	震	巽	中	乾	兑	艮
飞天德	乾	坎	离	兑	坎	艮	乾	坎	兑	中	坎	艮
飞月德	中	震	离	乾	坤	艮	中	震	兑	中	坤	艮
飞天赦	艮	兑	乾	震	坤	坎	震	巽	震	离	艮	兑
飞解神	兑	中	乾	兑	艮	离	坎	坤	震	巽	中	乾
壬德星	坤	坎	离	艮	兑	乾	中	中	巽	震	坤	坎
癸德星	震	坤	坎	离	艮	兑	乾	中	中	巽	震	坤

（续表）

吉神	正	二	三	四	五	六	七	八	九	十	十一	十二
捉煞帝星	卯	辰	巳	午	未	申	酉	戌	亥	子	丑	寅
	乙	巽	丙	丁	坤	庚	辛	乾	壬	癸	艮	甲
	午	未	申	酉	戌	亥	子	丑	寅	卯	辰	巳
	丁	坤	庚	辛	乾	壬	癸	艮	甲	乙	巽	丙
捉财帝星	酉	戌	亥	子	丑	寅	卯	辰	巳	午	未	申
	辛	乾	壬	癸	艮	甲	乙	巽	丙	丁	坤	庚
	子	丑	寅	卯	辰	巳	午	未	申	酉	戌	亥
	癸	艮	甲	乙	巽	丙	丁	坤	庚	辛	乾	壬
飞天禄	离	艮	兑	乾	中	兑	乾	中	巽	震	坤	坎
飞天马	兑	中	乾	兑	艮	离	坎	坤	震	巽	中	乾
催官使	中	巽	震	巽	震	坤	中	巽	震	巽	震	坤
阳贵人	乾	中	巽	震	坤	坎	离	艮	兑	乾	中	兑
阴贵人	坤	坎	离	艮	兑	乾	中	兑	乾	中	巽	震
天寿星	癸丑	震	巽	震	乙辰	离	坤	乙辰	离	坤	兑	乾
天喜星	未	午	巳	辰	卯	寅	丑	子	亥	戌	酉	申
天嗣星	丁未	兑	乾	兑	辛戌	坎	艮	辛戌	坎	艮	震	巽
催官星	丑	未	寅	申	卯	酉	辰	戌	巳	亥	午	子
进禄星	坤	亥壬	巽	坤	亥壬	巽	坤	亥壬	巽	坤	亥壬	巽
天富星	巽	巳丙	离	坤	庚申	兑	乾	亥壬	坎	艮	寅申	震
天财星	坎	艮	巽	离	坤	乾	坎	艮	巽	离	坤	乾

己酉年开山立向修方月家紧要凶神定局

凶神	正	二	三	四	五	六	七	八	九	十	十一	十二
天官符	坤	坎	离	艮	兑	乾	中	兑	艮	中	巽	震
地官符	兑	乾	中	巽	震	坤	坎	离	乾	兑	乾	中
罗天退	震	坤	坎	离	艮	兑	乾	中	天	天	天	巽
小儿煞	离	坎	坤	震	巽	中	乾	兑	艮	离	坎	坤
大月建	坤	坎	离	艮	兑	乾	中	兑	震	坤	坎	离
正阴府	坤坎	离	震	艮巽	乾兑	坤坎	离	震	艮巽	乾兑	坤坎	离
傍阴府	乙癸申辰	壬寅寅戌	庚亥亥未	丙辛	甲丁巳丑	乙癸申辰	壬寅寅戌	庚亥亥未	丙辛	甲丁巳丑	乙癸申辰	壬寅寅戌
月克山	乾亥兑丁	乾亥兑丁	震艮艮巳	震艮艮巳	无克无克无克无克	无克无克无克无克	水土十三山	水土十三山	乾亥兑丁	乾亥兑丁	离壬丙乙	离壬丙乙
打头火	震	坤	坎	离	艮	兑	乾	中	兑	乾	中	巽
月游火	乾	兑	坎	离	坎	坤	震	巽	中	乾	兑	艮
飞独火	乾	中	巽	震	坤	坎	离	艮	兑	乾	中	兑
顺血刃	兑	艮	离	坎	坤	震	巽	中	乾	兑	艮	离
逆血刃	离	艮	兑	乾	中	巽	震	坤	坎	离	艮	兑

（续表）

凶神	正	二	三	四	五	六	七	八	九	十	十一	十二
月劫煞	亥	申	巳	寅	亥	申	巳	寅	亥	申	巳	寅
月灾煞	子	酉	午	卯	子	酉	午	卯	子	酉	午	卯
月的煞	丑	戌	未	辰	丑	戌	未	辰	丑	戌	未	辰
山朱雀	离	坎坤	巽	乾	艮兑		震离	坎坤	巽	乾	艮兑	
撞命煞	甲	壬	庚	丙	甲	壬	庚	丙	甲	壬	庚	丙
报怨煞	寅	亥	申	巳	寅	亥	申	巳	寅	亥	申	巳
剑锋煞	甲	乙	巽	丙	丁	坤	庚	辛	乾	壬	癸	艮
月入座	亥	子	丑	寅	卯	辰	巳	午	未	申	酉	戌
月崩腾	辛	巳	丙	寅	庚	申	酉	丁	子	丑	坤	乾
流财退	亥	申	巳	寅	卯	午	子	丑	酉	未	戌	辰
丙独火			巽	震	坤	坎	离	艮	兑	乾		
丁独火	乾			坤	坎	巽	震	坤	坎	离	兑	乾
巡山火	乾	坤	坎	坎	中	卯	卯	酉	艮	艮	巽	乾
灭门火	己巳	丙子	辛未	丙寅	癸酉	戊辰	乙亥	庚午	丁丑	壬申	丁卯	甲戌
祸凶日	乙亥	庚午	丁丑	壬申	丁卯	甲戌	己巳	丙子	辛未	丙寅	癸酉	戊辰

（47）庚戌年

　　庚戌年,通天窍云火之位,煞在北方亥子丑。忌丙壬丁癸四向,名坐煞、向煞。大利山乙辰坤申庚山,小利未戌山。修造作主宜申子寅午命,吉;忌丑未辰生人,凶。罗天退在巽山,忌修造、葬埋,主冷退,凶。九良星占僧堂、城隍、社庙;煞在厅堂及北方。

庚戌年二十四山吉凶神煞

壬山○河魁、地皇、天定、升龙、武曲、贵人、岁天道。

●坐煞、山家火血、刀砧。

子山○河魁、天定、黄罗、武曲、升龙、左辅。

●三煞、隐伏血刃、蚕命。

癸山○黄罗、天台、太乙。

●坐煞、入山空、头白空、巡山罗睺。

丑山○紫檀、天台、太乙、太阴、水轮。

●三煞、傍阴府、天命煞、暗刀煞。

艮山○迎财、神后、天定、太乙、水轮、左辅、天魁、丰龙、武曲。

●克山、天命煞。

寅山○进财、神后、地皇、朗耀、丰龙、天定、太乙、天魁、岁位合。

●地官符、戊己煞。

甲山○进宝、天定、太阴、五库、人道、利道、驿马临官。

●傍阴府。

卯山○进宝、天定、荣光、太阴、右弼、岁支德、岁支合。

●克山、小耗。

乙山○库珠、功曹、天皇、天乙、萃龙、右弼、天德合、月财。

●人道。

辰山○玉皇、库珠、功曹、黄罗、天乙、萃龙、右弼、天富。

●金神七煞、岁破、蚕官、大利方。

巽山○玉皇、天乙、贪狼、巨门、天宝、财帛星、进禄星。

●罗天大退、六十年空亡、蚕官。

巳山○紫檀、天乙、龙德、武库、岁德、文昌星。

●克山、傍阴府、金神。

丙山○天罡、壮龙、太阳、岁位德、岁天道。

●向煞、山家火血、刀砧、逆血刃。

午山○天罡、地皇、壮龙、太阳、武曲、金贵。

　　●支神退、白虎煞、打劫血刃、小利方。

坤山○大吉、胜光、天皇、天乙、天福、泰龙、左辅、宝台、金轮、水轮。

　　●头白空亡、大利方。

申山○大吉、胜光、黄罗、太乙、宝台、天福。

　　●大利。

庚山○进田、天定、金轮、金星、五库、驿马临官、人道、利道。

　　●困龙、翎毛、六害。大利。

酉山○进田、紫檀、太乙、金轮、金星、地财。

　　●正阴府、皇天灸退、朱雀、阴中太岁、破败五鬼。

辛山○青龙、传送、玉皇、益龙、巨门、天德合、月德合。

　　●皇天灸退、翎毛禁向。

戌山○青龙、传送、玉皇、益龙、大乙、支德合、地皇。

　　●太岁、堆黄煞、小利方。

乾山○玉皇、天乙、木星。

　　●正阴府、独火、六十年空亡。

亥山○紫微、玉皇、太阳、木星。

　　●三煞。

山　　酉丁乾亥山,变丁丑木运,忌纳音土年月日时,甲寅辰辛申变庚辰金。

龙　　卯艮巳山,变癸未木运,忌纳音金年月日时,巽戌坎庚运忌用火。

运　　午壬丙乙山,变丙戌土运,忌纳音木年月日时,丑癸坤未山年月日时。

庚戌年开山立向修方月家紧要吉神定局

吉神	正	二	三	四	五	六	七	八	九	十	十一	十二
天尊星	震	巽	乾	兑	艮	离	坎	坤	震	巽	乾	兑
天帝星	兑	乾	巽	震	坤	坎	离	艮	兑	乾	巽	震
罗天进	中	天	天	天	乾	兑	艮	离	坎	坤	震	巽

	立春		春分		立夏		夏至		立秋		秋分		立冬		冬至	
乙奇星	兑		坤		震		坎		震		艮		兑		离	
丙奇星	艮		震		巽		离		坤		兑		乾		坎	
丁奇星	离		巽		中		艮		坎		乾		中		坤	
一白星	坎	坤	震	巽	中	乾	兑	艮	离	坎	坤	震				
六白星	乾	兑	艮	离	坎	坤	震	巽	中	乾	兑	艮				
八白星	艮	离	坎	坤	震	巽	中	乾	兑	艮	离	坎				
九紫星	离	坎	坤	震	巽	中	乾	兑	艮	离	坎	坤				
飞天德	中	乾	兑	中	坎	乾	中	坎	中	巽	坎	乾				
飞月德	巽	坎	兑	中	离	乾	巽	坎	中	震	离	乾				
飞天赦	中	坎	离	离	艮	兑	坤	坎	离	乾	中	巽				
壬德星	离	艮	兑	乾	中	中	巽	震	坤	坎	离	艮				
癸德星	坎	离	艮	兑	乾	中	中	巽	震	坤	坎	离				

（续表）

吉神	正	二	三	四	五	六	七	八	九	十	十一	十二
捉煞帝星	卯	辰	巳	午	未	申	酉	戌	亥	子	丑	寅
	乙	巽	丁	坤	乙	丙	辛	乾	壬	癸	艮	甲
	午	未	申	酉	戌	亥	子	丑	寅	卯	辰	巳
	丁	坤	庚	辛	乾	壬	癸	艮	甲	乙	巽	丙
捉财帝星	酉	戌	亥	子	丑	寅	卯	辰	巳	午	未	申
	辛	乾	壬	癸	艮	甲	乙	巽	丙	丁	坤	庚
	子	丑	寅	震	辰	巳	午	未	申	酉	戌	亥
	癸	艮	甲	乙	巽	丙	丁	坤	庚	辛	乾	壬
飞天禄	坤	坎	离	艮	兑	乾	中	兑	乾	中	巽	震
飞天马	坤	坎	离	艮	兑	乾	中	兑	乾	中	巽	震
催马使	震	坤	坎	坤	坎	离	震	坤	坎	坤	坎	离
阳贵人	兑	乾	中	巽	震	坤	坎	离	艮	兑	乾	中
阴贵人	坎	离	艮	兑	乾	中	兑	乾	中	巽	震	坤
天寿星	癸丑	震	巽	震	乙辰	离	坤	乙辰	离	坤	兑	乾
天喜星	未	午	巳	辰	卯	寅	丑	子	亥	坎	酉	申
天嗣星	丁未	兑	乾	兑	辛戌	坎	艮	辛戌	坎	艮	震	巽
催官星	丑	未	寅	申	卯	酉	辰	戌	巳	亥	午	子
进禄星	坤	亥壬	巽	坤	亥壬	巽	坤	亥壬	巽	坤	亥壬	巽
天富星	巽	巳丙	离	坤	申庚	兑	乾	亥壬	坎	艮	亥壬	震
天财星	坎	艮	巽	离	坤	乾	坎	艮	巽	离	坤	乾

庚戌年开山立向修方月家紧要凶神定局

凶神	正	二	三	四	五	六	七	八	九	十	十一	十二
天官符	艮	兑	乾	中	兑	乾	中	巽	震	坤	坎	离
地官符	中	兑	乾	中	巽	震	坤	坎	离	艮	兑	乾
罗天退	巽	震	坤	坎	离	艮	兑	乾	中	天	天	天
小儿煞	中	乾	兑	艮	离	坎	坤	震	巽	中	乾	兑
大月建	艮	兑	乾	中	巽	震	坤	坎	离	艮	兑	乾
正阴府	震	艮巽	乾兑	坤坎	离	震	艮巽	乾兑	坤坎	离	震	艮巽
傍阴府	庚	丙	甲	乙	壬	庚	丙	甲	乙	壬	庚	丙
	亥		丁	癸	寅	亥		丁	癸	寅	亥	
	亥		巳	申	寅	亥		巳	申	寅	亥	
	未	辛	丑	辰	戌	未	辛	丑	辰	戌	未	辛
月克山	乾	乾	震	震	离	离	无克	无克	乾	乾	水	土
	亥	亥	艮	艮	壬	壬	无克	无克	亥	亥	十	三
	兑	兑	艮	艮	丙	丙	无克	无克	兑	兑	十	三
	丁	丁	巳	巳	乙	乙	无克	无克	丁	丁	山	
打头火	离	艮	兑	乾	中	兑	乾	中	巽	震	坤	坎
月游火	乾	兑	艮	离	坎	坤	震	巽	中	乾	兑	乾
飞独火	震	坤	坎	坤	震	离	中	兑	乾	中	乾	中
顺血刃	巽	中	乾	兑	艮	离	震	巽	中	乾	兑	艮
逆血刃	乾	中	巽	震	坤	坎	离	艮	兑	乾	中	巽

（续表）

凶神	正	二	三	四	五	六	七	八	九	十	十一	十二
月劫煞	亥	申	巳	寅	亥	申	巳	寅	亥	申	巳	寅
月灾煞	子	酉	午	卯	子	酉	午	卯	子	酉	午	卯
月的煞	丑	戌	未	辰	丑	戌	未	辰	丑	戌	未	辰
山朱雀	离	坎坤	巽	乾	艮巽		震离	坎坤	巽	乾	艮兑	
撞命煞	甲	壬	庚	丙	甲	壬	庚	丙	甲	壬	庚	丙
报怨煞	寅	亥	申	巳	寅	亥	申	巳	寅	亥	申	巳
剑锋煞	甲	乙	巽	丙	丁	坤	庚	辛	乾	壬	癸	艮
月入座	亥	子	丑	寅	卯	辰	巳	午	未	申	酉	戌
月崩腾	辛	巳	丙	寅	庚	甲	酉	丁	子	丑	坤	乾
流财退	亥	申	巳	寅	卯	午	子	酉	丑	未	辰	戌
丙独火	巽	震	坤	坎	离	艮	兑	乾			巽	震
丁独火		巽	震	坤	坎	离	艮	兑	乾			巽
巡山火	乾	坤	坎	坎	中	震	震	兑	艮	艮	巽	乾
灭门火	辛巳	戊子	癸未	戊寅	乙酉	庚辰	丁亥	壬午	己丑	甲申	己卯	丙戌
祸凶日	丁亥	壬午	己丑	甲申	己卯	丙戌	辛巳	戊子	癸未	戊寅	乙酉	庚辰

（48）辛亥年

　　辛亥年，通天窍云木之位，煞在西方申酉戌。忌甲庚乙辛四向，名坐煞、向煞。大利山艮丑巳山，乾山葬吉，亥山造吉。作主宜申子辰亥卯未生人，吉;忌巳亥生人,凶。罗天退在巽方,忌修造、安葬,主退财,凶。九良星占船、寺观;煞在厅观及巳方。

辛亥年二十四山吉凶神煞

壬山○进宝、地皇、太乙、驿马临官。

　　　●克山、头白空、入山空、翎毛禁向。

子山○进宝、黄罗、太阳、贵人、太乙、水轮、左辅。

　　　●正阴府、金神七煞、千斤血刃。

癸山○库珠、神后、天乙、天定、太乙、太阳。

　　　●傍阴府、山家火血、刀砧。

丑山○库珠、神后、紫檀、太乙、天乙、天定、升龙、太阳、武曲、凤辇。

　　　●金神七煞,造葬利。

艮山○天定、天台、太阴、武曲、左辅。

　　　●头白空亡、小利方。

寅山○天台、天定、太阳、朗耀、地皇、天宝。

　　　●天官符、金神七煞、隐伏血刃。

甲山○功曹、荣光、天魁、丰龙。

　　　●向煞、六十年空亡、逆血刃。

卯山○玉皇、功曹、荣光、天魁、丰龙、贪狼、岁位合。

　　　●地官符、金神七煞。

乙山○玉皇、天皇、天乙、岁天、道岁、天德、人道。

　　　●克山、傍阴府、向煞。

辰山○黄罗、天乙、岁支德。

　　　●傍阴府、千斤血刃。

巽山○大吉、天罡、太乙、萃龙、右弼、巨门、天华。

　　　●罗天大退、打劫血刃。

巳山○大吉、天罡、天乙、太乙、萃龙、紫檀、右弼。

　　　●岁破、大耗。

丙山○进田、水轮、临官、驿马、右弼。

　　　●浮天空亡、入山空、头白空亡、翎毛、六害。

午山〇进田、地皇、宝台、水轮、龙德、武库。

　　●克山、金神、穿山罗睺、皇天炙退、支神退。

丁山〇青龙、胜光、紫檀、宝台、水轮、太阳、壮龙、金轮、水星。

　　●武曲、天道。

　　●困龙、皇天炙退。

未山〇胜光、青龙、壮龙、天定、金轮、太阳、水、轮、水星、财帛、天寿。

　　●白虎、朱雀、金神、天命。

坤山〇天皇、天帝、天定、金轮、金星、右弼、左辅。

　　●正阴府、天命煞、蚕室。

申山〇黄罗、宝台、天帝、福德、金轮、金星。

　　●三煞、傍阴府、中太岁、流财、入座、天命。

庚山〇玉皇、传送、天福、天帝、贪狼、泰龙。

　　●坐煞、巡山罗睺、六十年空亡。

酉山〇五皇、传送、天乙、太乙、天福、天定、泰龙、贪狼、紫檀。

　　●三煞、蚕命、将军箭。

辛山〇玉皇、天乙、五库、木星、岁天道、人道。

　　●坐煞、入山刀砧。

戌山〇玉皇、地皇、木星。

　　●三煞、隐伏血刃。

乾山〇迎财、河魁、益龙、巨门、天财、天宝、御游。

　　●独火、五鬼，葬大利。

亥山〇紫微、迎财、河魁、益龙、武曲、天财、巨门。

　　●太岁、堆黄煞，造大利。

山　　酉丁乾亥山，变己丑火运，忌纳音水年月日时，甲寅申辛庚变壬辰水。

龙　　卯辰巳山，变乙未金运，忌纳音火年月日时，巽戌坎庚运忌用土。

运　　午壬丙乙山，变戊戌木运，忌纳音金年月日时，丑癸坤未山年月日时。

辛亥年开山立向修方月家紧要吉神定局

吉神	正	二	三	四	五	六	七	八	九	十	十一	十二
天尊星	震	巽	乾	兑	艮	离	坎	坤	震	巽	乾	兑
天帝星	兑	乾	巽	震	坤	坎	离	艮	兑	乾	巽	震
罗天进	兑	中	天	天	天	乾	兑	艮	离	坎	坤	震

	立春		春分		立夏		夏至		立秋		秋分		立冬		冬至
乙奇星	乾		坎		坤		坤		巽		离		艮		艮
丙奇星	兑		坤		震		坎		震		艮		兑		离
丁奇星	艮		震		巽		离		坤		兑		乾		坎

吉神	正	二	三	四	五	六	七	八	九	十	十一	十二
一白星	巽	中	乾	兑	艮	离	坎	坤	震	巽	中	乾
六白星	离	坎	坤	震	巽	中	乾	兑	艮	离	坎	坤
八白星	坤	震	巽	中	乾	兑	艮	离	坎	坤	震	巽
九紫星	震	巽	中	乾	兑	艮	离	坎	坤	震	巽	中
飞天德	震	坎	中	巽	坎	中	震	坎	巽	坤	坎	中
飞月德	坤	艮	中	震	兑	中	坤	艮	巽	坎	兑	中
飞天赦	艮	乾	兑	乾	中	坎	艮	兑	乾	震	坤	坎
飞解神	中	乾	兑	中	乾	兑	艮	离	坎	坤	震	巽
壬德星	兑	乾	中	中	巽	震	坤	坎	离	艮	兑	乾
癸德星	艮	兑	乾	中	中	巽	震	坤	坎	离	艮	兑

（续表）

吉神	正	二	三	四	五	六	七	八	九	十	十一	十二
捉煞帝星	卯	辰	巳	午	未	申	酉	戌	亥	子	丑	寅
	乙	巽	丙	丁	坤	庚	辛	乾	壬	癸	艮	甲
	午	未	申	酉	戌	亥	子	丑	寅	卯	辰	巳
	丁	坤	庚	辛	乾	壬	癸	艮	甲	乙	巽	丙
捉财帝星	酉	戌	亥	子	丑	寅	卯	辰	巳	午	未	申
	辛	乾	壬	癸	艮	甲	乙	巽	丙	丁	坤	庚
	子	丑	寅	卯	辰	巳	午	未	申	酉	戌	亥
	癸	艮	甲	乙	巽	丙	丁	坤	庚	辛	乾	壬
飞天禄	震	坤	坎	离	艮	兑	乾	中	兑	乾	中	巽
飞天马	艮	兑	乾	中	兑	乾	中	巽	震	坤	坎	离
催官使	坎	离	艮	兑	坎	离	艮	兑	艮	离	辰	兑
阳贵人	中	兑	乾	中	巽	震	坤	坎	离	艮	兑	乾
阴贵人	离	艮	兑	中	乾	兑	乾	中	巽	震	坤	坎
天寿星	癸丑	震	巽	震	乙辰	离	坤	乙辰	离	坤	兑	乾
天喜星	未	午	巳	辰	卯	寅	丑	子	亥	戌	酉	申
天嗣星	丁未	兑	乾	兑	辛戌	坎	艮	辛戌	坎	艮	震	巽
催官星	丑	未	寅	申	卯	酉	辰	戌	巳	亥	午	子
进禄星	坤	壬亥	巽	坤	壬亥	巽	坤	壬亥	巽	坤	壬亥	巽
天富星	巽	巳丙	离	坤	庚申	兑	乾	壬亥	坎	艮	寅甲	震
天财星	坎	艮	巽	离	坤	乾	坎	艮	巽	离	坤	乾

辛亥年开山立向修方月家紧要凶神定局

凶神	正	二	三	四	五	六	七	八	九	十	十一	十二
天官符	中	兑	乾	中	巽	震	坤	坎	离	艮	兑	乾
地官符	乾	中	兑	乾	中	巽	震	坤	坎	离	艮	兑
罗天退	天	巽	震	坤	坎	离	艮	兑	乾	中	天	天
小儿煞	离	坎	坤	震	巽	中	乾	兑	艮	离	坎	坤
大月建	中	巽	震	坤	坎	离	艮	兑	乾	中	巽	震
正阴府	乾兑	坤坎	离	震	艮巽	乾兑	坤坎	离	震	艮巽	乾兑	坤坎
傍阴府	甲	乙	壬	庚	丙	甲	乙	壬	庚	丙	甲	乙
	丁	癸	寅	亥		丁	癸	寅	亥		丁	癸
	巳	申	寅	亥		巳	申	寅	亥		巳	申
	丑	辰	戌	未	辛	丑	辰	戌	未	辛	丑	辰
月克山	无克	无克	乾	乾	午	午	艮	艮			水	土
	无克	无克	亥	亥	壬	壬	卯	卯	无克	无克	十	三
	无克	无克	兑	兑	丙	丙	卯	卯	无克	无克	十	三
	无克	无克	丁	丁	乙	乙	巳	巳	无克	无克	山	
打头火	乾	中	兑	乾	中	巽	震	坤	坎	离	艮	兑
月游火	坎	坤	震	巽	中	乾	兑	艮	离	坎	坤	震
飞独火	离	艮	兑	乾	中	兑	乾	中	震	巽	坤	坎
顺血刃	坎	坤	震	巽	中	乾	兑	艮	离	坎	坤	震
逆血刃	震	坤	坎	离	艮	兑	乾	中	巽	震	坤	坎

（续表）

凶神	正	二	三	四	五	六	七	八	九	十	十一	十二
月劫煞	亥	申	巳	寅	亥	申	巳	寅	亥	申	巳	寅
月灾煞	子	酉	午	卯	子	酉	午	卯	子	酉	午	卯
月的煞	丑	戌	未	辰	丑	戌	未	辰	丑	戌	未	辰
山朱雀	离	坎坤	巽	乾	艮兑		离震	坎坤	巽	乾	艮兑	
撞命煞	甲	壬	庚	丙	甲	壬	庚	丙	甲	壬	庚	丙
报怨煞	寅	亥	申	巳	寅	亥	申	巳	午	未	申	
剑锋煞	甲	乙	巽	丙	丁	坤	庚	辛	乾	壬	癸	艮
月入座	亥	子	丑	寅	卯	辰	巳	午	未	申	酉	戌
月崩腾	辛	巳	丙	寅	庚	甲	酉	丁	子	丑	坤	乾
流财退	亥	申	巳	寅	卯	午	子	丑	酉	未	辰	戌
丙独火	坤	坎	离	艮	兑	乾			巽	震	坤	坎
丁独火	震	坤	坎	离	艮	兑	乾			巽	震	坤
巡山火	乾	坤	坎	坎	中	震	震	兑	艮	艮	巽	乾
灭门火	癸巳	庚子	乙未	庚寅	丁酉	壬辰	己亥	甲子	辛丑	丙申	辛卯	戊戌
祸凶日	己亥	甲午	辛丑	丙申	辛卯	戊戌	癸巳	庚子	乙未	庚寅	丁酉	壬辰

（49）壬子年

壬子年，通天窍云水之位，煞在南方巳午未。忌壬午丁癸四向，名坐煞、向煞。大利山丑卯甲辛山，艮山葬利，巽山小利修造。作主宜申子辰亥未命，

吉;忌午卯命,凶。罗天退在酉方,忌修造、葬埋,主冷退。九良星占厨、灶,历
云在天;煞在中庭及庙。

壬子年二十四山吉凶神煞

壬子○神后、太乙、太阳、益龙、水轮、巨门、岁月德。

　　　　●傍阴府、翎毛禁向。

子山○紫微、神后、水轮、太乙、太阳、益龙、武曲、巨门。

　　　　●太岁、堆黄煞。

癸山○贪狼、天官、星利、甲星。

　　　　●向煞、头白空亡。

丑山○天皇、太阳、贵人、地财、岁支合、天贵、人仓。

　　　　●大利造葬,吉。

艮山○大吉、功曹、太乙、贵人、武曲、升龙、天道、地财。

　　　　●独火,葬大利。

寅山○大吉、功曹、升龙、太乙、武曲、凤辇、天富。

　　　　●傍阴府、金神七煞、千斤血刃。

甲山○玉皇、进田、天乙、天台、木星。

　　　　●浮天空、入山空、翎毛禁向、六害、皇天炙退、山家火血。

卯山○玉皇、进田、宝台、天乙、天台、太且、左辅。

　　　　●皇天炙退、九天朱雀、金神。

乙山○青龙、天罡、紫檀、天魁、丰龙、房显、左辅。

　　　　●巡山罗睺、皇天炙退、山家九砖、六十年空亡。

辰山○青龙、天罡、天魁、丰龙、左辅、房显、五龙。

　　　　●穿山罗睺、地官府、暗刀煞。

巽山○地皇、天定、左辅、右弼、五龙、金轮、金星。

　　　　●困龙、支神退、五鬼。

巳山○天皇、天定、金轮、金星、岁支德。

　　　　●三煞、朱雀、天禁、净栏煞。

丙山○胜光、天定、宝台、萃龙、水轮、右弼、水星。

　　　　●三煞、翎毛禁向、刀砧。

午山○胜光、天乙、天宝、宝台、萃龙、水轮、右弼。

●三煞、正阴府、岁破、大耗。

丁山○天定、天皇、月德合。

　　　●克山、坐煞、头白空、逆血刃。

未山○黄罗、龙德、武库、进煞。

　　　●三煞、阴中太岁、蚕官。

坤山○迎财、传送、紫檀、壮龙、太阳、武库、天道。

　　　●蚕室、打劫血刃。

申山○迎财、传送、太阳、荣光、支德合、壮龙。

　　　●白虎煞。

庚山○进宝、黄罗、玉后、天乙、天帝、临官。

　　　●入山空、浮天空、翎手、火血、天命煞。

酉山○玉皇、天皇、进宝、朗耀、天禄、天帝、福德。

　　　●克山、罗天大退、天命煞、支神退、入座。

辛山○库珠、河魁、地皇、天乙、泰龙、天福、贪狼、利道。

　　　●六十年空、天命煞、大利方。

戌山○库珠、河魁、天乙、天福、泰龙、贪狼、五库、生煞。

　　　●傍阴府、金神七煞、流财煞。

乾山○天定、太阴、巨门、五库、岁天道、岁天德。

　　　●克山、流财煞、头白空、隐伏血刃、冬至后克山。

亥山○黄罗、天定、太阴、岁德。

　　　●克山、天官符、金神、隐伏血刃、千斤血刃。

山　　酉丁乾亥山,变辛丑土运,忌纳音木年月日时,甲寅辰巽申变甲辰火。

龙　　卯艮巳山,变丁未水运,忌纳音土年月日时,戌坎辛庚运忌用水。

运　　午壬丙乙山,变庚戌金运,忌纳音火年月日时,丑癸坤未山年月日时。

壬子年开山立向修方月家紧要吉神定局

吉神	正	二	三	四	五	六	七	八	九	十	十一	十二
天尊星	艮	离	坎	坤	震	巽	乾	兑	艮	离	坎	坤
天帝星	坤	坎	离	艮	兑	乾	巽	震	坤	坎	离	艮
罗天进	震	巽	中	天	天	天	乾	兑	艮	离	坎	坤

	立春		春分	立夏	夏至		立秋	秋分		立冬	冬至	
乙奇星	中		离	坎	震		中	坎		离	兑	
丙奇星	乾		坎	坤	坤		巽	离		艮	艮	
丁奇星	兑		坤	震	坎		震	艮		兑	离	

吉神	正	二	三	四	五	六	七	八	九	十	十一	十二
一白星	兑	艮	离	坎	坤	震	巽	中	乾	兑	震	离
六白星	震	巽	中	乾	兑	艮	离	坎	坤	艮	巽	中
八白星	中	乾	兑	艮	离	坎	坤	震	巽	中	乾	兑
九紫星	乾	兑	艮	离	坎	坤	震	巽	中	乾	兑	艮
飞天德	坎	坎	巽	坤	坎	震	坎	坎	坤	离	坎	震
飞月德	离	乾	巽	坎	中	震	离	乾	坤	艮	中	震
飞天赦	中	巽	震	离	艮	兑	中	坎	离	离	艮	兑
飞解神	巽	中	乾	兑	中	乾	兑	艮	离	坎	坤	震
壬德星	巽	震	坎	坤	离	艮	兑	中	兑	乾	中	中
癸德星	乾	中	中	巽	震	坤	坎	离	艮	兑	乾	中

（续表）

吉神	正	二	三	四	五	六	七	八	九	十	十一	十二
捉煞帝星	卯	辰	巳	午	未	申	酉	戌	亥	子	丑	寅
	乙	巽	丙	丁	坤	庚	辛	乾	壬	癸	艮	甲
	午	未	申	酉	戌	亥	子	丑	寅	卯	辰	巳
	丁	坤	庚	辛	乾	壬	癸	艮	甲	乙	巽	酉
捉财帝星	酉	戌	亥	子	丑	寅	卯	辰	巳	午	未	申
	辛	乾	壬	癸	艮	甲	乙	巽	丙	丁	坤	庚
	子	丑	寅	卯	辰	巳	午	未	申	酉	戌	亥
	癸	艮	甲	乙	巽	丙	丁	坤	庚	辛	乾	壬
飞天禄	中	巽	震	坤	坎	离	艮	兑	乾	中	兑	乾
飞天马	中	兑	乾	中	巽	震	坤	坎	离	艮	兑	乾
催官使	艮	兑	乾	兑	乾	中	艮	兑	乾	中	兑	乾
阳贵人	乾	中	兑	乾	中	巽	震	坤	坎	离	艮	兑
阴贵人	艮	兑	乾	中	兑	乾	中	巽	震	坤	坎	离
天寿星	癸丑	震	巽	震	乙辰	离	坤	乙辰	离	坤	兑	乾
天喜星	未	午	巳	辰	卯	寅	丑	子	亥	戌	酉	申
天嗣星	丁未	兑	乾	兑	辛戌	坎	艮	辛戌	坎	艮	震	巽
催官星	丑	未	寅	申	卯	酉	辰	戌	巳	亥	午	子
进禄星	坤	亥壬	巽	坤	亥壬	巽	坤	亥壬	巽	坤	亥壬	巽
天富星	巽	巳丙	离	坤	申庚	兑	乾	亥壬	坎	艮	寅甲	辰
天财星	坎	艮	巽	离	坤	乾	坎	艮	巽	离	坤	乾

壬子年开山立向修方月家紧要凶神定局

凶神	正	二	三	四	五	六	七	八	九	十	十一	十二
天官符	中	巽	震	坤	坎	离	坤	坎	乾	艮	坤	坎
地官符	兑	乾	中	兑	乾	中	巽	震	坎	坤	离	艮
罗天退	天	天	巽	震	坤	坎	离	艮	兑	乾	中	天
小儿煞	中	乾	兑	艮	离	坎	坤	震	巽	中	乾	兑
大月建	坤	坎	离	艮	兑	乾	中	巽	震	坤	坎	离
正月府	离	震	艮巽	乾兑	坤坎	离	震	艮巽	乾兑	坤坎	离	震
傍阴府	壬	庚	丙	甲	乙	壬	庚	丙	甲	乙	壬	庚
	寅	亥		丁	癸	寅	亥		丁	癸	寅	亥
	寅	亥		巳	申	寅	亥		巳	申	寅	亥
	戌	未	辛	丑	辰	戌	未	辛	丑	辰	戌	未
月克山	无克	无克	离	离	水	土	震	震	无克	无克	乾	冬至
	无克	无克	壬	壬	十	三	艮	艮	无克	无克	亥	后
	无克	无克	丙	丙	十	三	艮	艮	无克	无克	兑	克
	无克	无克	乙	乙	山				无克	无克	丁	十三山
打头火	乾	中	巽	震	坤	坎	离	艮	兑	乾	中	兑
月游火	艮	离	坎	坤	震	巽	中	乾	兑	艮	离	坎
飞独火	乾	中	兑	乾	中	巽	震	坤	坎	离	艮	兑
顺血刃	震	巽	中	乾	兑	艮	离	坎	坤	震	巽	中
逆血刃	中	巽	震	坤	坎	离	艮	兑	乾	中	巽	震

（续表）

凶神	正	二	三	四	五	六	七	八	九	十	十一	十二
月劫煞	亥	申	巳	寅	亥	申	巳	寅	亥	申	巳	寅
月灾煞	子	酉	午	卯	子	酉	午	卯	子	酉	午	卯
月的煞	丑	戌	未	辰	丑	戌	未	辰	丑	戌	未	辰
山朱雀	离	坎坤	巽	乾	艮兑		震离	坎坤	巽	乾	艮兑	
撞命煞	甲	壬	庚	丙	甲	壬	庚	丙	甲	壬	庚	丙
报怨煞	寅	亥	申	巳	寅	亥	申	巳	寅	亥	申	巳
剑锋煞	甲	乙	巽	丙	丁	坤	庚	辛	乾	壬	癸	艮
月入座	亥	子	丑	寅	卯	辰	巳	午	未	申	酉	戌
月崩腾	辛	巳	丙	寅	子	丑	坤	乾	庚	甲	酉	丁
流财退	亥	申	巳	寅	卯	子	午	酉	丑	未	辰	戌
丙独火	离	艮	兑	乾			巽	震	坤	坎	离	艮
丁独火	坎	离	艮	兑	乾			巽	震	坤	坎	离
巡山火	乾	坤	坎	坎	中	震	震	兑	艮	艮	巽	乾
灭门火	乙巳	壬午	丁未	壬寅	己酉	甲辰	辛亥	丙午	癸丑	戊申	癸卯	庚戌
祸凶日	辛亥	丙午	癸丑	戊申	庚卯	乙戌	壬巳	丁子	壬未	己寅	甲酉	巽辰

（50）癸丑年

癸丑年，通天窍云金之位，煞在东方寅卯辰。忌甲庚乙辛四向，名坐煞、向煞。大利山丙午丁乾亥山，壬山小利修造。作主利亥卯未生命，吉；忌丑未生命,不用。罗天退在酉山,忌修造、葬埋,主退财,凶。九良星占僧堂、寺观、城隍、社庙;煞在厨房。

癸丑年二十四山吉凶神煞

壬山○进田、紫檀、天定、太阴、五库、人道、利道。

　　　●巡山罗睺、六害、小利方。

子山○紫微、进田、天定、太阴、支德合。

　　　●克山、金神七煞、皇天灸退。

癸山○青龙、功曹、益龙、水轮、太乙、太阳、贪狼。

　　　●克山、皇天灸退。

五山　青龙、功曹、地黄、益龙、水轮、太乙、太阳、贪狼。

　　　●克山、太岁、金神、隐伏血刃。

艮山○黄罗、左辅、武曲。

　　　●六十年空亡、坐山罗睺、五鬼、打劫血刃。

寅山○紫檀、太乙、太阳、贵人。

　　　●三煞、克山、穿山罗睺。

甲山○天罡、天定、升龙、巨门、贵人、岁天道。

　　　●克山、坐煞、困龙、翎毛、刀砧、天命煞。

卯山○天罡、天定、宝台、升龙、巨门、右弼。

　　　●三煞、正阴府、独火、天禁、朱雀、五鬼、头白空。

乙山○玉皇、天台、天乙、木星、天德合。

　　　●浮天空、入山空、头白空亡、坐煞、火血天命。

辰山○玉皇、天乙、天台、木星。

　　　●克山、三煞、千斤血刃。

巽山○迎财、胜光、天皇、地魁、丰龙、贪狼、武曲。

　　　●克山、支神退、土皇煞。

巳山○迎财、胜光、地皇、丰龙、天魁、武龙、武曲。

　　　●地官符、千斤血刃、地太岁。

丙山○进宝、黄罗、天定、金轮、金星、五龙、人道、利道、驿马。

　　　●大利方。

午山○进宝、紫檀、天乙、天定、金轮、武曲、金星、岁支德。

　　　●阴中太岁。利方。

丁山○库珠、传送、地皇、天乙、萃龙、宝台、水轮、水星、左辅。

　　　●翎毛、大利方。

未山○库珠、传送、天乙、萃龙、宝台、左辅、水轮。

　　　●克山、傍阴府、岁破、流财煞、蚕官。

坤山○左辅、贪狼、右弼。

　　　●克山、六十年空亡、蚕室。

申山○荣光、龙德、武库、岁道。

　　　●克山、天官符、金神、流财煞。

庚山○河魁、壮龙、右弼、武库、岁天道、岁天德。

　　　●克山、傍阴府、向煞、翎毛、刀砧。

酉山○河魁、地皇、朗耀、壮龙、右弼。

　　　●金神七煞、白虎煞、支神退。

辛山○玉皇、天皇、天乙、天命。

　　　●克山、入山空、头白空亡、向煞、翎毛禁向、火血。

戌山○玉皇、天帝、紫檀、福德、天乙、人仓。

　　　●克山、九天朱雀。

乾山○大吉神、后、天福、太乙、太阳、太龙、武曲。

　　　●逆血刃、大利方。

亥山○大吉、神后、太乙、天福、太阳、五库。

　　　●傍阴府。

山　　酉丁乾亥山,变癸丑木运,忌纳音金年月日时,甲寅辰巽申变丙
　　　辰土。

龙　　卯艮巳山,变己未火运,忌纳音水年月日时,戌坎辛庚运忌用木。

运　　午壬丙乙山,变壬戌水运,忌纳音土年月日时,丑癸坤未山年月
　　　日时。

癸丑年开山立向修方月家紧要吉神定局

吉神	正	二	三	四	五	六	七	八	九	十	十一	
天尊星	离	坎	坤	震	艮	巽	乾	兑	艮	离	坎	坤
天帝星	坤	坎	离	艮	兑	乾	巽	震	坤	坎	离	艮
罗天进	坤	震	巽	中	天	天	天	乾	兑	艮	离	坎

	立春	春分	立夏	夏至	立秋	秋分	立冬	冬至
乙奇星	巽	艮	离	巽	乾	坤	坎	乾
丙奇星	中	离	坎	震	中	坎	离	兑
丁奇星	乾	坎	坤	坤	巽	离	艮	艮

吉神	正	二	三	四	五	六	七	八	九	十	十一	
一白星	坎	坤	震	巽	中	乾	兑	艮	离	坎	坤	震
六白星	乾	兑	艮	离	坎	坤	震	巽	中	乾	兑	艮
八白星	艮	离	坎	坤	震	巽	中	兑	乾	艮	离	坎
九紫星	离	坎	坤	震	巽	中	乾	兑	艮	离	坎	坤
飞天德	艮	坎	坤	离	坎	坎	艮	坎	离	兑	坎	坎
飞天赦	坤	坎	离	乾	中	巽	艮	兑	乾	乾	中	坎
飞解神	震	巽	中	乾	兑	乾	中	兑	艮	离	坎	坤
壬德星	巽	震	坤	坎	离	艮	兑	乾	中	中	巽	震
癸德星	中	巽	震	坤	坎	离	艮	兑	乾	中	中	巽

（续表）

吉神	正	二	三	四	五	六	七	八	九	十	十一	十二
捉煞帝星	卯	辰	巳	午	未	甲	酉	戌	亥	子	丑	寅
	乙	巽	丙	丁	癸	艮	辛	乾	壬	坤	庚	甲
	午	未	申	酉	戌	亥	子	丑	寅	卯	辰	巳
	丁	坤	庚	辛	乾	壬	癸	艮	甲	乙	巽	丙
捉财帝星	酉	戌	亥	子	丑	寅	卯	辰	巳	午	未	申
	辛	乾	壬	癸	艮	甲	乙	巽	丙	丁	坤	庚
	子	丑	寅	卯	辰	巳	午	未	申	酉	辛	亥
	癸	艮	甲	乙	巽	丙	丁	坤	庚	辛	乾	壬
飞天禄	乾	中	巽	震	坤	坎	离	艮	兑	乾	中	兑
飞天马	中	巽	震	坤	坎	离	艮	兑	乾	中	兑	乾
催官使	乾	中	中	中	中	巽	乾	中	中	中	中	巽
阳贵人	艮	兑	乾	中	兑	乾	中	巽	震	坤	坎	离
阴贵人	乾	中	兑	乾	中	巽	震	坤	坎	离	艮	兑
天寿星	癸丑	震	巽	震	乙辰	离	坤	乙辰	离	坤	兑	乾
天喜星	未	午	巳	辰	卯	寅	丑	子	亥	戌	酉	申
天嗣星	丁未	兑	乾	兑	辛戌	坎	艮	辛戌	坎	艮	震	巽
催官星	丑	未	寅	申	卯	酉	辰	戌	巳	亥	午	子
进禄星	坤	亥壬	巽	坤	亥壬	巽	坤	亥壬	巽	坤	亥壬	巽
天富星	巽	巳丙	离	坤	申庚	兑	乾	亥壬	坎	巽	寅甲	震
天财星	坎	艮	巽	离	坤	乾	坎	艮	巽	离	坤	乾

783

癸丑年开山立向修方月家紧要凶神定局

凶神	正	二	三	四	五	六	七	八	九	十	十一	十二
天官符	坎	离	艮	兑	乾	中	兑	乾	中	巽	震	坤
地官符	艮	兑	乾	中	兑	乾	中	巽	震	坤	坎	离
罗天退	天	天	天	巽	震	坤	坎	离	艮	兑	乾	中
小儿煞	离	坎	坤	震	巽	中		兑	艮	离	坎	坤
大月建	艮	兑	乾	中	巽	震		坎	离	艮	兑	乾
正阴府	艮巽	乾兑	坤坎	离	震	艮巽	乾兑	坤坎	离	震	艮巽	乾兑
傍阴府	甲	申	壬	庚	丙	甲	申	壬	庚	丙	甲	申
		丁	癸	寅	亥		丁	癸	寅	亥		丁
		巳	乙	寅	亥		巳	乙	寅	亥		巳
	辛	丑	辰	戌	未	辛	丑	辰	戌	未	辛	丑
月克山	艮	离	震	震	无克	无克	水	土	艮	艮	无克	无克
	震	艮	壬	壬	无克	无克	十	三	震	巳	无克	无克
	震	艮	丙	丙	无克	无克	十	三	震	巳	无克	无克
	巳	巳	乙	乙	无克	无克	山		巳	震	无克	无克
打头火	震	坤	坎	离	艮	兑	乾	中	兑	乾	中	巽
月游火	艮	离	坎	坤	震	巽	中	乾	兑	艮	离	坎
飞独火	乾	中	巽	震	坤	坎	离	艮	兑	乾	中	兑
顺血刃	离	震	坤	震	巽	中	乾	兑	艮	离	坎	坤
逆血刃	坤	巽	离	艮	兑	乾	中	巽	震	坤	坎	离

（续表）

凶神	正	二	三	四	五	六	七	八	九	十	十一	十二
月劫煞	亥	中	己	寅	亥	申	巳	寅	亥	申	巳	寅
月灾煞	子	酉	午	卯	子	酉	午	卯	子	酉	午	卯
月的煞	丑	戌	未	辰	丑	戌	未	辰	丑	戌	未	辰
山朱雀	离	坎坤	巽	乾	艮兑		震离	坎坤	巽	乾	艮兑	
撞命煞	甲	壬	庚	丙	甲	壬	庚	丙	甲	壬	庚	丙
报怨煞	寅	亥	申	巳	寅	亥	申	巳	寅	亥	申	巳
剑锋煞	甲	乙	巽	丙	丁	坤	庚	辛	乾	壬	癸	艮
月入座	亥	子	丑	寅	卯	辰	巳	午	未	申	酉	戌
月崩腾	辛	己	丙	寅	庚	甲	酉	丁	子	丑	坤	乾
流财退	亥	申	巳	寅	卯	午	子	酉	丑	未	辰	戌
丙独火	兑	乾			巽	震	坤	坎	离	艮	兑	乾
丁独火	艮	兑	乾			巽	震	坤	坎	离	艮	兑
巡山火	乾	坤	坎	坎	中	卯	卯	酉	艮	艮	巽	乾
灭门火	丁巳	甲子	己未	甲寅	辛酉	癸辰	戊亥	乙午	庚丑	乙申	壬卯	癸戌
祸凶日	癸亥	戊午	乙丑	庚申	乙卯	壬戌	丁巳	甲子	己未	申寅	辛酉	丙辰

（51）甲寅年

甲寅年，通天窍云火之位，煞在北方亥子丑。忌丙壬丁癸四向，名坐煞、向煞。大利山甲庚坤辰，小利山寅卯未申戌乾，修造，吉。作宜寅午戌亥卯未生命,吉;忌巳申生命,凶。罗天退在子方,忌修造,葬埋,主退财,凶。九良星占桥、井、门路;煞在后堂并水午丑亥方。

甲寅年二十四吉凶神煞

壬山〇功曹、紫檀、天福、天定、右弼。

　　　　●浮天空、入山空、白空亡、克山、坐煞、翎毛。

子山〇功曹、紫微、天定、天福、金轮、右弼、五库。

　　　　●三煞、罗天大退、支神退、流财煞。

癸山〇天命、太阴、五库、岁天道、人道。

　　　　●坐煞、入山刀砧。

丑山〇天定、地皇、太阴。

　　　　●三煞、千斤血刃、流财退。

艮山〇迎财、天罡、黄罗、太龙、武曲、太阳、太乙、水轮。

　　　　●正阴府、巡山罗睺。

寅山〇迎财、天罡、黄罗、紫檀、太乙、泰龙、水轮、太阳、岁禄。

　　　　●太岁、堆黄煞、小利方。

甲山〇进宝岁、干德、左辅、右弼。

　　　　●逆血刃、刀砧、大利方。

卯山〇进宝、太阳、贪狼、贵人、天贵、天禄。

　　　　●独火、葬大利。

乙山〇库珠、胜光、天乙、贪狼、益龙、贵人、天道。

　　　　●克山

辰山〇库珠、胜光、天乙、贪狼、益龙、进爵、天富。

　　　　●戊己煞,大利造葬。

巽山〇玉皇、天皇、天台、天乙巨门。

　　　　●正阴府、隐伏血刃、五鬼。

巳山〇玉皇、地皇、天乙、天台、太阴。

　　　　●天官符、阴中太岁。

丙山〇传送、黄罗、天魁、升龙、巨门。

　　　　●无克山、傍阴府、向煞、翎毛禁向、头白空、入山空、六十年空。

午山〇传送、紫檀、天魁、天乙、升龙、巨五龙、岁天道。

　　　●克山、地官符、头白空亡。

丁山○地皇、天定、金轮、金星、五龙、岁天道、天德、人道。

　　　●向煞、入山刀砧。

未山○天定、金轮、金星、人仓、岁支德、天乙、贵人、天喜、天财。

　　　●金神七煞、小耗、小利方。

坤山○大吉、河魁、宝台、天乙、丰龙、天库、少微、右弼、福德、进禄、水轮、
　　　水星、武曲、天华。

　　　●利造葬。

申山○大吉、河魁、太乙、荣光、宝台、水轮、水星、武曲、丰龙。

　　　●岁破、金神、千斤血刃、小利方。

庚山○进田、驿马临官、贵人。

　　　●山家刀砧、六害、大利方。

西山○进田、地皇、朗耀、龙德、武库、天官、贵人。

　　　●皇天灸退、金神七煞。

辛山○青龙、神后、紫檀、萃龙、左辅。

　　　●困龙、隐伏血刃、蚕室、千斤血刃。

戌山○天帝、神后、天皇、萃龙、左辅、武库、月德合、天道。

　　　●傍阴府、皇天灸退。

乾山○天帝、天乙、天吊、玉皇、凤辇、左辅。

　　　●穿山罗睺、白虎侯、白虎煞、蚕官、天命煞。

亥山○玉皇、天乙、天帝、福德、岁支合。

　　　●三煞、天禁、朱雀、暗刀煞、天命、入座、蚕室。

山	丁酉乾亥山,变乙丑金运,忌纳音火年月日时,甲巽辛癸申变戊辰木。
龙	卯辰巳山,变壬未土运,忌纳音木年月日时,寅戌甲庚运忌用金。
运	午壬丙乙山,变甲戌火运,忌纳音水年月日时,辰坎丑未山年月日时。

甲寅年开山立向修方月家紧要吉神定局

吉神	正	二	三	四	五	六	七	八	九	十	十一	十二
天尊星	艮	离	坎	坤	震	巽	乾	兑	艮	离	坎	坤
天帝星	坤	坎	离	艮	兑	乾	巽	震	坤	坎	离	艮
罗天进	坎	坤	震	巽	中	乾	天	天	天	兑	艮	离

吉神	立春	春分	立夏	夏至	立秋	秋分	立冬	冬至
乙奇星	巽	艮	离	巽	乾	坤	坎	乾
丙奇星	巽	艮	离	巽	乾	坤	坎	乾
丁奇星	中	离	坎	震	中	坎	离	兑

吉神	正	二	三	四	五	六	七	八	九	十	十一	十二
一白星	巽	中	乾	兑	艮	离	坎	坤	震	巽	中	乾
六白星	离	坎	坤	震	巽	中	乾	兑	艮	离	坎	坤
八白星	坤	震	巽	中	乾	兑	艮	离	坎	坤	震	巽
九紫星	震	巽	中	乾	兑	艮	离	坎	坤	震	巽	中
飞天德	乾	坎	离	兑	坎	艮	乾	坎	兑	中	坎	艮
飞月德	中	震	离	乾	坤	艮	中	震	兑	中	坤	艮
飞天赦	艮	兑	乾	离	坤	坎	中	巽	震	坤	艮	兑
飞解神	坤	震	巽	中	乾	兑	中	乾	兑	艮	离	坎
壬德星	坤	坎	离	艮	兑	乾	中	中	巽	震	坤	坎
癸德星	震	坤	坎	离	艮	兑	乾	中	艮	巽	震	坤

（续表）

吉神	正	二	三	四	五	六	七	八	九	十	十一	十二
捉煞帝星	卯	辰	巳	午	未	申	酉	戌	亥	子	丑	寅
	乙	巽	丙	丁	坤	庚	辛	乾	壬	癸	艮	甲
	丁	坤	庚	辛	乾	壬	癸	艮	甲	乙	巽	丙
	丁	坤	庚	辛	乾	壬	癸	艮	甲	乙	巽	丙
捉财帝星	酉	戌	亥	子	丑	寅	卯	辰	巳	午	未	申
	辛	乾	壬	癸	艮	甲	乙	巽	丙	丁	坤	庚
	子	丑	寅	卯	辰	巳	午	未	申	酉	戌	亥
	癸	艮	甲	乙	巽	丙	丁	坤	庚	辛	乾	壬
飞天禄	中	兑	乾	中	巽	震	坤	坎	离	艮	兑	乾
飞天马	坤	坎	离	艮	兑	乾	中	兑	乾	中	巽	震
催官使	中	巽	震	巽	震	坤	中	巽	震	巽	震	坤
阳贵人	坎	离	艮	兑	乾	中	兑	乾	中	巽	震	坤
阴贵人	兑	乾	中	巽	震	坤	坎	离	艮	兑	乾	中
天寿星	癸丑	震	巽	震	乙辰	离	坤	乙辰	离	坤	兑	乾
天喜星	未	午	巳	辰	卯	寅	丑	子	亥	戌	酉	申
天嗣星	丁未	兑	乾	兑	辛戌	坎	艮	辛戌	坎	艮	震	巽
催官星	丑	未	寅	申	卯	午	子	酉	辰	戌	巳	亥
进禄星	坤	亥壬	巽	坤	亥壬	巽	坤	亥壬	巽	坤	亥壬	巽
天富星	巽	巳丙	离	坤	申庚	兑	乾	亥壬	坎	艮	寅甲	震
天财星	坎	艮	巽	离	坤	乾	坎	艮	巽	离	坤	乾

甲寅年开山立向修方月家紧要凶神定局

凶神	正	二	三	四	五	六	七	八	九	十	十一	十二
天官符	艮	兑	乾	中	兑	乾	中	巽	震	坤	坎	离
地官符	离	艮	兑	乾	中	兑	乾	中	巽	震	坤	坎
罗天退	中	天	天	天	巽	震	坤	坎	离	艮	兑	乾
小儿煞	中	乾	兑	艮	离	坎	坤	震	巽	中	乾	兑
大月建	艮	兑	乾	中	巽	震	坤	坎	离	艮	兑	乾
正阴府	坤坎	离	震	艮巽	乾兑	坤坎	离	震	艮巽	乾兑	坤坎	离
傍阴府	乙	壬	庚	丙	甲	乙	壬	庚	丙	甲	乙	壬
	癸	寅	亥		丁	癸	寅	亥		丁	癸	寅
	申	寅	亥		巳	申	寅	亥		巳	申	寅
	辰	戌	未	辛	丑	辰	戌	未	辛	丑	辰	戌
月克山	乾	乾	震	震	无克	无克	水	水	乾	乾	离	离
	亥	亥	艮	艮	无克	无克	土	土	亥	亥	壬	壬
	兑	兑	艮	艮	无克	无克	十三	十三	丁	丁	丙	丙
	丁	丁	巳	巳	无克	无克	山	山	兑	兑	乙	乙
打头火	离	艮	兑	乾	中	兑	乾	中	巽	震	坤	坎
月游火	震	巽	中	乾	兑	艮	离	坎	坤	震	巽	中
飞独火	震	坤	坎	离	艮	兑	乾	中	兑	乾	中	巽
顺血刃	兑	艮	离	坎	坤	震	巽	中	乾	兑	艮	离
逆血刃	离	艮	兑	乾	中	巽	震	坤	坎	离	艮	兑

（续表）

凶神	正	二	三	四	五	六	七	八	九	十	十一	十二
月劫煞	亥	申	巳	寅	亥	申	巳	寅	亥	申	巳	寅
月灾煞	子	酉	午	卯	子	酉	午	卯	子	酉	午	卯
月的煞	丑	戌	未	辰	丑	戌	未	辰	丑	戌	未	辰
山朱雀	离	坎坤	巽	乾	艮兑		震离	坎坤	巽	乾	艮兑	
撞命煞	甲	壬	庚	丙	甲	壬	庚	丙	甲	壬	庚	丙
报怨煞	寅	亥	申	巳	寅	亥	申	巳	寅	亥	申	巳
剑锋煞	甲	乙	巽	丙	丁	坤	庚	辛	乾	壬	癸	艮
月入座	亥	子	丑	寅	卯	辰	巳	午	未	申	酉	戌
月崩腾	辛	巳	丙	寅	庚	甲	酉	丁	子	丑	坤	乾
流财退	亥	申	巳	寅	卯	午	子	酉	丑	未	辰	戌
丙独火			巽	震	坤	坎	离	艮	兑	乾		
丁独火	乾			巽	震	坤	坎	离	艮	兑	乾	
巡山火	乾	坤	坎	坎	中	卯	卯	酉	艮	艮	巽	乾
灭门火	己巳	丙子	辛未	丙寅	癸酉	戊辰	乙亥	庚午	丁丑	壬申	丁卯	甲戌
祸凶日	乙亥	庚午	丁丑	壬申	丁卯	甲戌	己巳	丙子	辛未	丙寅	癸酉	戊辰

（52）乙卯年

乙卯年，通天窍云木之位，煞在西方申酉戌。忌甲庚乙辛四向，名坐煞、向煞。大利山壬艮巽丙坤亥辰，修造吉。作主利寅午戌亥卯未命，吉；忌子酉生命,凶。罗天退在震山,忌修造、安葬,主退财,凶。九良星占道观、在天煞、在后堂、后门、寺观庙。

乙卯年二十四山吉凶神煞

壬山○玉皇、天皇、进宝、天帝、天乙、驿马临官、右弼。

　　　●翎毛、值山血刃。

子山○玉皇、进宝、天帝、天乙、福德、右弼。

　　　●独火、头白空、隐伏血刃、支神退、九天朱雀。

癸山○库珠、天罡、天乙、天福、壮龙、左辅。

　　　●浮天空、入山空、头白空、六十年空亡、火血。

丑山○库珠、天罡、天福、天乙、左辅、壮龙、五库。

　　　●傍阴府、孙钟仙血刃、流财退。

艮山○岁天道、人道、水轮、五库、科甲、天禄星、紫微星。

　　　●五鬼、大利方。

寅山○天皇、宝台、朗耀、水轮。

　　　●天官符、千斤血刃。

甲山○天皇、宝台、黄罗、泰龙、水轮、右弼、金轮、水星。

　　　●傍阴府、向煞、巡山罗睺。

卯山○胜光、荣光、泰龙、天定、金轮、巨门、水轮。

　　　●罗天大退、支神退、太岁、年官符。

乙山○天定、地皇、金轮、金星。

　　　●坐煞、向煞。

辰山○太阳、金轮、金星、贵人、进爵、天富。

　　　●金神、阴中太岁。

巽山○玉皇、大吉、传送、紫檀、太乙、益龙、太阳、贵人。

　　　●太金星。

巳山○大吉、传送、玉皇、天乙、太乙、益龙、太阳。

　　　●傍阴府、金神七煞、天命煞。

丙山○进田、玉皇、天乙、天台、木星、驿马临官、青龙、生气。

　　　●翎毛、六害、大利方。

午山○玉皇、天皇、进田、天台、太阴、左辅。

●皇天灸退、坐山罗睺、天命煞。

丁山○青龙、河魁、天魁、贪狼、升龙、房显。

　　●冬至后克山、傍阴府、头白空、入山空、火血刀砧、六十年空。

未山○青龙、河魁、升龙、贪狼、五龙。

　　●地官符、隐伏血刃、天命煞。

坤山○地皇、太乙、贪狼、岁天德、岁天道、人道、五龙。

　　●打劫血刃、天命煞、大利方。

申山○宝台、太乙、水轮、岁支德。

　　●三煞、穿山罗睺、小耗。

庚山○神后、天定、丰龙、巨门、水轮、太阳、太乙。

　　●困龙、坐煞、向煞、入山、刀砧。

酉山○神后、太乙、天定、丰龙、武曲、巨门、太阳。

　　●三煞、正阴府、岁破、天禁、朱雀、冬至后克山。

辛山○紫檀、天定、太阴。

　　●坐煞、入山刀砧。

戌山○天皇、天定、龙德、五龙、太阴。

　　●三煞、蚕宫、蚕命。

乾山○迎财、功曹、黄罗、萃龙、武曲。

　　●正阴府、血刃、蚕官、冬至后克山。

亥山○玉皇、紫微、迎财、功曹、萃龙、武曲。

　　●白虎煞、千斤血刃,冬至后克山;冬至前大利。

山　　酉丁乾亥山,变丁丑水运,忌纳音土年月日时,甲寅辰辛申变庚辰金。

龙　　卯艮巳山,变癸未木运,忌纳音金年月日时,巽戌坎庚运忌用火。

运　　午壬丙乙山,变丙戌土运,忌纳音木年月日时,丑癸坤未山年月日时。

乙卯年开山立向修方月家紧要吉神定局

吉神	正	二	三	四	五	六	七	八	九	十	十一	十二
天尊星	震	巽	坎	艮	兑	艮	离	坎	坤	震	巽	中
天帝星	兑	乾	巽	震	坤	坎	离	艮	兑	乾	巽	震
罗天进	离	坎	坤	震	巽	中	天	天	天	乾	兑	艮

	立春	春分	立夏	夏至	立秋	秋分	立冬	冬至
乙奇星	震	兑	艮	中	兑	震	坤	中
丙奇星	巽	艮	离	巽	乾	坤	坎	乾
丁奇星	中	离	坎	震	中	坎	离	兑

吉神	正	二	三	四	五	六	七	八	九	十	十一	十二
一白星	兑	艮	离	坎	坤	震	巽	中	乾	兑	艮	离
六白星	震	巽	中	乾	兑	艮	离	坎	坤	震	巽	中
八白星	中	乾	兑	艮	离	坎	坤	震	巽	中	乾	兑
九紫星	乾	兑	艮	离	坎	坤	震	巽	乾	兑	艮	艮
飞天德	中	坎	兑	中	坎	乾	中	坎	中	巽	坎	乾
飞月德	巽	坎	兑	中	离	乾	巽	坎	中	震	乾	离
飞天赦	中	坎	离	乾	艮	兑	坤	坎	离	乾	中	巽
飞解神	坎	坤	震	巽	中	乾	兑	中	乾	兑	艮	离
壬德星	坎	艮	兑	乾	中	中	巽	震	坤	坎	离	艮
癸德星	中	离	艮	兑	乾	中	中	巽	震	坤	坎	离

（续表）

吉神	正	二	三	四	五	六	七	八	九	十	十一	十二
捉煞帝星	卯	辰	巳	午	未	申	酉	戌	亥	子	丑	寅
	乙	巽	丙	丁	坤	庚	辛	乾	壬	癸	艮	甲
	午	未	申	酉	戌	亥	子	丑	寅	卯	辰	巳
	丁	坤	庚	辛	乾	壬	癸	艮	甲	乙	巽	丙
捉财帝星	酉	戌	亥	子	丑	寅	卯	辰	巳	午	未	申
	辛	乾	壬	癸	艮	甲	乙	巽	丙	丁	坤	庚
	子	丑	寅	卯	辰	巳	午	未	申	酉	戌	亥
	癸	艮	甲	乙	巽	丙	丁	坤	庚	辛	乾	壬
飞天禄	乾	中	兑	乾	中	巽	震	坤	坎	离	艮	兑
飞天马	艮	兑	乾	中	兑	乾	中	巽	震	坤	坎	离
催官使	震	坤	坎	离	艮	兑	乾	中	坎	震	坎	离
阳贵人	坤	坎	离	艮	兑	乾	中	兑	乾	中	巽	震
阴贵人	乾	中	巽	震	坤	坎	离	艮	兑	乾	中	兑
天寿星	未	午	巳	辰	卯	寅	丑	子	亥	戌	酉	申
天喜星	癸丑	震	巽	震	乙辰	离	坤	乙辰	离	坤	兑	乾
天嗣星	丁未	兑	乾	兑	辛戌	坎	艮	辛戌	坎	艮	震	巽
催官星	丑	未	寅	申	卯	酉	辰	戌	巳	亥	午	子
进禄星	坤	亥壬	巽	坤	亥壬	巽	坤	亥壬	巽	坤	亥壬	巽
天富星	巽	巳丙	离	坤	申庚	兑	乾	亥壬	坎	艮	寅申	震
天财星	坎	艮	巽	离	坤	乾	坎	艮	巽	离	坤	乾

乙卯年开山立向修方月家紧要凶神定局

凶神	正	二	三	四	五	六	七	八	九	十	十一	十二
天官符	中	兑	乾	中	巽	震	坤	坎	离	艮	兑	乾
地官符	坎	离	艮	兑	乾	中	兑	乾	中	巽	震	坤
罗天退	乾	中	天	天	天	巽	震	坤	坎	离	坎	坤
小儿煞	离	坎	坤	震	巽	中	乾	兑	艮	离	坎	坤
大月建	中	巽	震	坤	坎	离	艮	兑	乾	中	巽	震
正阴府	震	艮巽	乾兑	坤坎	离	震	艮巽	乾兑	坤坎	离	震	艮巽
傍阴府	庚	丙	甲	乙	壬	庚	丙	甲	乙	壬	庚	丙
	亥		丁	癸	寅	亥		丁	癸	寅	亥	
	亥		巳	申	寅	亥		巳	申	寅	亥	
	未	辛	丑	辰	戌	未	辛	丑	辰	戌	未	辛
月克山	乾	乾	震	震	离	离	无克	无克	乾	乾	水	土
	亥	亥	艮	艮	壬	壬	无克	无克	亥	亥	十	三
	兑	兑	艮	艮	丙	丙	无克	无克	兑	兑	十	三
	丁	丁	巳	巳	乙	乙	无克	无克	丁	丁	山	
打头火	乾	中	兑	乾	中	巽	震	坤	坎	离	艮	兑
月游火	巽	中	乾	兑	艮	离	坎	坤	震	巽	中	乾
飞独火	离	艮	兑	乾	中	兑	乾	中	巽	震	坤	坎
顺血刃	巽	中	乾	兑	艮	离	坎	坤	震	巽	中	乾
逆血刃	乾	中	巽	震	坤	坎	离	艮	兑	乾	中	巽

（续表）

凶神	正	二	三	四	五	六	七	八	九	十	十一	十二
月劫煞	亥	申	巳	寅	亥	申	巳	寅	亥	申	己	寅
月灾煞	子	酉	午	卯	子	酉	午	卯	子	酉	午	卯
月的煞	丑	戌	未	辰	丑	戌	未	辰	丑	戌	未	辰
山朱雀	离	坎坤	巽	乾	艮兑		震离	坎坤	巽	乾	艮兑	
撞命煞	甲	壬	庚	丙	甲	壬	庚	丙	甲	壬	庚	丙
报怨煞	甲	乙	巽	丙	丁	坤	庚	辛	乾	壬	癸	艮
剑锋煞	寅	亥	申	巳	寅	亥	申	巳	寅	亥	申	巳
月入座	亥	子	丑	寅	卯	辰	巳	午	未	申	酉	戌
月崩腾	辛	巳	丙	寅	庚	甲	酉	丁	子	丑	坤	乾
流财退	亥	申	巳	寅	亥	申	巳	寅	丑	未	辰	戌
丙独火	巽	震	坤	坎	离	艮	兑	乾			巽	震
丁独火		巽	震	坤	坎	离	艮	兑	乾			巽
巡山火	乾	坤	坎	坎	中	震	震	兑	艮	艮	巽	乾
灭门火	辛巳	戊午	癸未	戊寅	乙酉	庚辰	丁亥	壬午	己丑	申申	己卯	丙戌
祸凶日	丁亥	壬午	己丑	甲申	己卯	丙戌	辛巳	戊子	癸未	戊寅	乙酉	庚辰

（53）丙辰年

　　丙辰年,通天窍云水之位,煞在南方巳午未。忌丙午壬丁癸四向,名坐煞、向煞。大利山乾兑,小利卯山,修造,吉。作主宜寅午巳酉生命,吉;忌丑戌生人,不可用。罗天退在艮方,忌竖造、安葬,主退财,凶。九良星占僧堂、城隍、社庙;煞在厅、寺观并寅辰方。

丙辰年二十四山吉凶神煞

壬山○天罡、萃龙、武曲、武库、岁天德、岁天道。

　　●向煞、入山刀砧。

子山○天罡、萃龙、武曲、紫微、贪狼。

　　●克山、正阴府、支神退、金神、血刃、白虎、流财煞。

癸山○天帝、紫檀、水轮。

　　●克山、傍阴府、向煞、翎毛。

丑山○黄罗、天帝、宝台、水轮、福德。

　　●克山、金神、暗刀煞、流财煞、入座、天命煞。

艮山○大吉、胜光、地皇、太乙、宝台、天福、左辅、水轮。

　　●罗天大退、天命煞。

寅山○大吉、胜光、朗耀、天福、壮龙、太乙、左辅、金轮。

　　●克山、金神、隐伏血刃、天命煞。

甲山○进田、天定、金轮、金星、五库。

　　●克山、翎毛、六害、火血、刀砧、暗耀。

卯山○天皇、进田、荣光、金轮、金星。

　　●皇天灸退、金神七煞、阴中太岁。

巽山○玉皇、天乙、木星。

　　●无克山、独火、巡山罗睺、头白空亡、六十年空亡。

巳山○玉皇、黄罗、天乙、太阳、贵人。

　　●三煞、千斤血刃、蚕官。

丙山○河魁、地皇、天定、益龙、太阳、贵人。

　　●坐煞、向煞。

午山○河魁、天定、益龙、太阳、左辅。

　　●三煞、穿山罗睺、金神、打劫血刃。

丁山〇黄罗、天台、天乙、巨门。

　　●困龙、翎毛、坐煞、向煞。

未山〇天皇、天乙、天台、太阴、水轮。

　　●三煞、克山、金神、九天朱雀。

坤山〇迎财、神后、天魁、升龙、天定、太乙、太阳、巨门、贪狼。

　　●克山、正阴府、逆血刃。

申山〇迎财、神后、天定、天魁、紫檀、太乙、太阳、宝台。

　　●克山傍阴府、地官符。

庚山〇进宝、天皇、天定、太阳、五龙。

　　●克山、翎毛、山家火血、刀砧。

酉山〇进宝、黄罗、太乙、天定、太阴、岁支合、岁支德。

　　●小耗,大利造葬。

辛山〇库珠、功曹、天乙、丰龙、巨门、太乙、天禄。

　　●克山浮天空、入山空、头白空亡。

戌山〇库珠、功曹、丰龙、天乙、玉皇、巨门、岁德。

　　●克山、隐伏血刃、蚕官。

乾山〇玉皇、天乙、武曲。

　　●大利山。

亥山〇紫微、天皇、天乙、龙德、武曲。

　　●天官符、年官符。

山　　酉丁乾亥山,变己丑火运,忌纳音水年月日时,甲寅辰辛坤变壬辰水。

龙　　卯艮巳山,变乙未金运,忌纳音火年月日时,巽戌坎庚运忌用土。

运　　午壬丙乙山,变戊戌木运,忌纳音金年月日时,丑癸坤未山年月日时。

丙辰年开山立向修方月家紧要吉神定局

吉神	正	二	三	四	五	六	七	八	九	十	十一	十二
天尊星	震	巽	乾	兑	艮	离	坎	坤	震	巽	乾	兑
天帝星	兑	乾	巽	震	坤	坎	离	艮	兑	乾	巽	震
罗天进	坎	坤	震	巽	中	天	天	天	乾	兑	艮	离
	立春		春分		立夏		夏至		立秋		秋分		立冬		冬至	
乙奇星	坤		乾		兑		乾		艮		巽		震		巽
丙奇星	震		兑		艮		中		兑		震		坤		中
丁奇星	巽		艮		离		巽		乾		坤		坎		乾
一白星	坎	坤	震	巽	中	乾	兑	巽	离	坎	坤	震
六白星	乾	兑	艮	离	坎	坤	震	巽	中	乾	兑	艮
八白星	坎	离	坎	坤	震	巽	中	乾	兑	艮	离	坎
九紫星	离	坎	坤	震	巽	中	乾	兑	艮	离	坎	坤
飞天德	震	坎	中	巽	坎	中	震	坎	巽	坤	坎	中
飞月德	坤	艮	中	震	兑	中	坤	艮	巽	坎	兑	中
飞天赦	艮	兑	乾	乾	中	坎	艮	兑	乾	震	坎	坤
飞解神	离	坎	坤	震	巽	中	乾	兑	艮	离	坤	坎
壬德星	兑	乾	中	中	巽	乾	坤	离	艮	坎	坤	乾
癸德星	艮	兑	乾	中	坤	巽	乾	坤	离	艮	坎	坤

（续表）

吉神	正	二	三	四	五	六	七	八	九	十	十一	十二
捉煞帝星	卯	辰	巳	午	未	申	酉	戌	亥	子	丑	寅
	乙	巽	丙	丁	坤	庚	辛	乾	壬	癸	艮	甲
	午	未	申	酉	戌	亥	子	丑	寅	卯	辰	巳
	丁	坤	庚	辛	乾	壬	癸	艮	甲	乙	巽	丙
捉财帝星	酉	戌	亥	子	丑	寅	卯	辰	巳	午	未	申
	辛	乾	壬	癸	艮	甲	乙	巽	丙	丁	坤	庚
	子	丑	寅	卯	辰	巳	午	未	申	酉	戌	亥
	癸	艮	甲	乙	巽	丙	丁	坤	庚	辛	乾	壬
飞天禄	艮	兑	乾	中	兑	乾	中	巽	震	坤	坎	离
飞天马	中	兑	乾	中	巽	震	坤	坎	离	艮	兑	乾
催官使	坎	离	艮	离	艮	兑	坎	离	艮	离	艮	兑
阳贵人	震	坤	坎	离	艮	兑	乾	中	兑	乾	中	巽
阴贵人	中	巽	震	坤	坎	离	艮	兑	乾	中	兑	乾
天寿星	癸丑	震	坤	震	乙辰	离	坤	乙辰	离	坤	兑	乾
天喜星	未	午	巳	辰	卯	寅	丑	子	亥	戌	酉	申
天嗣星	丁未	兑	乾	兑	辛与	坎	艮	辛戌	坎	艮	巽	震
催官星	丑	未	寅	申	卯	酉	辰	戌	巳	亥	午	子
进禄星	坤	亥壬	巽	坤	亥壬	巽	坤	亥壬	巽	坤	亥壬	巽
天富星	巽	巳丙	离	坤	申庚	兑	乾	亥壬	坎	艮	寅甲	震
天财星	坎	艮	巽	离	坤	坎	艮	巽	离	坤	乾	乾

丙辰年开山立向修方月家紧要凶神定局

凶神	正	二	三	四	五	六	七	八	九	十	十一	十二
天官符	中	巽	震	坤	坎	离	艮	兑	乾	中	巽	震
地官符	坤	坎	离	艮	兑	乾	中	兑	乾	中	巽	震
罗天退	兑	乾	中	天	天	天	巽	震	坤	坎	离	艮
小儿煞	中	乾	兑	艮	离	坎	坤	震	巽	中	乾	兑
大月建	坤	坎	离	艮	兑	乾	中	巽	震	坤	坎	离
正阴府	乾兑	坤坎	离	震	艮巽	乾兑	坤坎	离	震	艮巽	乾兑	坤坎
傍阴府	甲	乙	壬	庚	丙	甲	乙	壬	庚	丙	甲	乙
	丁	癸	寅	亥		丁	癸	寅	亥		丁	癸
	巳	申	寅	亥		巳	申	寅	亥		巳	申
	丑	辰	戌	未	辛	丑	辰	戌	未	辛	丑	辰
月克山	无克	无克	乾	乾	午	午	艮	艮	无克	无克	水	土
	无克	无克	亥	亥	壬	壬	卯	卯	无克	无克	十	三
	无克	无克	兑	兑	丙	丙	卯	卯	无克	无克	十	三
	无克	无克	丁	丁	乙	乙			无克	无克	山	
打头火	乾	中	巽	震	坤	坎	离	艮	兑	乾	中	兑
月游火	巽	中	乾	兑	艮	离	坎	坤	震	巽	中	乾
飞独火	乾	中	兑	乾	中	巽	震	坤	坎	离	艮	兑
顺血刃	坎	坤	震	巽	中	乾	兑	艮	离	坎	坤	震
逆血刃	震	坤	坎	离	艮	兑	乾	中	巽	震	坤	坎

（续表）

凶神	正	二	三	四	五	六	七	八	九	十	十一	十二
月劫煞	亥	申	巳	寅	亥	申	巳	寅	亥	申	巳	寅
月灾煞	子	酉	午	卯	子	酉	午	卯	子	酉	午	卯
月的煞	丑	戌	未	辰	丑	戌	未	辰	丑	戌	未	辰
山朱雀	离	坎坤	巽	乾	艮兑		离震	坎坤	巽	震	艮兑	
撞命煞	甲	壬	庚	丙	甲	壬	庚	丙	甲	壬	庚	丙
报怨煞	寅	亥	申	巳	寅	亥	申	巳	寅	亥	申	巳
剑锋煞	甲	乙	巽	丙	丁	坤	庚	辛	乾	壬	癸	艮
月入座	亥	子	丑	寅	卯	辰	巳	午	未	申	酉	戌
月崩腾	辛	巳	丙	寅	庚	甲	酉	丁	子	丑	坤	乾
流财退	亥	申	巳	寅	卯	午	子	酉	丑	未	辰	戌
丙独火	坤	坎	离	艮	兑	乾			巽	震	坤	坎
丁独火	震	坤	坎	离	艮	兑	乾			巽	震	坤
巡山火	乾	坤	坎	坎	中	震	震	兑	艮	艮	巽	乾
灭门火	癸巳	庚子	乙未	庚寅	丁酉	壬辰	己亥	甲午	辛丑	丙申	辛卯	戊戌
祸凶日	己亥	甲午	辛丑	丙申	辛卯	戊戌	癸巳	庚子	乙未	庚寅	丁酉	壬辰

（54）丁巳年

丁巳年,通天窍云金之位,煞在东方寅卯辰。忌甲庚乙辛四向,名坐煞、向煞。大利山丑丁未坤乾,小利癸巽,修造,吉。作主利寅午戌巳酉丑生人,吉;忌申亥生人,凶。罗天退在艮方,忌修造、安葬,主退财,凶。九良星占前门及寺观。

丁巳年二十四山吉凶神煞

壬山○进田、贪狼、武曲、驿马临官。

　　●傍阴府、逆血刃、翎毛禁向、六害。

子山○紫微、进田、紫檀、龙德、巨门、武库。

　　●皇天炙退、支神退、头白空亡。

癸山○青龙、胜光、紫檀、萃龙、武曲、武库、天道。

　　●皇天退、翎毛、刀砧、小利方。

丑山○青龙、胜光、黄罗、武曲、天定。

　　●白虎煞官、蚕命、大利方。

艮山○玉皇、地皇、天乙、天帝、右弼。

　　●克山、罗天大退。

寅山○玉皇、天帝、天乙、太乙、福德。

　　●三煞、傍阴府、阴中太岁、金神、血刃。

甲山○传送、天福、天定、壮龙、右弼。

　　●坐煞、入山空、头白空。

卯山○传送、天皇、天福、天定、壮龙、左辅、宝台。

　　●三煞、克山、金神、五鬼。

乙山○天定、五库、太阴、月德合、岁天道。

　　●坐煞、向煞、山家火血、刀砧。

辰山○紫檀、天定、太阴、右弼。

　　●三煞、穿山罗睺。

巽山○迎财、河魁、泰龙、水轮、太阳、太乙、右弼。

　　●困龙、独火、打劫血刃,葬大利。

巳山○迎财、河魁、泰龙、太乙、水轮、太阳、右弼。

　　●克山、太岁、天禁、朱雀。

丙山○进宝、地皇、驿马临官、天德合。

　　●巡山罗睺、翎毛禁向。

午山○进宝、天乙、贪狼、太阳、天贵人。

●正阴府。

丁山○库珠、神后、黄罗、天乙、益龙、太阳、天道。

　　●翎毛禁向、刀砧、大利方。

未山○库珠、神后、天乙、天皇、益龙、太阳、天富。

　　●暗刀煞、天命煞、大利方。

坤山○玉皇、天乙、天台、进禄、天富、巨门、财帛。

　　●天命煞、大利方。

申山○玉皇、紫檀、天乙、天台、荣光、太阴、木星。

　　●天官符、年官符、天命煞。

庚山○天皇、功曹、天魁、升龙、贪狼。

　　●向煞、浮天空、入山空、头白空亡、六十年空亡。

酉山○功曹、黄罗、朗耀、天魁、升龙、贪狼、左辅、五龙。

　　●地官符、年官符。

辛山○天定、金轮、五龙、金星、岁天德、岁天道。

　　●向煞、山家火血、入山刀砧。

戌山○天定、金轮、金星、岁支德。

　　●傍阴府、金神、流财煞、小耗。

乾山○玉皇、大吉、天罡、太乙、丰龙、宝台、巨门、水轮、水星。

　　●血刃、流财煞、大利方。

亥山○大吉、天罡、天皇、太乙、丰龙、水轮、宝台、巨门。

　　●岁破金神、隐伏血刃、千斤血刃。

山　　酉丁乾亥山,变辛丑土运,忌纳音木年月日时,甲寅辰巽坤变甲
　　　辰火。

龙　　卯艮巳山,变丁未水运,忌纳音土年月日时,戌坎辛庚运忌用水。

运　　午壬丙乙山,变庚戌金运,忌纳音火年月日时,丑癸坤未山年月
　　　日时。

丁巳年开山立向修方月家紧要吉神定局

吉神	正	二	三	四	五	六	七	八	九	十	十一	十二
天尊星	艮	离	坎	坤	震	巽	乾	兑	艮	离	坎	坤
天帝星	坤	坎	离	艮	兑	乾	巽	震	坤	坎	离	艮
罗天进	兑	艮	离	坎	坤	震	巽	中	天	天	天	乾

	立春		春分		立夏		夏至		立秋		秋分		立冬		冬至	
乙奇星	坎		中		乾		兑		离		中		巽		震	
丙奇星	坤		乾		兑		乾		艮		巽		震		巽	
丁奇星	震		兑		艮		中		兑		震		坤		中	

吉神	正	二	三	四	五	六	七	八	九	十	十一	十二
一白星	巽	中	乾	兑	艮	离	坎	坤	震	巽	中	乾
六白星	离	坎	坤	震	巽	中	乾	兑	艮	离	坎	坤
八白星	坤	震	巽	中	乾	兑	艮	离	坎	坤	震	巽
九紫星	震	巽	中	乾	兑	艮	离	坎	坤	震	巽	中
飞天德	坎	坎	巽	坤	坎	震	坎	坎	坤	离	坎	震
飞月德	离	乾	巽	坎	中	震	离	坎	坤	艮	中	震
飞天赦	中	巽	震	坤	坎	离	艮	兑	乾	中	艮	兑
飞解神	艮	离	坎	坤	震	巽	中	乾	兑	中	乾	兑
壬德星	中	中	巽	震	坤	坎	离	艮	兑	乾	中	中
癸德星	中	中	中	巽	震	坤	坎	离	艮	兑	乾	中

（续表）

吉神	正	二	三	四	五	六	七	八	九	十	十一	十二
捉煞帝星	卯	辰	巳	午	未	甲	酉	戌	亥	子	丑	寅
	乙	巽	丙	丁	坤	庚	辛	乾	壬	癸	艮	甲
	午	未	申	酉	戌	亥	子	丑	寅	卯	辰	巳
	丁	坤	庚	辛	乾	壬	癸	艮	甲	乙	巽	丙
捉财帝星	酉	戌	亥	子	丑	寅	卯	辰	巳	丁	未	甲
	辛	乾	壬	癸	艮	甲	乙	巽	丙	丁	坤	庚
	子	丑	寅	卯	辰	巳	午	未	甲	酉	戌	亥
	癸	艮	甲	乙	巽	丙	丁	坤	庚	辛	乾	壬
飞天禄	离	艮	兑	乾	中	兑	乾	中	巽	震	坤	坎
飞天马	中	巽	震	坤	坎	离	艮	兑	乾	中	兑	乾
催官使	艮	兑	乾	兑	乾	中	艮	兑	乾	兑	乾	中
阳贵人	中	巽	震	坤	坎	离	艮	兑	乾	中	兑	乾
阴贵人	震	坤	坎	离	艮	兑	乾	中	兑	乾	中	巽
天寿星	癸丑	震	巽	震	乙辰	离	坤	乙辰	离	坤	兑	乾
天喜星	未	午	巳	辰	卯	寅	丑	子	亥	戌	酉	申
天嗣星	丁未	兑	乾	兑	辛戌	坎	艮	辛戌	坎	艮	震	巽
催官星	丑	未	寅	申	卯	酉	辰	戌	巳	亥	午	子
进禄星	坤	亥壬	巽	坤	亥壬	巽	坤	亥壬	巽	坤	亥壬	巽
天富星	巽	巳丙	离	坤	申庚	兑	乾	亥壬	坎	艮	寅甲	震
天财星	坎	艮	巽	坤	离	乾	坎	艮	巽	离	坤	乾

丁巳年开山立向修方月家紧要凶神定局

凶神	正	二	三	四	五	六	七	八	九	十	十一	十二
天官符	坤	坎	离	艮	兑	乾	中	兑	乾	中	巽	震
地官符	震	坤	坎	离	艮	兑	乾	中	兑	乾	中	巽
罗天退	艮	兑	乾	中	天	天	天	巽	震	坤	坎	离
小儿煞	离	坎	坤	震	巽	中	兑	艮	离	坤	坎	震
大月建	艮	兑	乾	中	巽	震	坤	坎	离	艮	兑	乾
正阴府	离	震	艮巽	乾兑	坤坎	离	震	艮巽	乾兑	坤坎	离	震
傍阴府	壬寅寅戌	庚亥亥未	丙辛	甲丁巳丑	乙癸申辰	壬寅寅戌	庚亥亥未	丙辛	甲丁巳丑	乙癸申辰	壬寅寅戌	庚亥亥未
月克山	无克无克乙	无克无克乙	离壬丙山	离壬丙	水十十	土三三	震艮艮无克	震艮艮无克	无克无克无克丁	无克无克无克十三山	乾亥兑	冬至后克
打头火	震	坤	坎	离	艮	兑	乾	中	兑	乾	中	巽
月游火	离	坎	坤	震	巽	中	乾	兑	艮	离	坎	坤
飞独火	乾	中	巽	震	坤	坎	离	艮	兑	乾	中	兑
顺血刃	震	巽	中	乾	兑	艮	离	坎	坤	震	巽	中
逆血刃	中	巽	震	坤	坎	离	艮	兑	乾	中	巽	震

（续表）

凶神	正	二	三	四	五	六	七	八	九	十	十一	十二
月劫煞	亥	申	巳	寅	亥	申	巳	寅	亥	申	巳	寅
月灾煞	子	酉	午	卯	子	酉	午	卯	子	酉	午	卯
月的煞	丑	戌	未	辰	丑	戌	未	辰	丑	戌	未	辰
山朱雀	离	坎坤	巽	乾	艮兑		震离	坎坤	巽	乾	艮兑	
撞命煞	甲	壬	庚	丙	甲	壬	庚	丙	甲	壬	庚	丙
报怨煞	寅	亥	申	巳	寅	亥	申	巳	寅	亥	申	巳
剑锋煞	甲	乙	巽	丙	丁	坤	庚	辛	乾	壬	癸	艮
月入座	亥	子	丑	寅	卯	辰	巳	午	未	申	酉	戌
月崩腾	辛	巳	丙	寅	庚	甲	酉	丁	子	丑	坤	乾
流财退	亥	申	巳	寅	卯	午	子	酉	丑	未	辰	戌
丙独火	离	艮	兑	乾			巽	震	坤	坎	离	艮
丁独火		坎	离	兑	乾			巽	震	坤	坎	离
巡山火	乾	坤	坎	坎	中	震	震	兑	艮	艮	巽	乾
灭门火	乙巳	壬子	丁未	壬寅	己酉	甲辰	辛亥	丙午	癸丑	戊申	癸卯	庚戌
祸凶日	辛亥	丙午	癸丑	戊申	癸卯	庚戌	乙巳	壬子	丁未	壬寅	己酉	甲辰

（55）戊午年

戊午年,通天窍云火之位,煞在北方亥子丑。忌丙壬丁癸四向,名坐煞、向煞。大利山艮寅甲乙辰巽申坤乾。修造作主宜寅午戌巳酉丑生人,吉;忌子午人,凶。罗天大退坤山忌修造、安葬,主退财,凶。九良星占厨、灶;煞在神庙及戌亥方。

戊午年二十四山吉凶神煞

壬山〇胜光、天定、宝台、丰龙、巨门、水轮、水星。

●坐煞、翎毛禁向、山家火血、消索空亡。

子山〇紫微、胜光、天定、宝台、丰龙、巨门、水轮。

●三煞、岁破、金神七煞、大耗。

癸山〇天定、武曲。

●坐煞、头白空、入山空亡。

丑山〇龙德、武库。

●三煞、金神、阴中太岁、血刃、蚕官。

艮山〇迎财、传送、天皇、萃龙、贪狼、武曲、太乙、天道、地财。

●蚕室,大利造葬。

寅山〇迎财、传送、太乙、萃龙、武曲、天德合、支德合。

●穿山罗睺、白虎煞、蚕命。

甲山〇进宝、玉皇、紫檀、天帝、天乙、益龙、五库。

●困龙、翎毛、刀砧、大利方。

卯山〇进宝、玉皇、地皇、天乙、天帝、宝台、益龙。

●正阴府、入座、天禁朱雀、隐伏血刃。

乙山〇库珠、河魁、天乙、天福、左辅、利道、科甲星。

●逆血刃、六十年空亡、大利方。

辰山〇库珠、河魁、天福、天乙、旺龙、左辅、青龙、华盖。

●千斤血刃、暗刀煞、大利。

巽山〇黄罗、天定、太阴、武曲、人道、岁天道、五库。

●大利方。

巳山〇天定、太阴、岁德、文昌星、岁壬禄。

●天官符、年官符、千斤血刃。

丙山〇天皇、神后、水轮、太乙、太阳、泰龙、右弼。

●向煞、翎毛禁向、山家刀砧。

午山〇神后、天乙、泰龙、水轮、太乙、太阳、巨门。

　　●太岁、破败、五鬼、年官符。

丁山○天官星。

　　●向煞、巡山罗睺、入山空、头白空亡、冬至后克山。

未山○地皇、太阳、贵人、岁支合。

　　●傍阴府、年官符。

坤山○大吉、功曹、太乙、太阳、天道。

　　●罗天大退、打劫血刃。

申山○大吉、功曹、荣光、太乙、太阳、福星、贵人、驿马、天富。

　　●金神、大利方。

庚山○玉皇、进田、地皇、天乙、天台、财帛、木星。

　　●傍阴府、翎毛、刀砧、六害、天命煞。

酉山○进田、玉皇、天乙、天台、朗耀、太阳、天喜。

　　●独火、皇天灸退、金神、天命煞、克山。

辛山○青龙、天罡、黄罗、天魁、升龙、贪狼、房显。

　　●皇天灸退、六十年空亡、天命煞。

戌山○青龙、天罡、天魁、五龙、房显、升龙。

　　●地官符、地太岁、流财煞。

乾山○紫檀、天定、五龙、金星、岁天道。

　　●支神退、流财煞、冬至后克山。

亥山○地皇、天定、金轮、金星。

　　●三煞、傍阴府、小耗、冬至后克山。

山　　酉丁乾亥山，变癸丑水运，忌纳音金年月日时，甲寅辰巽甲变丙辰土。

龙　　卯艮巳山，变己未火运，忌纳音水年月日时，戌坎辛庚运忌用木。

运　　午壬丙乙山，变壬戌水运，忌纳音土年月日时，丑癸坤未山年月日时。

戊午年开山立向修方月家紧要吉神定局

吉神	正	二	三	四	五	六	七	八	九	十	十一	十二
天尊星	艮	离	离	坤	震	巽	乾	兑	艮	离	坎	坤
天帝星	坎	坤	离	艮	兑	乾	中	巽	震	坤	坎	离
罗天进	乾	兑	艮	离	坎	坤	震	巽	中	天	天	天
	立春	春分	立夏	夏至	立秋	秋分	立冬	冬至
乙奇星	离	巽	中	艮	坎	乾	中	坤
丙奇星	坎	中	乾	兑	离	中	巽	震
丁奇星	坤	乾	兑	乾	艮	巽	震	巽
一白星	兑	艮	离	坎	坤	震	巽	中	乾	兑	艮	离
六白星	震	巽	中	乾	兑	艮	离	坎	坤	震	巽	中
八白星	中	乾	兑	艮	离	坎	坤	震	巽	中	乾	兑
九紫星	乾	兑	艮	离	坎	坤	震	巽	中	乾	兑	艮
飞天德	艮	坎	坤	离	坎	坎	艮	坎	乾	兑	坎	坎
飞月德	兑	中	坤	艮	巽	坎	兑	中	离	乾	巽	艮
飞天赦	坤	坎	离	乾	中	巽	艮	兑	乾	乾	中	坎
飞解神	兑	艮	离	坎	坤	震	巽	中	乾	兑	艮	离
壬德星	巽	震	坤	坎	离	艮	兑	乾	中	中	巽	震
癸德星	中	巽	震	坤	坎	离	艮	兑	乾	中	中	巽

（续表）

吉神	正	二	三	四	五	六	七	八	九	十	十一	十二
捉煞帝星	卯	辰	巳	午	未	申	酉	戌	亥	子	丑	寅
	乙	巽	丙	午	坤	庚	辛	乾	壬	癸	艮	甲
	午	未	申	酉	戌	亥	子	丑	寅	卯	辰	巳
	丁	坤	庚	辛	乾	壬	癸	艮	甲	乙	巽	丙
捉财帝星	酉	戌	亥	子	丑	寅	卯	辰	巳	午	未	申
	辛	乾	壬	癸	艮	甲	乙	巽	丙	丁	坤	庚
	子	丑	寅	卯	辰	巳	午	未	申	酉	戌	亥
	癸	艮	甲	乙	巽	丙	丁	坤	庚	辛	乾	壬
飞天禄	艮	兑	乾	中	兑	乾	中	巽	震	坤	坎	离
飞天马	坤	坎	离	艮	兑	乾	中	兑	乾	中	巽	震
催官使	乾	中	中	中	中	巽	乾	中	中	中	中	巽
阳贵人	兑	乾	中	巽	震	坤	坎	离	艮	兑	乾	中
阴贵人	坎	离	艮	兑	乾	中	兑	乾	中	巽	震	坤
天寿星	癸丑	震	巽	震	乙辰	离	坤	乙辰	离	坤	兑	乾
天喜星	未	午	巳	辰	卯	寅	子	丑	亥	戌	酉	申
天嗣星	丁未	兑	乾	兑	辛戌	坎	艮	辛戌	坎	艮	震	巽
催官星	丑	未	寅	申	卯	午	子	酉	辰	戌	巳	亥
进禄星	坤	亥壬	巽	坤	亥壬	巽	坤	亥壬	巽	坤	亥壬	巽
天富星	巽	巳丙	离	坤	申庚	兑	乾	亥壬	坎	艮	寅甲	震
天财星	坎	艮	巽	离	坤	乾	坎	艮	巽	离	坤	乾

戊午年开山立向修方月家紧要凶神定局

凶神	正	二	三	四	五	六	七	八	九	十	十一	十二
天官符	艮	兑	乾	中	兑	乾	中	巽	震	坤	坎	离
地官符	巽	震	坤	坎	离	艮	兑	乾	中	兑	乾	中
罗天退	离	艮	兑	乾	中	天	天	天	巽	震	坤	坎
小儿煞	中	乾	兑	艮	离	坎	坤	巽	中	乾	兑	艮
大月建	中	巽	震	坤	坎	离	艮	兑	乾	中	巽	震
正阴府	艮巽	乾兑	坤坎	离	震	艮巽	乾兑	坤坎	离	震	艮巽	乾兑
傍阴府	丙	甲	乙	壬	庚	丙	甲	乙	壬	庚	丙	甲
		丁	癸	寅	亥		丁	癸	寅	亥		丁
		巳	乙	寅	亥		巳	乙	寅	亥		巳
	辛	丑	辰	戌	未	辛	丑	辰	戌	未	辛	丑
月克山	艮	震	离	离	无克	无克	水	土	艮	艮	无克	无克
	震	艮	壬	壬	无克	无克	十	三	震	巳	无克	无克
	震	艮	丙	丙	无克	无克	十	三	震	巳	无克	无克
	巳	巳	乙	乙	无克	无克	山	巳		震	无克	无克
打头火	月	艮	兑	乾	中	兑	乾	中	巽	震	坤	坎
月游火	坤	震	巽	中	乾	兑	艮	离	坎	坤	震	巽
飞独火	震	坤	坎	离	艮	兑	乾	中	兑	乾	中	巽
顺血刃	离	坎	坤	震	巽	中	乾	兑	艮	离	坎	坤
逆血刃	坤	坎	离	震	兑	乾	中	巽	震	坤	坎	离

凶神	正	二	三	四	五	六	七	八	九	十	十一	十二
月劫煞	亥	申	巳	寅	亥	申	巳	寅	亥	申	巳	寅
月灾煞	子	酉	午	卯	子	酉	午	卯	子	酉	午	卯
月的煞	丑	戌	未	辰	丑	戌	未	辰	丑	戌	未	辰
山朱雀	离	坎	坤	巽	乾	艮兑		震离	坎坤	巽	乾	艮兑
撞命煞	甲	壬	庚	丙	甲	壬	庚	丙	甲	壬	庚	丙
报怨煞	寅	亥	申	巳	寅	亥	申	巳	寅	亥	申	巳
剑锋煞	甲	乙	巽	丙	丁	坤	庚	辛	乾	壬	癸	艮
月入座	亥	子	丑	寅	卯	辰	巳	午	未	申	酉	戌
月崩腾	辛	巳	丙	寅	庚	甲	酉	丁	子	丑	坤	乾
流财退	亥	申	巳	寅	卯	午	子	酉	丑	未	辰	戌
丙独火	兑	乾			巽	震	坤	坎	离	艮	兑	乾
丁独火	艮	兑	乾			巽	震	坤	坎	离	艮	兑
巡山火	乾	坤	坎	坎	中	卯	卯	酉	艮	艮	巽	乾
灭门火	丁巳	甲子	己未	甲寅	辛酉	丙辰	癸亥	戊午	乙丑	庚申	乙卯	壬戌
祸凶日	癸亥	戊午	乙丑	庚申	乙卯	壬戌	丁巳	甲子	己未	甲寅	辛酉	丙辰

(56) 己未年

　　己未年,通天窍云木之位,煞在西方申酉戌。忌甲庚乙辛四向,名坐煞、向煞。大利山癸巳山,小利壬子卯辰未山。修造作主宜巳酉寅午卯生人,吉;

忌丑戌生人,凶。罗天退在坤,忌修造、葬埋,主退财,凶。九良星占僧堂、城隍、社庙;煞在门、井、水路。

己未年二十四山吉凶神煞

壬山○进宝、天定、金轮、金星、五库、人道、利道。

　　　　●入山空、头白空亡、小利方。

子山○紫微、进宝、天皇、金轮、天定、金星、岁支德。

　　　　●阴中太岁、五鬼、小耗、小利方。

癸山○库珠、传送、天皇、天乙、宝台、丰龙、水轮、贪狼、水星。

　　　　●火血刀钻、大利方。

丑山○库珠、传送、天乙、丰龙、水轮、宝台、水星、贪狼、支德合。

　　　　●岁破、岁刑、蚕官、千斤血刃。

艮山○巨门、右弼。

　　　　●正阴府、坐山罗睺、六十年空亡、打劫血刀。

寅山○太乙、龙德、武库、岁德。

　　　　●天官符、天太岁。

甲山○地皇、河魁、萃龙、巨门、武库、岁天道、岁位合、岁天德。

　　　　●向煞、翎毛禁向、刀砧。

卯山○河魁、地檀、宝台、萃龙、巨门、武曲。

　　　　●白虎煞、暗刀煞、天命煞、小利方。

甲山○神后、天定、太乙、太阳、右弼、丰龙、天皇。

　　　　●坐煞、入山刀砧。

卯山○神后、天定、荣光、太乙、丰龙、左辅、右弼。

　　　　●三煞、金神七煞、岁破、大耗。

乙山○天定、太阴、月德合。

　　　　●坐煞、傍阴府、山家火血、刀砧。

辰山○地皇、天定、龙德、武库、岁支合。

　　　　●三煞、傍阴府、蚕官。

巽山○迎财、功曹、萃龙、天乙、武库、岁支合。

　　　　●罗天大退、蚕室。

巳山○迎财、功曹、天乙、萃龙、玉皇、太阴、月财、天官贵人。

●白虎煞、天命煞。

丙山○玉皇、进宝、紫檀、天帝、天乙、驿马临官。

●浮天空、头白空亡。

午山○进宝、天帝、黄罗、天乙、福德、左辅、天禄。

●穿山罗睺、金神。

丁山○库珠、天罡、天福、天乙、壮龙、食狼、利道。

●困龙、六十年空亡、冬至后克山、至前不克。

未山○库珠、天罡、天乙、天福、贪狼、壮龙、华盖、青龙。

●金神、朱雀、流财、天命。

坤山○五库、水轮、岁天道、贪狼、人道。

●正阴府、独火、支神退、打劫血刃、暗刀煞。

申山○地皇、宝台、水轮。

●傍阴府、天官符、流财煞。

庚山○胜光、泰龙、宝台、金轮、水轮、巨门、水星。

●坐煞、向煞、翎毛禁向。

酉山○胜光、太乙、泰龙、天定、水轮、水星、金轮、巨门。

●冬至后克山、太岁、堆黄煞。

辛山○天定、金轮、金星、天官星、天德合。

●向煞、山家火血、刀砧。

戌山○黄罗、太阳、贵人、水轮、人仓、金柜、天嗣星。

●阴中太岁、血刃。

乾山○大吉、传送、天皇、玉皇、太乙、益龙、巨门。

●巡山罗睺、五鬼、冬至后克山。

山	酉丁乾亥山,变乙丑金运,忌纳音水年月日时,甲寅辰巽申变壬辰木。
龙	卯艮巳山,变乙未金运,忌纳音火年月日时,戊坎辛庚忌用土年。
运	午壬丙乙山,变戊戌木运,忌纳音金年月日时,丑癸坤未山年月日时。

己未年开山立向修方月家紧要吉神定局

吉神	正	二	三	四	五	六	七	八	九	十	十一	十二
天尊星	艮	离	坎	坤	震	巽	乾	兑	艮	离	坎	坤
天帝星	坤	坎	离	艮	兑	乾	巽	震	坤	坎	离	艮
罗天进	天	乾	兑	艮	离	坎	坤	震	巽	中	天	天

	立春	春分	立夏	夏至	立秋	秋分	立冬	冬至
乙奇星	离	巽	中	艮	坎	乾	中	坤
丙奇星	离	巽	中	艮	坎	乾	中	坤
丁奇星	坎	中	乾	兑	离	中	巽	震

吉神	正	二	三	四	五	六	七	八	九	十	十一	十二
一白星	坤	坎	震	巽	中	乾	兑	艮	离	坎	坤	震
六白星	乾	兑	艮	离	坎	坤	震	巽	中	乾	兑	艮
八白星	艮	离	坎	坤	震	巽	中	乾	兑	艮	离	坎
九紫星	离	坎	坤	震	巽	中	乾	兑	艮	离	坎	坤
飞天德	乾	坎	离	兑	坎	艮	乾	巽	中	离	坎	艮
飞月德	中	震	离	乾	坤	艮	中	巽	兑	中	坎	艮
飞天赦	艮	兑	乾	震	坤	坎	中	巽	震	离	艮	兑
飞解神	乾	兑	艮	离	坎	坤	震	巽	中	乾	兑	艮
壬德星	坤	坎	离	艮	兑	乾	中	中	巽	震	坤	坎
癸德星	震	坤	坎	离	艮	兑	乾	中	中	巽	震	坤

（续表）

吉神	正	二	三	四	五	六	七	八	九	十	十一	十二
捉煞帝星	卯	辰	巳	午	未	申	酉	戌	亥	子	丑	寅
	乙	巽	丙	丁	坤	庚	辛	乾	壬	癸	艮	甲
	午	未	申	酉	戌	亥	子	丑	寅	卯	辰	巳
	丁	坤	庚	辛	乾	壬	癸	艮	甲	乙	巽	丙
捉财帝星	酉	戌	亥	子	丑	寅	卯	辰	巳	午	未	申
	辛	乾	壬	癸	艮	甲	乙	巽	丙	丁	坤	庚
	子	丑	寅	卯	辰	巳	午	木	申	酉	戌	亥
	癸	艮	甲	乙	巽	丙	丁	坤	庚	辛	乾	壬
飞天禄	离	艮	兑	乾	中	兑	乾	中	巽	震	坤	坎
飞天马	艮	兑	乾	中	兑	乾	中	巽	震	坤	坎	离
催官使	中	艮	震	坤	中	巽	震	巽	震	巽	震	坤
阳贵人	乾	中	巽	震	坤	坎	离	艮	兑	乾	中	兑
阴贵人	坤	坎	离	艮	兑	乾	中	兑	乾	中	巽	乾
天寿星	癸丑	震	巽	震	乙辰	离	坤	乙辰	离	坤	兑	乾
天喜星	未	午	巳	辰	卯	寅	丑	子	亥	戌	酉	申
天嗣星	丁未	兑	乾	兑	辛戌	坎	艮	辛戌	坎	艮	震	巽
催官星	丑	未	寅	申	卯	酉	辰	戌	巳	亥	午	子
进禄星	坤	亥壬	巽	坤	亥壬	巽	坤	亥壬	巽	坤	亥壬	巽
天富星	巽	巳丙	离	坤	中庚	兑	乾	亥壬	坎	艮	寅甲	震
天财星	坎	艮	巽	离	坤	乾	坎	艮	巽	离	坤	乾

己未年开山立向修方月家紧要凶神定局

凶神	正	二	三	四	五	六	七	八	九	十	十一	十二
天官符	中	兑	乾	中	巽	震	坤	坎	离	艮	兑	乾
地官符	中	巽	震	乾	坎	离	艮	兑	乾	中	兑	乾
罗天退	坎	离	艮	兑	乾	中	天	天	天	巽	震	坤
小儿煞	离	坎	坤	震	巽	中	乾	兑	艮	离	坎	坤
大月建	坤	坎	离	艮	兑	乾	中	巽	震	坤	坎	离
正阴府	坤坎	离	震	艮巽	乾兑	坤坎	离	震	艮巽	乾兑	坤坎	离
傍阴府	乙癸癸辰	壬寅寅戌	庚亥亥未	丙辛	甲丁巳丑	乙癸申辰	壬寅寅戌	庚亥亥未	丙辛	甲丁巳丑	乙癸申辰	壬寅寅戌
月克山	乾亥兑丁	乾亥兑丁	震艮艮巳	震艮艮巳	无克无克无克无克	无克无克无克无克	水土十三山	水土十三山	乾亥兑丁	乾亥兑丁	离壬丙乙	离壬丙乙
打头火	乾	中	兑	乾	中	巽	震	坤	坎	离	艮	兑
月游火	坤	震	巽	中	乾	兑	震	离	坎	坤	震	巽
飞独火	离	艮	兑	乾	中	兑	乾	中	巽	震	坤	坎
顺血刃	兑	艮	离	坎	坤	震	巽	中	乾	兑	艮	离
逆血刃	离	艮	兑	乾	中	巽	震	巽	坎	离	艮	兑

凶神	正	二	三	四	五	六	七	八	九	十	十一	十二
月劫煞	亥	申	巳	寅	亥	申	巳	寅	亥	申	巳	寅
月灾煞	子	酉	午	卯	子	酉	午	卯	子	酉	午	卯
月的煞	丑	戌	未	辰	丑	戌	未	辰	丑	戌	未	辰
山朱雀	离	坎坤	巽	乾	艮兑		震离	坎坤	巽	乾	艮兑	
撞命煞	甲	壬	庚	丙	申	壬	庚	丙	甲	壬	庚	丙
报怨煞	寅	亥	申	巳	寅	亥	申	巳	寅	亥	申	
剑锋煞	甲	乙	巽	丙	丁	坤	庚	辛	乾	壬	癸	艮
月入座	亥	子	丑	寅	卯	辰	巳	午	未	申	酉	戌
月崩腾	辛	巳	丙	寅	庚	甲	酉	丁	子	丑	坤	乾
流财退	亥	甲	巳	寅	卯	午	子	酉	丑	未	辰	戌
丙独火			巽	震	坤	坎	离	艮	兑	乾		
丁独火	乾			巽	震	坤	坎	离	艮	兑	乾	
巡山火	乾	坤	坎	坎	中	卯	卯	酉	艮	艮	巽	乾
灭门火	己巳	丙子	辛未	丙寅	癸酉	戊辰	乙亥	庚午	丁丑	壬申	丁卯	甲戌
祸凶日	乙亥	庚午	丁丑	壬申	丁卯	甲戌	己巳	丙子	辛未	丙寅	癸酉	戊辰

（57）庚申年

庚申年,通天窍云水之位,煞在南方巳午未。忌丙壬丁癸四向,名坐煞、向煞。大利山辛戌艮,小利寅辰坤山。修造作主宜巳酉丑申子辰生命,吉;忌寅巳生命,凶。罗天退在巽方,忌修造、安葬,主退财,凶。九良星占桥、门、路并社庙;煞在中庭宫及北方。

庚申年二十四山吉凶神煞

壬山○玉皇、传送、天魁、右弼、房显、升龙、岁位德。
　　　●克山、向煞、翎毛、六十年空、山家刀砧。

子山○玉皇、天皇、天魁、升龙、天乙、传送、岁位合、支德合、右弼、房星。
　　　●地官符、隐伏血刃、流财煞。

癸山○天皇、玉皇、天乙、五龙、岁天德、天道、人道。
　　　●向煞、入山空、头白空亡、翎毛。

丑山○玉皇、岁支德、人仓、水星。
　　　●傍阴府、流财煞、小耗。

艮山○大吉、河魁、太乙、太阳、丰龙、贪狼、左辅、天华。
　　　●支神退、大利方。

寅山○大吉、河魁、朗耀、太乙、太阳、丰龙、驿马。
　　　●岁破、千斤血刃、小利方。

甲山○进田、地皇、太乙、驿马临官。
　　　●傍阴府、山家火血、六害。

卯山○进田、紫檀、荣光、太阳、水轮、龙德。
　　　●皇天灸退、蚕官。

乙山○青龙、神后、黄罗、太乙、贪狼、太阳、水轮。
　　　●克山、逆血刃、皇天灸退。

辰山○青龙、神后、天皇、贪狼、太阳、萃龙、太乙。
　　　●蚕官、金神、白虎煞、小利方。

巽山○天帝、左辅、一白、贪狼,巨门、太阴。
　　　●蚕官、罗天大退。

巳山○天乙、天帝、太阴、福德、武曲、贪狼、岁支合。
　　　●三煞、傍阴府、金神入座。

丙山○功曹、天定、天福、天乙、巨门、壮龙、利道。
　　　●克山、坐煞、六十年空亡、翎毛。

午山○功曹、天定、福德、玉皇、天乙;巨门、青龙、华盖。

●三煞、克山、独火。

丁山○玉皇、天乙、五库、天道。

●浮天空、入山空、头白空亡、傍阴府、坐煞、翎毛。

未山○紫檀、天乙、贵人。

●三煞、隐伏血刃、地太岁。

坤山○迎财、天罡、黄罗、泰龙、武曲、天禄、天寿、天库。

●支神退、头白空亡、小利方。

申山○迎财、天罡、地皇、宝台、泰龙、武曲、岁干禄。

●穿山罗睺、堆黄煞。

庚山○进宝、紫檀、水轮、岁于德、驿马临官。

●困龙、火血。

酉山○进宝、太乙、宝台、巨门、太阳、天贵、天禄。

●正阴府、天禁、朱雀、五鬼。

辛山○库珠、胜光、天乙、水轮、益龙、宝台、左辅、金轮、天道、水星、驿马临官。

●巡山罗睺、大利

戌山○库珠、胜光、天定、天乙、水轮、益龙、左辅、水星、天喜、天财、天富、天宝。

●大利方。

乾山○地皇、天台、天定、贪狼、金轮、金星。

●正阴府、打劫血刃。

亥山○紫微、紫檀、天台、金轮、金星、太阴。

●天官符、千斤血刃、天命煞、朱雀、阴中太岁。

山　酉丁乾亥山,变丁丑水运,忌纳音土年月日时.甲寅辰辛申变庚辰金。

龙　卯艮巳山,变癸未木运,忌纳音金年月日时,巽戌坎庚运忌用火。

运　午壬丙乙山,变丙戌上运,忌纳音木年月日时,丑癸坤未山年月日时。

庚申年开山立向修方月家紧要吉神定局

吉神	正	二	三	四	五	六	七	八	九	十	十一	十二
天尊星	震	巽	乾	兑	艮	离	坎	坤	震	巽	乾	兑
天官星	兑	乾	巽	震	坤	坎	离	艮	兑	乾	巽	震
罗天进	天	天	乾	兑	艮	离	坎	坤	震	巽	中	天

	立春	春分	立夏	夏至	立秋	秋分	立冬	冬至
乙奇星	艮	离	巽	离	坤	兑	乾	坎
丙奇星	离	巽	中	艮	坎	乾	中	坤
丁奇星	坎	中	乾	兑	离	中	巽	震

吉神	正	二	三	四	五	六	七	八	九	十	十一	十二
一白星	巽	中	乾	兑	艮	离	坎	坤	震	巽	中	乾
六白星	离	坎	坤	震	巽	中	乾	兑	艮	离	坎	坤
八白星	坤	震	巽	中	乾	兑	艮	离	坎	坤	震	巽
九紫星	震	巽	中	乾	兑	艮	离	坎	坤	震	巽	中
飞天德	中	坎	兑	中	坎	乾	中	坎	中	巽	坎	乾
飞月德	巽	坎	兑	中	离	乾	巽	坎	中	震	离	乾
飞天赦	中	坎	离	离	艮	兑	坤	坎	离	乾	中	巽
飞解神	中	乾	兑	艮	离	坎	坤	震	巽	中	乾	兑
壬德星	离	艮	兑	乾	中	中	巽	乾	坤	坎	离	艮
癸德星	癸	离	艮	兑	乾	中	中	巽	乾	坤	坎	离

（续表）

吉神	正	二	三	四	五	六	七	八	九	十	十一	十二
捉煞帝星	卯	辰	巳	午	未	申	酉	戌	亥	子	丑	寅
	乙	巽	丙	丁	坤	庚	辛	乾	壬	癸	艮	甲
	午	未	申	酉	戌	亥	子	丑	寅	卯	辰	巳
	丁	坤	庚	辛	乾	壬	癸	艮	甲	乙	巽	丙
捉财帝星	酉	戌	亥	子	丑	寅	卯	辰	巳	午	未	申
	辛	乾	壬	癸	艮	甲	乙	巽	丙	丁	坤	庚
	子	丑	寅	卯	辰	巳	午	未	甲	酉	戌	亥
	癸	艮	甲	乙	巽	丙	丁	坤	庚	辛	乾	壬
飞天禄	坤	坎	离	艮	兑	乾	中	兑	乾	中	巽	震
飞天马	中	兑	乾	中	巽	震	坤	坎	离	艮	兑	乾
催官使	震	坎	坤	坎	坤	离	震	坤	坎	坤	坎	离
阳贵人	坎	离	艮	兑	乾	中	兑	乾	中	巽	震	坤
阴贵人	兑	乾	中	巽	震	坤	坎	离	艮	兑	乾	中
天寿星	癸丑	震	巽	震	乙辰	离	坤	乙辰	离	坤	兑	乾
天喜星	未	午	巳	辰	卯	寅	丑	子	亥	戌	酉	申
天嗣星	丁未	兑	乾	兑	辛戌	坎	艮	辛戌	坎	艮	震	巽
催官星	丑	未	寅	申	卯	酉	辰	戌	巳	亥	午	子
进禄星	坤	亥壬	巽	坤	亥壬	巽	坤	亥壬	巽	坤	亥壬	巽
天富星	巽	巳丙	离	坤	申庚	兑	乾	亥壬	坎	艮	寅甲	震
天财星	坎	艮	巽	离	坤	乾	坎	艮	巽	离	坤	乾

庚申年开山立向修方月家紧要凶神定局

凶神	正	二	三	四	五	六	七	八	九	十	十一	十二
天官符	中	巽	震	坤	坎	艮	艮	兑	乾	中	兑	乾
地官符	乾	中	巽	震	坤	坎	离	艮	兑	乾	中	兑
罗天退	坤	坎	离	艮	兑	乾	中	天	天	天	巽	中
小儿煞	中	乾	兑	艮	离	艮	坤	震	巽	中	乾	兑
大月建	艮	兑	乾	中	巽	震	坤	坎	离	艮	兑	离
正阴府	震	艮巽	乾兑	坤坎	离	震	艮巽	乾兑	坤坎	离	震	艮巽
傍阴府	庚	丙	甲	乙	壬	庚	丙	甲	乙	壬	庚	丙
	亥		丁	癸	寅	亥		丁	癸	寅	亥	
	亥		巳	申	寅	亥		巳	申	寅	亥	
	未	辛	丑	辰	戌	辛	未	丑	辰	戌	未	辛
月克山	乾	乾	震	震	离	离	无克	无克	乾	乾	水	土
	亥	亥	艮	艮	壬	壬	无克	无克	亥	亥	十	三
	兑	兑	艮	艮	丙	丙	无克	无克	兑	兑	十	三
	丁	丁	巳	巳	乙	乙	无克	无克	丁	丁	山	
打头火	乾	中	巽	震	坤	坎	离	艮	兑	乾	中	兑
月游火	兑	艮	离	坎	坤	震	中	乾	兑	兑	艮	离
飞独火	乾	中	兑	乾	中	巽	震	坤	坎	离	艮	兑
顺血刃	巽	中	乾	兑	艮	离	坎	坤	震	巽	中	乾
逆血刃	乾	中	巽	震	坤	坎	离	艮	兑	乾	中	巽

（续表）

凶神	正	二	三	四	五	六	七	八	九	十	十一	十二
月劫煞	亥	申	巳	寅	亥	申	巳	寅	亥	申	巳	寅
月灾煞	子	酉	午	卯	子	酉	午	卯	子	酉	午	卯
月的煞	丑	戌	未	辰	丑	戌	未	辰	戌	丑	未	辰
山朱雀	离	坎坤	巽	乾	艮兑		震离	坎坤	巽	乾	艮兑	
撞命煞	甲	壬	庚	丙	甲	壬	庚	丙	甲	壬	庚	丙
报怨煞	寅	亥	申	巳	寅	亥	申	巳	寅	亥	申	巳
剑锋煞	甲	乙	巽	丙	丁	坤	庚	辛	乾	壬	癸	艮
月入座	亥	子	丑	寅	卯	辰	巳	午	未	申	酉	戌
月崩腾	辛	巳	丙	寅	庚	甲	酉	丁	子	丑	坤	乾
流财退	亥	申	巳	寅	卯	午	子	酉	丑	未	辰	戌
丙独火	巽	震	坤	坎	离	艮	兑	乾			巽	震
丁独火		巽	震	坤	坎	离	艮	兑	乾			巽
巡山火	乾	坤	坎	坎	中	震	震	兑	艮	艮	巽	乾
灭门火	辛巳	戊子	寅未	戌寅	乙酉	庚辰	丁亥	壬午	己丑	甲申	己卯	丙戌
祸凶日	丁亥	壬午	己丑	甲申	己卯	丙戌	辛巳	戊子	戊未	戊寅	乙酉	庚辰

（58）辛酉年

　　辛酉年,通天窍云金之位,煞在东方寅卯辰。忌甲庚乙辛四向,名坐煞、向煞。大利山巳午丁未戌亥山。修造作主宜申子辰巳丑生命,吉;忌卯酉生

命,不用。罗天退在巽方,忌修造葬埋,主退财,凶。九良星占道观;煞在寺
观、神庙及午方。

辛酉年二十四山吉凶神煞

壬山〇玉皇、进田、黄罗、左辅、右弼、太乙、天台。

　　●入山空、头白空亡、翎毛、六害。

子山〇玉皇、进田、天皇、天台、太阴、右弼。

　　●正阴府、天皇灸退、金神、血刃。

癸山〇青龙、河魁、天魁、地皇、天龙、左辅、利道、驿马。

　　●傍阴府、六十空亡、大吉、灸退、隐伏血刃、山家刀砧。

丑山〇青龙、河魁、天魁、升龙、左辅、岁位合。

　　●地官符、金神七煞。

艮山〇紫檀、天乙、五龙、岁天道、岁天德、人道。

　　●支神退、头白空亡。

寅山〇黄罗、朗耀、太乙、岁支德。

　　●三煞、金神、血刃、小耗。

甲山〇神后、天定、太乙、太阳、右弼、丰龙、天皇。

　　●坐煞、入山刀砧。

卯山〇神后、天定、荣光、太乙、丰龙、左辅、右弼。

　　●三煞、金神七煞、岁破、大耗。

乙山〇天定、太阴、月德合。

　　●坐煞、傍阴府、山家火血、刀砧。

辰山〇地皇、天定,龙德、武库、岁支合。

　　●三煞、傍阴府、蚕官。

巽山〇迎财、功曹、萃龙、天乙、武库、太阳、右弼、天道。

　　●罗天大退、蚕室。

巳山〇迎财、功曹、天乙、萃龙、玉皇、太阳、月财、天官、贵人。

　　●白虎煞,天命煞、大利。

丙山〇玉皇、进宝、紫檀、天帝、天乙、驿马临官。

　　●浮天空、头白空亡。

午山〇进宝、天帝、黄罗、天乙、福德、左辅、天禄。

●穿山罗睺、金神、大利方。

丁山○库珠、天罡、天福、天乙、壮龙、贪狼、利道。

　　●困龙、六十年空亡,冬至后克山;冬至前不克。

未山○库珠、天罡、天乙、天福、贪狼、壮龙、华盖、青龙、生气。

　　●金神、朱雀、流财、天命、大利方。

坤山○五库、水轮、岁天道、贪狼、人道。

　　●正阴府、独火、支神退、打劫血刃、暗刀煞。

申山○地皇、宝台、水轮。

　　●傍阴府、天官符、流财煞。

庚山○胜光、泰龙、宝台、金轮、水轮、巨门、水星。

　　●坐煞、向煞、翎毛禁向。

酉山○胜光、太乙、泰龙、天定、水轮、水星、金轮、巨门。

　　●冬至后克山、太岁、堆黄煞。

辛山○天定、金轮、金星、天官星、干德合。

　　●向煞、山家火血、刀砧。

戌山○黄罗、太阳、贵人、水轮、人仓、金柜、天嗣星。

　　●阴中太岁、血刃、大利方。

乾山○大吉、传送、天皇、玉皇、太乙、益龙、巨门。

　　●巡山罗睺、五鬼、冬至后克山。

亥山○玉皇、大吉、传送、紫微、益龙、天乙、太乙、巨门、武曲。

　　●冬至前大利造葬,冬至后克山。

山　　酉丁乾亥山,变己丑火运,忌纳音水年月日时,甲寅辰巽甲变壬辰。

龙　　卯辰巳山,变乙未金运,忌纳音火年月日时,戌坎辛庚忌用土年。

运　　午壬丙乙山,变戊戌木运,忌纳音金年月日时,丑癸坤未山年月日时。

辛酉年开山立向修方月家紧要吉神定局

吉神	正	二	三	四	五	六	七	八	九	十	十一	十二
天尊星	震	巽	乾	兑	艮	离	坎	坤	震	巽	乾	兑
天帝星	兑	乾	巽	震	坤	坎	离	艮	兑	乾	巽	震
罗天进	天	天	天	乾	兑	艮	离	坎	坤	震	巽	中
	立春		春分		立夏		夏至		立秋		秋分		立冬		冬至

吉神	立春	春分	立夏	夏至	立秋	秋分	立冬	冬至
乙奇星	兑	坤	震	坎	震	艮	兑	离
丙奇星	艮	震	巽	离	坤	兑	乾	坎
丁奇星	离	巽	中	艮	坎	乾	中	坤

吉神	正	二	三	四	五	六	七	八	九	十	十一	十二
一白星	兑	坎	坤	艮	离	震	巽	中	乾	兑	艮	离
六白星	震	巽	中	乾	兑	艮	离	坎	坤	震	巽	中
八白星	中	乾	兑	艮	离	坎	坤	震	巽	中	乾	兑
九紫星	乾	兑	艮	离	坎	坤	震	巽	中	乾	兑	艮
飞天德	震	坎	中	巽	坎	中	震	坎	巽	坤	坎	中
飞月德	坤	艮	中	震	兑	中	坤	艮	兑	坎	兑	中
飞天赦	艮	兑	乾	乾	中	坎	艮	兑	乾	震	坤	坎
飞解神	兑	中	乾	兑	艮	离	坎	坤	震	巽	中	乾
壬德星	兑	乾	中	中	巽	震	坤	坎	离	艮	兑	乾
癸德星	艮	兑	乾	中	中	巽	震	坤	坎	离	艮	兑

（续表）

吉神	正	二	三	四	五	六	七	八	九	十	十一	十二
捉煞帝星	卯	辰	巳	午	未	申	酉	戌	亥	子	丑	寅
	乙	巽	丙	丁	坤	庚	辛	乾	壬	癸	艮	庚
	午	未	申	酉	戌	亥	子	丑	寅	卯	辰	巳
	丁	坤	庚	辛	乾	壬	癸	艮	甲	乙	巽	丙
捉财帝星	酉	戌	亥	子	丑	寅	卯	辰	巳	午	未	申
	辛	乾	壬	癸	艮	甲	乙	巽	丙	丁	坤	庚
	子	丑	寅	卯	辰	巳	午	未	申	酉	戌	亥
	癸	艮	甲	乙	巽	丙	丁	坤	庚	辛	乾	壬
飞天禄	震	坤	坎	离	艮	兑	乾	中	兑	乾	中	巽
飞天马	中	巽	震	坤	坎	离	巽	兑	乾	中	兑	乾
催官使	坎	离	艮	离	艮	兑	坎	离	艮	离	艮	兑
阳贵人	中	兑	乾	中	巽	震	坤	坎	离	艮	兑	乾
阴贵人	离	艮	兑	乾	中	兑	乾	中	巽	震	坤	坎
天寿星	癸丑	震	巽	震	乙辰	离	坤	乙辰	离	坤	兑	乾
天喜星	未	午	巳	辰	卯	寅	丑	子	亥	戌	酉	山
天嗣星	丁未	兑	乾	兑	辛戌	坎	艮	辛戌	坎	艮	巽	震
催官星	丑	未	寅	申	卯	酉	辰	戌	巳	亥	午	子
进禄星	坤	亥壬	巽	坤	亥壬	巽	坤	亥壬	巽	坤	亥壬	巽
天富星	巽	巳丙	离	坤	申庚	兑	乾	亥壬	坎	艮	寅甲	震
天财星	坎	艮	巽	离	乾	坎	艮	巽	坤	离	坤	乾

辛酉年开山立向修方月家紧要凶神定局

凶神	正	二	三	四	五	六	七	八	九	十	十一	十二
天官符	坤	坎	离	艮	兑	乾	中	兑	乾	中	巽	震
地官符	兑	乾	中	巽	震	坤	坎	离	艮	兑	乾	中
罗天退	震	坤	坎	离	艮	兑	乾	中	天	天	天	巽
小儿煞	离	坎	坤	震	巽	中	乾	兑	艮	离	坎	坤
大月建	中	巽	震	坤	坎	离	艮	兑	乾	中	巽	震
正阴府	乾兑	坤坎	离	震	艮巽	乾兑	坤坎	离	震	艮巽	乾兑	坤坎
傍阴府	甲	乙	壬	庚	丙	甲	乙	壬	庚	丙	甲	乙
	丁	癸	寅	亥		丁	癸	寅	亥		丁	癸
	巳	申	寅	亥		巳	申	寅	亥		巳	申
	丑	辰	戌	未	辛	丑	辰	戌	未	辛	丑	辰
月克山	无克	无克	乾	乾	午	午	艮	艮	无克	无克	水	土
	无克	无克	亥	亥	壬	壬	卯	卯	无克	无克	十	三
	无克	无克	兑	兑	丙	丙	卯	卯	无克	无克	十	三
	无克	无克	丁	丁	巳	巳	乙	乙	无克	无克		山
打头火	震	坤	坎	离	艮	兑	乾	中	兑	乾	中	巽
月游火	乾	兑	艮	离	坎	坤	震	巽	中	乾	兑	艮
飞独火	乾	中	巽	震	坤	坎	离	艮	兑	乾	中	兑
顺血刃	坎	坤	震	巽	中	乾	兑	艮	离	坎	坤	震
逆血刃	震	坤	坎	离	艮	兑	乾	中	巽	震	坤	坎

（续表）

凶神	正	二	三	四	五	六	七	八	九	十	十一	十二
月劫煞	亥	申	巳	寅	亥	申	巳	寅	亥	申	巳	寅
月灾煞	子	酉	午	卯	子	酉	午	卯	子	酉	午	卯
月的煞	丑	戌	未	辰	丑	戌	未	辰	丑	戌	未	辰
山朱雀	离	坎坤	巽	乾	艮兑		震离	坎坤	巽	乾	艮	兑
撞命煞	甲	壬	庚	丙	甲	壬	庚	丙	甲	壬	庚	丙
报怨煞	寅	亥	申	巳	寅	亥	申	巳	寅	亥	申	巳
剑锋煞	甲	乙	巽	丙	丁	坤	庚	辛	乾	壬	癸	艮
月入座	亥	子	丑	寅	卯	辰	巳	午	未	申	酉	戌
月崩腾	辛	巳	丙	寅	艮	甲	酉	丁	子	丑	坤	乾
流财退	亥	申	巳	寅	卯	午	子	酉	丑	未	辰	戌
丙独火	坤	坎	离	艮	兑	乾			巽	震	坤	坎
丁独火	震	坤	坎	离	艮	兑	乾			巽	震	坤
巡山火	乾	坤	坎	坎	中	震	震	兑	艮	艮	巽	乾
灭门火	癸巳	庚子	乙未	庚寅	丁酉	己辰	己亥	甲午	辛丑	丙申	辛卯	戊戌
祸凶日	己亥	甲午	辛丑	丙申	辛卯	戊戌	癸巳	庚子	乙未	庚寅	丁酉	己辰

（59）壬戌年

壬戌年，通天窍云之位，煞在北方亥子丑。忌丙壬丁癸四向，名坐煞、向煞。大利山艮卯乙坤山。修造作主宜申子亥卯生人，吉；忌丑未生人，不可用。罗天退在酉方,忌修造、葬埋,主退财,凶。九良星占僧堂、城皇、社庙;煞在庙堂、井。

壬戌年二十四山吉凶神煞

壬山○河魁、天定、地皇、升龙、武曲、岁天道。

　　　●坐煞、傍阴府、火血刀砧。

子山○河魁、天定、黄罗、紫微、益龙、武曲、左辅。

　　　●克山、三煞、蚕命。

癸山○玉皇、黄罗、天台、天乙、木星。

　　　●克山、坐煞、头白空亡、巡山罗睺。

丑山○玉皇、紫檀、天乙、天台、太阴。

　　　●克山、三煞、暗刀煞、天命煞。

艮山○迎财、神后、天魁、升龙、左辅、武曲、风辇、进气。

　　　●大利方。

寅山○迎财、神后、天皇、天乙、天魁、升龙、左辅、岁位合。

　　　●克山、傍阴府、金神七煞、地官符、千斤血刃。

甲山○进宝、天定、金轮、金星、五龙、驿马、人道、利道。

　　　●克山、浮天空、入山空亡。

卯山○进宝、天定、宝台、金星、金轮、右弼、岁支德、岁支合。

　　　●金神七煞、净栏煞。

乙山○库珠、功曹、天皇、天乙、宝台、丰龙、右弼、水星、水轮。

　　　●大利方。

辰山○库珠、功曹、天乙、黄罗、丰龙、宝台、水轮、右弼。

　　　●克山、穿山罗睺、岁破、年官符、大耗。

巽山○贪狼。

　　　●克山、困龙、逆血刃、六十年空亡、破败五鬼、蚕官。

巳山○紫檀、龙德、武库。

　　　●天官府、天禁、朱雀、年官符。

丙山○天罡、太阳、萃龙、武库、岁天道、岁位合。

　　　●向煞、山家火血、刀砧。

午山○天罡、地皇、太阳、萃龙、武曲、天乙。

●正阴府、支神退、白虎煞、打劫血刃。

丁山○玉皇、紫檀、天帝、天乙。

　　●山煞、头白空、入山空亡、刀砧。

未山○玉皇、天帝、天乙、福德。

　　●克山、流财煞、入座。

坤山○大吉、胜光、黄罗、太乙、天福、壮龙、左辅、贪狼。

　　●克山、小利方。

申山○大吉、胜光、天皇、太乙、壮龙、天福、荣光、青龙、华盖。

　　●克山、流财煞、小利方。

庚山○进田、天定、太阴、五库、人道、利道、驿马。

　　●克山、翎毛、入山空亡、六害。

酉山○进田、紫檀、天定、太阴、朗耀。

　　●克山、罗天灸退、翎毛禁向。

辛山○青龙、传送、泰龙、太乙、巨门、水轮、太阳。

　　●克山、皇天灸退、翎毛禁向。

戌山○青龙、传送、地皇、太龙、巨门、太乙、水轮、太阳。

　　●克山、傍阴府、金神、太岁。

乾山○天乙。

　　●独火、头白空、六十年空亡、隐伏血刃。

亥山○太阳、贵人、天贵。

　　●三煞、金神、千斤血刃、隐伏血刃。

山　　酉丁乾亥山,变辛丑土运,忌纳音木年月日时,甲寅辰巽申变甲
　　　辰火。

龙　　卯艮巳山,变丁未水运,忌纳音土年月日时,戌坎辛庚运忌用水。

运　　午壬丙乙山,变庚戌金运,忌纳音火年月日时,丑癸坤山年月
　　　日时。

壬戌年开立向修方月家紧要吉神定局

吉神	正	二	三	四	五	六	七	八	九	十	十一	十二
天尊星	艮	离	坎	坤	震	巽	震	兑	艮	离	坎	坤
天帝星	坤	坎	离	艮	兑	乾	巽	震	坤	坎	离	艮
罗天进	中	天	天	天	乾	兑	艮	离	坎	坤	震	巽

	立春	春分	立夏	夏至	立秋	秋分	立冬	冬至
乙奇星	乾	坎	坤	坤	巽	离	艮	艮
丙奇星	兑	坤	震	坎	震	艮	兑	离
丁奇星	艮	震	巽	离	坤	兑	乾	坎

吉神	正	二	三	四	五	六	七	八	九	十	十一	十二
一白星	坎	坤	震	巽	中	乾	兑	艮	离	坎	坤	震
六白星	乾	兑	艮	离	坎	坤	震	巽	中	乾	兑	艮
八白星	艮	离	坎	坤	震	巽	中	乾	兑	艮	离	坎
九紫星	离	坎	坤	震	巽	中	乾	兑	艮	离	坎	坤
飞天德	坎	坎	巽	坤	坎	巽	坎	坎	坤	离	坎	震
飞月德	离	乾	巽	坎	中	震	离	乾	坤	艮	中	震
飞天赦	中	巽	震	离	艮	兑	中	坎	离	离	艮	兑
飞解神	乾	兑	中	乾	兑	艮	离	坎	坤	震	巽	中
壬德星	中	中	艮	巽	坤	坎	离	艮	兑	乾	中	中
癸德星	乾	中	中	巽	震	坤	坎	离	艮	兑	乾	中

（续表）

吉神	正	二	三	四	五	六	七	八	九	十	十一	十二
捉煞帝星	卯	辰	巳	午	未	甲	酉	戌	亥	子	丑	寅
	乙	巽	丙	丁	坤	庚	辛	乾	壬	癸	艮	甲
	午	未	申	酉	戌	亥	子	丑	寅	卯	辰	巳
	丁	坤	庚	辛	乾	壬	癸	艮	甲	乙	巽	丙
捉财帝星	酉	戌	亥	子	丑	寅	卯	辰	巳	午	未	申
	辛	乾	壬	癸	艮	甲	乙	巽	丙	丁	坤	庚
	子	丑	寅	卯	辰	巳	午	未	申	酉	戌	亥
	癸	艮	甲	乙	巽	丙	丁	坤	庚	辛	乾	壬
飞天禄	中	巽	震	坤	坎	离	艮	兑	乾	中	兑	乾
飞天马	坤	坎	离	艮	兑	乾	中	兑	乾	中	巽	震
催官使	艮	兑	乾	兑	乾	中	艮	兑	乾	兑	乾	中
阳贵人	乾	中	兑	乾	中	巽	震	坤	坎	离	艮	兑
阴贵人	艮	兑	乾	中	兑	乾	中	巽	震	坤	坎	离
天寿星	癸丑	震	巽	震	乙辰	离	坤	乙辰	离	坤	兑	乾
天喜星	未	午	巳	辰	卯	寅	丑	子	亥	戌	酉	申
天嗣星	丁未	兑	乾	兑	辛戌	坎	艮	辛戌	坎	艮	震	巽
催官星	丑	未	寅	申	卯	酉	辰	戌	巳	亥	午	子
进禄星	坤	亥壬	巽	坤	亥壬	巽	坤	亥壬	巽	坤	亥壬	巽
天富星	巽	巳丙	离	坤	申庚	兑	乾	亥壬	坎	艮	寅甲	坤
天财星	坎	艮	巽	离	坤	坎	艮	巽	离	艮	坤	乾

壬戌年开山立向修方月家紧要凶神定局

凶神	正	二	三	四	五	六	七	八	九	十	十一	十二
天官符	艮	兑	乾	中	兑	乾	中	巽	震	坤	坎	离
地官符	中	兑	乾	中	兑	乾	坤	坎	离	艮	兑	乾
罗天退	巽	震	坤	坎	离	艮	兑	乾	中	天	天	天
小儿煞	中	乾	兑	艮	离	坎	坤	震	巽	中	乾	兑
大月建	坤	坎	离	艮	兑	乾	中	巽	震	坤	坎	离
正阴府	离	震	艮巽	乾兑	坤坎	离	震	艮巽	乾兑	坤坎	离	震
傍阴府	壬	庚	丙	甲	乙	壬	庚	丙	甲	乙	壬	庚
	寅	亥		丁	癸	寅	亥		丁	癸	寅	亥
	寅	亥		巳	申	寅	亥		巳	申	寅	亥
	戌	未	辛	丑	辰	戌	未	辛	丑	辰	戌	未
月克山	无克	无克	离	离	水	土	震	震	无克	无克	乾	冬至
	无克	无克	壬	壬	十	三	艮	艮	无克	无克	亥	后
	无克	无克	丙	丙	十	三	艮	艮	无克	无克	兑	克
	无克	无克	乙	乙	山		巳	巳	无克	无克	丁	十三山
打头火	离	艮	兑	乾	中	兑	乾	中	巽	震	坤	坎
月游火	乾	兑	艮	离	坎	坤	震	巽	中	乾	兑	艮
飞独火	震	坤	坎	离	艮	兑	乾	中	兑	乾	中	巽
顺血刃	震	巽	中	乾	兑	艮	离	坎	坤	震	巽	中
逆血刃	中	巽	震	坤	坎	离	艮	兑	乾	中	巽	震

（续表）

凶神	正	二	三	四	五	六	七	八	九	十	十一	十二
月劫煞	亥	申	巳	寅	亥	申	巳	寅	亥	申	巳	寅
月灾煞	子	酉	午	卯	子	酉	午	卯	子	酉	午	卯
月的煞	丑	戌	未	辰	丑	戌	未	辰	丑	戌	未	辰
山朱雀	离	坎坤	巽	乾	艮兑		震离	坎坤	巽	乾	艮兑	
撞命煞	甲	壬	庚	丙	甲	壬	庚	丙	甲	壬	庚	丙
报怨煞	寅	亥	申	巳	寅	亥	申	巳	寅	亥	申	
剑锋煞	甲	乙	巽	丙	丁	坤	庚	辛	乾	壬	癸	艮
月入座	亥	子	丑	寅	卯	辰	巳	午	未	申	酉	戌
月崩腾	辛	艮	丙	寅	庚	甲	酉	丁	子	丑	坤	乾
流财退	亥	申	巳	寅	卯	午	子	酉	丑	未	辰	戌
丙独火	离	艮	兑	乾			巽	震	坤	坎	离	艮
丁独火	坎	离	艮	兑	乾			巽	震	坤	坎	离
巡山火	乾	坤	坎	坎	中	震	震	兑	艮	艮	巽	乾
灭门火	乙寅	壬巳	丁子	壬未	己酉	甲辰	辛亥	丙午	辛丑	戊甲	癸卯	庚戌
祸凶日	辛亥	丙午	癸丑	戊申	癸卯	庚戌	乙巳	壬子	丁未	壬寅	己酉	申辰

（60）癸亥年

癸亥年，通天窍云木之位，煞在西方申酉戌。忌甲庚乙辛四向，名坐煞、向煞。大利壬子癸丑辰巽丙坤八山，乾山利葬。作主宜申子辰亥卯未生命，吉;忌巳亥命,凶。罗天退在酉方,忌修造、安葬,主退财,凶。九良星占船及巳方;煞在厅、寺观及巳方。

癸亥年二十四山吉凶神煞

壬山○进宝、地皇、驿马临官、贪狼。

　　　●翎毛禁向、大利方。

子山○进宝、黄罗、左辅、太阳、贵人、紫微、天禄、贵胜。

　　　●金神七煞、大利方。

癸山○库珠、神后、黄罗、益龙、天乙、武曲、天道、驿马临官。

　　　●山家火血、刀砧、大利方。

丑山○库珠、神后、紫檀、天乙、武曲、益龙。

　　　●金神七煞、隐伏血刃、大利方。

艮山○五皇、天台、天乙、武曲、水星。

　　　●克山、破败五鬼。

寅山○玉皇、地皇、天台、天乙、太乙、太阴、水星、岁支合、岁德。

　　　●天官符、穿山罗睺。

甲山○功曹、天魁、升龙、左辅、岁位德、利道。

　　　●向煞、困龙、六十年空亡。

卯山○功曹、宝台、天魁、升龙、左辅、贪狼、岁位合。

　　　●克山、正阴府、地官符、血刃、头白空亡、朱雀。

乙山○天皇、天定、金轮、金星、五龙。

　　　●浮天空亡、头白空、入山空、向煞。

辰山○天定、黄罗、金轮、金星、岁支德、人仓。

　　　●千斤血刃、小耗、大利方。

巽山○大吉、天罡、宝台、太乙、丰龙、巨门、水轮、水星、贪狼。

　　　●打劫血刃、大利方。

巳山○大吉、天罡、紫檀、宝台、丰龙、太乙、右弼、驿马、水轮、水星。

　　　●克山、岁破、千斤血刃。

丙山○进田、驿马临官、贵人。

　　　●翎毛、六害、小利方。

午山○进田、地皇、龙德、武库、天乙。

　　●皇天灸退、支神退。

丁山○青龙、胜光、紫檀、萃龙、太阳、武库、驿马。

　　●皇天灸退、山家火血、刀砧。

未山○青龙、胜光、萃龙、太阳。

　　●傍阴府、白虎煞、暗刀煞、流财、天命、天官符。

坤山○玉皇、天皇、大帝、天乙、右弼。

　　●蚕室、大利方。

申山○玉皇、黄罗、天乙、天帝、福德、荣光。

　　●三煞、金神、阴中太岁、九天朱雀、入座、天命煞、流财煞。

酉山○传送、郎耀、紫檀、天福、壮龙、贪狼。

　　●三煞、金神·七煞。

庚山○传送、天帝、天福、壮龙、贪狼。

　　●傍阴府、巡山罗睺、坐煞、逆血刃、六十年空亡。

辛山○天定、太阴、五库、岁天道、人道。

　　●坐煞、入山空、头白空亡。

戌山○地皇、天定、太阴。

　　●三煞。

乾山○迎财、河魁、泰龙、水轮、太乙、太阳、巨门。

　　●独火，葬大利。

亥山○迎财、河魁、泰龙、水轮、太乙、太阳、巨门。

　　●傍阴府、太岁、堆黄煞。

山　　酉丁乾亥山，变癸丑木运，忌纳音金年月日时，甲寅辰巽申变丙
　　　辰土。

龙　　卯巳艮山，变巳未火运，忌纳音水年月日时，戌坎辛庚运忌用木。

运　　午壬丙乙山，变壬戌水运，忌纳音土年月日时，丑癸坤未山年月日
　　　日时。

癸亥年开山立向修方月家紧要吉神定局

吉神	正	二	三	四	五	六	七	八	九	十	十一	十二
天尊星	艮	离	坎	坤	震	巽	乾	兑	艮	离	坎	坤
天帝星	坤	坎	离	艮	兑	乾	巽	震	坤	坎	离	艮
罗天进	巽	中	天	天	天	乾	兑	艮	离	坎	坤	震

	立春	春分	立夏	夏至	立秋	秋分	立冬	冬至
乙奇星	中	离	坎	震	中	坎	离	兑
丙奇星	乾	坎	坤	坤	巽	离	艮	艮
丁奇星	兑	坤	震	坎	震	艮	兑	离

吉神	正	二	三	四	五	六	七	八	九	十	十一	十二
一白星	巽	中	乾	兑	艮	离	坎	坤	震	巽	中	乾
六白星	离	坎	坤	震	巽	中	乾	兑	艮	离	坎	坤
八白星	坤	震	巽	中	乾	兑	艮	离	坎	坤	震	巽
九紫星	震	巽	中	乾	兑	艮	离	坎	坤	震	巽	中
飞天德	艮	坎	坤	离	坎	坎	艮	坎	离	兑	坎	坎
飞月德	兑	中	坤	艮	巽	坎	兑	中	离	乾	巽	坎
飞天赦	坤	坎	离	乾	中	巽	艮	兑	乾	乾	中	坎
飞解神	中	乾	兑	中	乾	兑	艮	离	坎	坤	震	巽
壬德星	巽	震	坤	坎	离	艮	兑	乾	中	中	巽	震
癸德星	中	巽	震	坤	坎	离	艮	兑	乾	中	中	艮

（续表）

吉神	正	二	三	四	五	六	七	八	九	十	十一	十二
捉煞帝星	卯	辰	巳	午	未	申	酉	戌	亥	子	丑	寅
	乙	巽	丙	丁	坤	庚	辛	乾	壬	癸	艮	甲
	午	未	中	酉	戌	亥	子	丑	寅	卯	辰	巳
	丁	坤	庚	辛	乾	壬	癸	艮	甲	乙	巽	丙
捉财帝星	子	丑	寅	卯	辰	巳	午	未	申	酉	戌	亥
	辛	乾	壬	癸	艮	甲	乙	巽	丙	丁	坤	庚
	子	丑	寅	卯	辰	巳	午	未	申	酉	戌	亥
	癸	艮	甲	乙	巽	丙	丁	坤	庚	辛	乾	壬
飞天禄	乾	中	巽	震	坤	坎	离	艮	兑	乾	中	兑
飞天马	艮	兑	乾	中	兑	乾	中	巽	震	坤	坎	离
催官使	乾	中	中	中	中	巽	乾	中	中	中	中	巽
阳贵人	艮	兑	乾	中	兑	乾	中	巽	震	坤	坎	离
阴贵人	乾	中	兑	乾	中	巽	震	坤	坎	离	艮	兑
天寿星	癸丑	震	巽	震	乙辰	离	坤	乙辰	离	坤	兑	乾
天喜星	未	午	巳	辰	卯	寅	丑	子	亥	戌	酉	申
天嗣星	丁未	兑	乾	兑	辛戌	坎	艮	辛戌	坎	艮	震	巽
催官星	丑	未	寅	申	卯	酉	辰	戌	巳	亥	午	子
进禄星	坤	亥壬	巽	坤	亥壬	巽	坤	亥壬	巽	坤	亥壬	巽
天富星	巽	巳丙	离	坤	申庚	兑	乾	亥壬	坎	艮	寅甲	震
天财星	坎	艮	巽	离	坤	乾	坎	艮	巽	离	坤	乾

癸亥年开山立向修方月家紧要凶神定局

凶神	正	二	三	四	五	六	七	八	九	十	十一	十二
天官符	中	兑	乾	中	巽	震	坤	坎	离	艮	兑	乾
地官符	乾	中	兑	乾	中	巽	震	坤	坎	离	艮	兑
罗天退	天	天	巽	震	坤	坎	离	艮	乾	中	天	天
小儿煞	离	坎	坤	震	巽	中	乾	兑	艮	离	坎	坤
大月建	艮	兑	乾	中	巽	震	坤	坎	离	艮	兑	乾
正阴府	艮巽	乾兑	坤坎	离	震	艮巽	乾兑	坤坎	离	震	艮巽	乾兑
傍阴府	丙	甲	申	壬	庚	丙	甲	申	壬	庚	丙	甲
		丁	癸	寅	亥		丁	癸	寅	亥		丁
		巳	申	寅	亥		巳	乙	寅	亥		巳
	辛	丑	辰	戊	未	辛	丑	辰	戊	未	辛	丑
月克山	艮	震	离	离	无克	无克	水	土	艮	艮	无克	无克
	震	艮	壬	壬	无克	无克	十	三	震	巳	无克	无克
	震	艮	丙	丙	无克	无克	十	三	震	巳	无克	无克
	巳	巳	乙	乙	无克	无克	山		巳	震	无克	无克
打头火	乾	中	兑	乾	中	巽	震	坤	坎	离	艮	兑
月游火	坎	坤	震	巽	中	乾	兑	艮	离	坎	坤	震
飞独火	离	艮	兑	乾	中	乾	中	巽	震	坤	坎	
顺血刃	离	坎	坤	震	巽	中	乾	兑	艮	离	坎	坤
逆血刃	坤	坎	离	震	兑	乾	中	巽	震	坤	坎	离

（续表）

凶神	正	二	三	四	五	六	七	八	九	十	十一	十二
月劫煞	亥	申	巳	寅	亥	申	巳	寅	亥	申	巳	寅
月灾煞	子	酉	午	卯	子	酉	午	卯	子	酉	午	卯
月的煞	丑	戌	未	辰	丑	戌	未	辰	丑	戌	未	辰
山朱雀	离	坎坤	巽	乾	艮兑		震离	坎坤	巽	乾	艮兑	
撞命煞	甲	壬	庚	丙	甲	壬	庚	丙	甲	壬	庚	丙
报怨煞	寅	亥	申	巳	寅	亥	申	巳	寅	亥	申	
剑锋煞	甲	乙	巽	丙	丁	坤	庚	辛	乾	壬	癸	艮
月入座	亥	子	丑	寅	卯	辰	巳	午	未	申	酉	戌
月崩腾	辛	巳	丙	寅	庚	甲	酉	丁	子	丑	坤	乾
流财退	亥	申	巳	寅	卯	午	子	酉	丑	未	辰	戌
丙独火	兑	乾			巽	震	坤	坎	离	艮	兑	乾
丁独火	艮	兑	乾			巽	震	坎	坤	离	艮	兑
巡山火	乾	坤	坎	坎	中	卯	卯	酉	艮	艮	巽	乾
灭门火	丁巳	甲子	己未	甲寅	辛酉	丙辰	癸亥	戊午	乙丑	庚申	乙卯	壬戌
祸凶日	癸亥	戊午	乙丑	庚申	乙卯	壬戌	丁巳	甲子	己未	甲寅	辛酉	丙辰

　　上十一卷纂六十年二十四山开山、立向、修方紧要吉凶神煞。凡以白圈者,吉神选定,天皇、玉皇、紫微銮驾、四利三元、通天窍、走马六壬、盖山黄道、星马、贵人、撼龙、北辰、五龙、五库、行衙诸帝星、周望罗星诸吉神,所临方向以便造、葬选用。至于开山、立向、修方忌煞,俱以黑圈者,凶神选定,阴中太

岁、隐伏血刃、千斤血刃、破败五鬼、金神七煞、白虎、流财、山家刀砧，诸煞所到之方，忌修造，凶。至于罗天大退、皇天炙退、年克山家、正傍阴府、天地官府、三煞、太岁、岁破、坐山罗睺、穿山罗睺、天禁朱雀、头白空亡、入山空亡、四大金星、山家困龙，诸煞所到之方忌开山，凶。又巡山罗睺、翎毛禁向、浮天空亡，所到之方忌立向，凶。今集诸煞开明总局，便为克择趋避。

又编纂六十年月家紧要吉凶神煞定局。月家吉者：天尊、天帝、捉财、捉煞、三奇、帝星、三白、九紫、禄马、催官、贵人、罗天大进、天寿、天嗣、天富、天财、壬癸二德星，诸吉神到成，便为选用。月家凶者：天地官府、正傍阴府、克山、撞命、报怨、月劫煞、月的煞、月灾煞、剑峰、流财、月游火、丙丁打头诸火星所临方向，便为避忌。

至于日时吉凶，未之及者，俱补载"十三卷"内。

再者，罗经二十四山分金，开门、放水吉凶神煞，备载"十二卷"中。

愚集年月日时，并罗经二十四山吉凶神煞总局，苦心二十余年，揣摩方成，不忍私藏，梓公海内，俾造、葬、修方者，一目了然，无差误矣，当珍重之。

（新镌历法总览象吉备要通书卷之十一终）